油田注水开发系统论及系统工程方法

齐与峰　叶继根　黄　磊　胡国农　等编著

石油工业出版社

内容提要

本书从系统论角度出发，介绍了系统方法论和系统建模方法学等基本概念，重点总结了油田注水开发系统优化决策研究过程中涉及的一些支撑技术，包括物理结构递阶分析及参数辨识法，油田地质研究中的"自组织理论"，自组织理论视图下油藏表征定量化研究和单油层沉积建造及模拟、水驱开发系统规划及最优控制的目标函数、方案设计系统模型及其求解方法等内容。此外，本书还总结了有关研究进展和实例。

本书可供从事油气田开发、油藏动态分析与预测、油田开发调整方案设计技术人员以及石油院校相关专业师生参考使用。

图书在版编目（CIP）数据

油田注水开发系统论及系统工程方法 / 齐与峰等编
著 . —北京：石油工业出版社，2023.8
ISBN 978-7-5183-6061-1

Ⅰ . ①油⋯ Ⅱ . ①齐⋯ Ⅲ . ① 油田注水 – 油田开发
Ⅳ . ① TE357.6

中国国家版本馆 CIP 数据核字（2023）第 108712 号

出版发行：石油工业出版社
（北京安定门外安华里 2 区 1 号　100011）
网　址：www.petropub.com
编辑部：（010）64523760
图书营销中心：（010）64523633
经　销：全国新华书店
印　刷：北京九州迅驰传媒文化有限公司

2023 年 8 月第 1 版　2023 年 8 月第 1 次印刷
787×1092 毫米　开本：1/16　印张：16.5
字数：400 千字

定价：150.00 元

前言
PREFACE

关于系统、系统论、系统思想、系统工程等，一直受到专业研究人员的广泛关注和议论。我国著名科学家、系统工程学科的创导者钱学森教授在 1987 年系统工程协会驻京会员春节茶话会上指出，"软科学就是系统工程。系统工程就是软科学"。系统工程协会前秘书长顾基发教授说："系统工程本身是软科学，但传统的系统工程方法是软中之硬。"在人们的传统概念下，运筹学和控制论等这些数学方法应用于解决工程问题，都属于"系统工程"范畴，它是渗透于各行各业之中的横贯学科。

在油气田开发领域内，系统工程方法一直受到国内外同行的重视。20 世纪 80 年代及之前，苏联一直非常重视这个领域的研究工作，他们称之为油田开发最优化控制系统，也称为现代油田开发理论。它是苏联根底极深的基础科学（数学、物理、化学、地学、控制论等）向油田开发事业综合渗透的结果，是油田开发理论在方法论方面的变革。与此同时，系统工程方法在我国油气田开发领域也受到了很大的重视与发展，专家和学者们发表了许多文章，包括一些著作，其中，石油工业出版社分别于 1990 年和 1991 年出版的《油气田开发系统工程方法专辑一》和《油气田开发系统工程方法专辑二》汇集了当时国内外这方面研究的成果，为传播这些技术及其后续的发展发挥了积极作用。

齐与峰教授毕生从事油气田开发系统工程方法研究，曾在大庆油田勘探开发研究院和中国石油勘探开发研究院工作。晚年期间，齐与峰教授将其本人和国内外同行学者的学术研究成果编著成书，完成了巨量的手稿书写工作，编写了《油田注水开发系统论及系统工程方法》一书。本书共分十章，前三章主要介绍从系统科学到油田注水开发系统论涉及的一些基本概念、系统工程技术方法的发展和成功应用的行业内支撑技术；第四章至第七章重点阐述了油藏观测数据及集成综合分析、自组织理论视图下油藏表征定量化研究及单油层沉积建造及模拟等，总结了沉积岩自组织结构和油藏表征逐次定量化表征方法；第八章至第十章为应用系统工程方法研究砂岩油田注水开发方案设计的内容，包括水驱开发指标数学描述研究、最优化方法主要内容之一的目标函数讨论、数值模拟方法、开发（调整）方案设计系统模型及其求解方法简介和实例等。

在本书的编写过程中，中国石油勘探开发研究院近二十名专家和研究生，以及齐与峰教授的学生，参与了编辑修改和校稿，他们是傅秀娟、周新茂、黄磊、刘天宇、王珏、汤晨阳、陈一鹤、张波、丁慧、董毅夫、蒋明、刘威、张辉军和朱国金等。其中，叶继根和黄磊等按照原稿思路，进行全书统稿编辑，按专家建议改写了第二章和第三章的部分内容，并对手稿第八章至第十三章做了合并与改写，简化为本书的第八章至第十章；胡国农博士完成了第四章至第七章参考文献检索、部分章节改稿和图表整理等工作。受手稿完整性及系统工程方法学识的限制，书中难免有不足之处，敬请读者批评指正！

目录
CONTENTS

第一篇　系统科学与系统工程方法及其在油田开发研究中的应用

第一章　系统科学及其方法论 …………………………………………………… 3
　第一节　系统科学的体系结构 ……………………………………………… 4
　第二节　关于系统的基本概念 ……………………………………………… 5
　第三节　系统与环境、系统行为及功能 …………………………………… 7
　第四节　系统的状态及演化 ………………………………………………… 9
　第五节　系统方法论 ………………………………………………………… 10
　第六节　系统建模方法学 …………………………………………………… 13
　第七节　系统的组织 ………………………………………………………… 15
　第八节　两种有序 …………………………………………………………… 18
　第九节　自组织理论 ………………………………………………………… 22
　第十节　综合集成方法论 …………………………………………………… 24
　本章小结 ……………………………………………………………………… 24
　参考文献 ……………………………………………………………………… 25
第二章　常用系统工程方法 …………………………………………………… 26
　第一节　数理统计 …………………………………………………………… 26
　第二节　控制论 ……………………………………………………………… 27
　第三节　控制系统 …………………………………………………………… 30
　第四节　最优控制理论 ……………………………………………………… 31
　第五节　运筹学 ……………………………………………………………… 35

第六节　信息论 ·· 39

本章小结 ··· 39

参考文献 ··· 39

第三章　系统参数辨识与油田动态预报方法 ························· 40

第一节　多组分气液相平衡优化计算方法及特征参数辨识 ····· 40

第二节　多断块油田地下连通状况识别方法及应用 ············· 48

第三节　改进的动态模型参数辨识法 ································· 52

第四节　物理结构递阶分析与组合法 ································· 57

本章小结 ··· 64

参考文献 ··· 64

第二篇　沉积岩自组织结构和逐次油藏表征定量化

第四章　观测数据及集成综合分析 ···································· 67

第一节　NMR 与 WFT 法联合 ··· 67

第二节　纵向流动单元 ·· 71

第三节　横向流动单元划分 ·· 74

第四节　沉积环境及其对开发决策的影响 ·························· 77

本章小结 ··· 85

参考文献 ··· 85

第五章　自组织理论视图下油藏表征定量化途径研究 ············ 87

第一节　微细层理结构观察 ·· 87

第二节　单层纵向非均质组织结构 ··································· 94

第三节　平面沉积自组织结构 ··· 109

本章小结 ··· 114

参考文献 ··· 114

第六章　单油层沉积建造及模拟 ····································· 115

第一节　通常使用的克里金技术 ······································ 115

第二节　相关性与相似性 ··· 116

第三节　相似性（因子）的应用 ······································ 117

第四节　实验变异函数的确定方法 ··································· 119

第五节　建立变异函数的统计推断法 ································ 119

第六节　变异函数泛函 ·· 128

本章小结 ··· 135

参考文献 ··· 135

第七章　油藏参数场表征研究 ·· 136

第一节　油藏表征的基本方法及适应性分析 ······················ 136

第二节　在傅里叶变换基础上的克里金技术介绍 ·················· 138

第三节　FRT 为基础算法回顾与扩充 ·················· 144

本章小结 ·················· 150

参考文献 ·················· 151

第三篇　砂岩油田注水开发方案优化设计研究基础

第八章　水驱采收率关键影响因素及剩余油分布、运动规律 ·················· 155

第一节　油砂体钻遇率 ·················· 156

第二节　油藏水驱控制程度 ·················· 159

第三节　水驱控制程度综述与延伸 ·················· 163

第四节　非均质单油层合理井网研究 ·················· 166

第五节　实际油层开发效果与注水方式关系数值模拟研究 ·················· 168

第六节　剩余油描述方法及其分布特征 ·················· 169

第七节　见水层内纵向剩余油分布、运动和滞留 ·················· 178

第八节　井网未控制的剩余油储量辨识方法 ·················· 185

本章小结 ·················· 193

参考文献 ·················· 194

第九章　方案设计中的"物理"和"事理" ·················· 195

第一节　开发层系划分与组合 ·················· 195

第二节　地质参数和生产动态资料准备 ·················· 198

第三节　生产指标计算简介 ·················· 206

第四节　多相流体渗流模型及其求解方法 ·················· 208

第五节　目标函数讨论 ·················· 222

本章小结 ·················· 226

参考文献 ·················· 226

第十章　开发（调整）方案设计系统模型 ·················· 228

第一节　油田开发规划模型 ·················· 228

第二节　基于数值模拟的油田定产稳产模型 ·················· 237

第三节　特高含水期层系井网调整方法 ·················· 242

本章小结 ·················· 252

参考文献 ·················· 253

第一篇　系统科学与系统工程方法及其在油田开发研究中的应用

第一章　系统科学及其方法论

系统科学及其支撑技术，是从事物的总体，即整体与部分相结合的角度去研究客观事物，并注重内部组织结构，追求功能效果的科学技术体系。反映客观事物最基本的概念是系统，所谓系统，是由相互依赖、相互影响、相互作用的具有某些功能的部分所组成的总体，是自然界普遍存在的形式，所谓"万事万物皆系统"，就是它的最通俗的表述。

现代科学技术的发展，不仅极大地丰富了人们对客观世界的认识，同时也极大地提高了改造世界的能力，而现代科学技术的发展又呈现出既高度分化又高度综合的两种明显趋势：一方面，已有学科不断分化、越分越细，新学科、新领域不断产生；另一方面，不同学科不同领域之间又相互交叉、结合以致融合，向综合性、整体性方向发展。这两种趋势，相辅相成，相互促进。系统科学就是从后一种发展趋势中涌现出来的新兴学科。"系统"则是系统科学研究的基本对象。

在系统科学技术体系中，直接用于改造客观世界的技术，叫作系统工程，其基础理论方法有运筹学、控制论、信息论等；用于揭示系统基本规律，且处在科学层次上的部分便是系统学，这就是钱学森提出的系统科学体系结构[1]。系统论共同特性是整体性，整体性意味着对组成部分逐个都认识了并不等于就认识了系统的整体，换言之，系统整体，并不是其组成部分的简单"拼盘"。自然科学发展过程中，还原论（Reductionism）曾发挥了重要作用。还原论认为，只要把组成整体的部分都认识清楚了，那么整体也就随之清楚了。但事实情况却表明，"知道了基因也还回答不了生命是什么""还原论的不足正日益明显"。所以，仅仅依靠还原论方法还不够，还要解答由部分往上，到整体中的问题。

20 世纪 30 年代，奥地利生物学家提出了整体论方法（Holism Method），除了研究分子层次上的问题之外，还要强调，从生物整体上来研究问题，后来在现代科技发展史上作出了重大贡献，在研究方法上确实有许多创新，如提出了遗传学算法，开发了 SWARM 平台，以 Agent（适应）为基础的系统建模……

20 世纪 70 年代末，钱学森明确提出了系统论，它是"整体论与还原论的辩证统一"，后来发展成为他的综合集成思想，即系统论方法。综合集成方法的实质是把专家体系、信息与知识体系以及计算机体系有机结合起来，构成一个高度智能化的人—机结合体系。这个体系具有综合优势、整体优势和智能优势，它把人的思维、思维的成果、人的经验、知识、智慧以及各种情报、资料和信息统统集成起来，从多方面定性认识，上升到定量认识。

"信息、知识、智慧这三者是在不同层次之上的问题，有了信息未必有知识，有了信息和知识也未必有智慧。信息综合集成可以获得知识，信息、知识的综合集成可以获得智慧……"，受许国志[1]著述的《系统科学》和顾基发[2]等编著的《综合集成方法体系与系统学研究》这两本书启发，作者产生了写作本书的构想。

第一节　系统科学的体系结构

再从横向上看，每一个科学技术部门里都是包含着认识世界和改造世界的知识，而这些知识又处在不同层次上。自然科学经过 300 多年的发展，已形成了三个层次，它们分别是：直接用来改造客观世界的工程技术；为工程技术直接提供理论基础的技术科学；以及揭示客观世界规律的基本理论，即基础科学。

综上所述，从感性知识和经验知识，到科学知识（现代科学技术体系），再到哲学，这样三个层次的知识，就构成了人类的整个知识体系。把科学技术体系结构用于系统科学，钱学森提出了系统科学体系结构（图 1-1）。

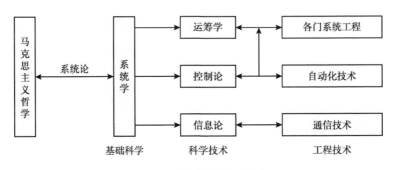

图 1-1　系统科学体系结构

系统科学作为横断性的学科，比一般交叉学科涵盖的范围更宽。系统科学把事物看作系统，从系统结构和功能、系统的演化来研究各学科的共性规律，是研究掌握各门学科的方法论。

当今科学技术发展的特征和趋势之一，是不仅在"微观"内深入，而且直接走向宏观系统，走向复杂与综合。过去几百年，科学研究的深入和分化是主流方向。今后，学科本身的进一步分化和向微观的方向发展仍很重要，但是，进入现代科学时期，向着宏观、交叉和复杂的整体化的趋势发展已成为主流。科学技术发展到今天，人类在探索各种自然现象和社会现象时，必然要面对各式各样的包含有大量个体的系统。这些各式各样的个体，怎样组织成形形色色的系统，较简单的个体运动又怎样组合为复杂的系统群体？这些问题本质上都是系统问题，必然是当代科学研究的一个基本方向。因此，系统科学必将会有重大发展，将改变科学世界的图景，革新传统的科学认识论和方法论，引起科学思维的革命。

今天，"系统"的概念如此重要，以至于在美国，"国家研究理事会"所著的《美国科学教育标准》一书有如下解释[1]："自然界和人工界是复杂的，它们过于庞大，过于复杂，不可能一下子研究和领会。为了便于研究，科学家和学生要学会定义一些小的部分进行研究。研究单位称作'系统'。系统是相关物体所构成的整体，各个部分的有机组合。例如生命体、机器、基本粒子，星系，概念，数、运输和教育等都可以构成系统。系统具有边界、构件、资源流（输入和输出）及反馈。在科学中，物体、生命、系统等等，会受到很多因素的影响。随着更多更好的观察结果的出现，随着更好的解释模型的开发，可以减少

不确定性的发生。"

"组织的类型和水平，提供了对世界进行思维的有用途径……基本单元的复杂性和数量，随组织的层次而变。在这些系统的内部，各个组成部分之间会发生相互作用。此外，系统在不同的组织水平上可以表现出不同的性质和功能。"

在我国香港中文大学，自1998年起，在全校开设了跨院跨系的"通识"课程，此课程开设两年后，于1999年将授课教材正式出版，书名为《系统视野与宇宙人生》，贯穿全书的基本内容，就是最基本的系统概念和理论。清华大学为硕士生开设了"系统论研究"课程……

第二节 关于系统的基本概念

系统科学中心概念是系统，所有其他概念都是用来刻画系统概念的。本节介绍将在后面共同使用的概念。

一、系统

所谓系统，按照现代系统研究的开创者贝塔朗菲的定义，系统（System）是"相互作用的多元素的复合体"，稍加精确化后，可以表述为如果一个对象集合中，至少有两个可以区分的对象，并且所有对象按照可以辨认的方式相互联系在一起，就可称该集合为一个系统。该集合中包含的对象称为系统的组分（或组成部分）。不需要再细分的组分，称为系统的元素（或称要素）。组分的差异性和多样性是系统"生命力"的重要源泉。另一个含义是系统中不存在与其他元素无关的孤立元素或组分，所有元素或组分都是按照该系统特有的，足以与其他组分互相区别的方式彼此关联在一起，相互依存，相互作用，相互激励，相互补充，相互制约。系统必须具有内在相关性（或相干性），相关性也是系统"生命力"的重要源泉，有差异而不相关的事物，构不成系统。上述这两个特点，又决定了系统另一个特点：整体性系统是由它的所有部分构成的统一整体，具有整体的结构、整体的特性、整体的状态、整体的行为、整体的功能等。

系统科学以这样一个基本命题为前提：系统是一切事物的存在方式之一，因而都可以用系统观点来考察，用系统方法来描述。

二、结构与子系统

组分与组分之间关联方式（系统把其元素整合为统一整体的模式）的总和，称为系统的结构（Structure）。在组分不变的情况下，往往把组分的关联方式简称为结构。

当系统的元素（组分）很少，彼此又差异不大时，系统可以按照单一的模式对元素进行整合；当系统的元素数量很多，彼此的差异又不可忽略时，不再能够按照单一模式对元素进行整合，需要划分为不同部分，分别按照各自的模式组织整合起来，形成若干子系统，再把子系统组织整合为整个系统。

上述定义规定，子系统具有局域性，它只是系统的一部分；子系统不是系统的任意部分，必须具有某种系统性。另外，应当区分元素和子系统。元素也是系统的组成部分，是无须再细分的最小组成部分，元素不具有系统性，不讨论其结构问题。子系统具有可分性、系统性，需要也能够讨论结构问题。

组织和结构是两个有差别的概念。只要组成之间存在相互作用，就有系统结构。但有结构不等于有序。在相对意义上，结构分为有序的和无序的两大类，而组织仅指有序结构，有组织的系统就是具有有序结构的系统。

结构分析的重要内容是划分子系统，分析各子系统的结构（元素及其关联方式和关联力），阐明不同子系统之间的关联方式。另外还应注意，一般来说，同一系统可以按照不同标准划分子系统，以便从不同侧面了解系统结构。按照同一标准划分出来的子系统有可比性，反之，具有可比性的子系统必定是按照同一标准来划分的。如果把按照不同标准划分出来的子系统并列起来讨论，是概念混淆。

关于系统结构：应该注意下面两个方面。

（1）区分框架结构与运行结构。当系统处于尚未运行或停止运行的状态时，各组分之间的基本联接方式，称为系统的框架结构。系统处于运行过程中所体现出来的组分之间相互依存、相互作用、相互制约的方式，称为系统的运行结构。

（2）空间结构与时间结构。组分在空间上的排列或配置方式，称为系统的空间结构（Spatial Structure）。组分在时间流程中的关联方式，称为系统的时间结构（Temporal Structure）。有些系统主要呈现空间结构，有些系统则主要呈现时间结构，有些两者兼而有之，这种情况称为时空结构（Spacetime Structure）。

三、整体涌现性

系统科学把整体才具有而孤立部分及孤立部分总和不具有的特性，称为整体涌现性（Whole Emergence），涌现性是系统科学意义上的质变。

部分多少，代表系统的规模。由规模大小不同所带来的系统性质的差异，称为规模效应。就系统自身看，整体涌现性，主要是由它的组成，按照系统的结构方式相互作用、相互补充、相互制约而激发出来的，是一种组成之间的相干效应，即结构效应、组织效应。不同的结构方式，即组织之间不同的相互激发、相互制约方式，产生不同的整体涌现性。例如：由同样的成员组成的企业，按照不同方式组织和管理，可能产生截然不同的生产效果，这就是整体涌现性的效果。此外，系统的整体特性，也取决于组分的特性，并非任意一组元素经过组织、整合就能产生某种整体涌现性。一定的整体性，要以一定的组分属性为基础。

合理的结构方式产生正的结构效应，同样，不合理的结构方式会产生负的结构效应（整体将小于部分之和）。整体的观点是系统思想最核心的观点，系统科学是关于整体性的科学。

整体涌现性是由规模效应和结构效应共同产生的。一般来说，起决定性作用的是结构效应。无论是自然界自行组织而成的系统，还是人工组建、制造的系统，涌现与系统整体总是相伴而生；一旦形成系统立即涌现出特有的整体特性，系统解体之后则立即丧失其整体特性。整体性与涌现性是同一事物的两面，前者是以既成论观点看问题的结果；后者是从生成论观点看问题的结果。

整体涌现性，也就是"非还原性"或"非加和性"，即整体具有，但还原为部分后，便不存在的特性，或把部分特性加起来也无法得到的特性。承认一切系统都有非加和性，并

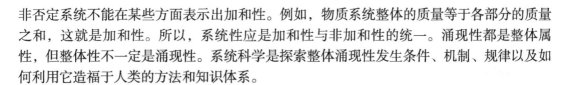

非否定系统不能在某些方面表示出加和性。例如，物质系统整体的质量等于各部分的质量之和，这就是加和性。所以，系统性应是加和性与非加和性的统一。涌现性都是整体属性，但整体性不一定是涌现性。系统科学是探索整体涌现性发生条件、机制、规律以及如何利用它造福于人类的方法和知识体系。

四、层次

最简单的系统由元素层次和系统整体层组成，元素之间相互作用直接涌现出整体特性，无需经过中间层次的整合。复杂系统不可能一次完成从元素性质到系统整体性质的涌现，需要通过一系列中间等级的整合而逐步涌现出来，每个涌现等级代表一个层次，每经过一次涌现形成一个新层次，从元素层次开始，由低层次到高层次逐步整合、发展，最终形成系统的整体层次。层次是系统由元素整合为整体，因程度而涌现等级，不同性质的涌现形成不同的层次，不同层次代表不同性质的涌现性。

一般来说，低层次隶属和支持高层次，高层次包含或支持低层次。高层次必有低层次没有的涌现性，一旦还原为低层次，这种涌现性就不复存在。多层次是复杂系统必须具有的一种组织方式，层次结构是系统复杂性基本来源之一。简单系统无需划分层次就可以把其中的各部分有效地组织起来，复杂系统则不行，必须按层次方式由低级到高级逐步进行整合，首先对元素整合，形成许多子系统，再对这些子系统进行整合，形成高一级的子系统，一直到形成系统整体。在按照多个层次组织起来的系统中，不同层次的子系统有高低不同的涌现性。较大的子系统一般也分层次。在这种系统中，层次提供了一个参照，讨论问题时首先要明确是在哪个层次上，混淆了层次，必将导致概念混乱。

对于自行组织起来的系统，涌现性可以称为"自涌性"。层次是系统科学的基本概念之一，是认识系统结构的重要工具。层次分析是结构分析的重要方面。系统是否划分层次，层次的起源，分哪些层次，不同层次的差异、联系、衔接和相互过渡，不同层次的相互缠绕，层次界限的确定性与模糊性，层次划分如何增加了系统的复杂性，层次结构的系统学意义，层次设计的原则等，是层次分析要回答的问题。

第三节 系统与环境、系统行为及功能

一、系统与环境

一个系统之外的一切与它相关的因素构成的集合，称为该系统的环境（Enviroment）。任何系统都是在一定的环境中产生出来，又在一定的环境中运行、延伸、演化，不存在没有环境的系统。系统的结构、姿态、属性、行为等或多或少都与环境有关，这叫作系统对环境的依赖性。环境与系统之间的相互关系是系统的外部规定性。同样的元素在不同环境中须按照不同的方式整合，形成不同的结构，甚至连元素的性质也随着环境的变化而有所变化。一般来说，环境也是决定系统整体涌现性的重要因素，在一定环境条件下，系统只有涌现出特定的涌现性，才能与环境相适应，形成稳定的环境依存关系。随着环境的改变，系统须产生新的整体涌现性，以达成新的环境依存关系。因此，研究系统必须研究它的环境，以及它同环境的相互作用。环境意识是系统思想的另一个基本点，要看到有些系

统的环境有很强的系统性。把环境当作系统来分析，是系统观点的必要组成部分。

把系统和环境分开来的东西，称为系统的边界（Boundary）。从空间上看，边界是把系统与环境分开来的所有点的集合（曲线，曲面或超曲面）。从逻辑上来看，边界是系统从起作用到不起作用的界限，规定了系统组分之间特有的关联方式起作用的最大范围。有些系统具有明显的边界，但有些系统的边界并不明确。

从事物相互联系的观点，任何系统都是从环境中划分出来的。从科学的层面上看，首先要承认系统与环境划分的确定性，系统内部与外部环境的划分有相对性。对象的划分常常因人而异，要特别谨慎，力求最大限度地排除主观因素。

系统与环境相互联系、相互作用是通过交换物质、能量、信息实现的。系统能够同环境进行交换的属性称为开放性（Openness）。系统阻止自身同环境进行交换的属性称为封闭性（Closeness）。这两种性质对系统生存发展都是必要的。封闭性亦非单纯的消极因素，而是系统生存发展的必要保障条件。从环境输入系统的并非都对系统有利，什么东西不能输入，什么东西需要输入，输入多少，如何输入，都需要管理（控制）。系统对环境的输出也不是任意的，什么东西不允许输出，什么东西允许输出，输出数量和方法，都需要管理（控制）；管理控制不健全，系统就不能正常生存发展。总之，系统性是开放性与封闭性的适当统一。

按照系统与环境的关系，可以把系统分为开放的与封闭的两类。实际系统或多或少都与环境有交换，因而都是开放系统。系统科学是关于开放系统的科学，基本不涉及封闭系统。

封闭系统的边界是完全封闭的、连续的，没有进出通道，具有刚性和不可渗透性。开放系统的边界具有柔性和可渗透性的特征。

二、系统的行为

系统相对于它的环境所表现出来的任何变化，或者说，系统可以从外部探知的一切变化，称为系统的行为（Behavior）。行为属于系统自身的变化，是系统自身特性的表现，但又与环境有关，反映环境对系统的作用和影响。

不同系统有不同的行为，同一系统在不同的情况下也有不同的行为。系统有各种各样的行为：学习行为，适应行为，演化行为，自组织行为，平衡行为，非平衡行为，局部行为，整体行为，稳定行为，不稳定行为，临界行为，非临界行为，动态行为，等等。可以说，系统科学是研究系统行为的科学。

三、系统的功能

系统的功能（Function）是刻画系统行为、特别是系统与环境之间关系的重要概念。系统的行为都会对环境产生影响，会对环境中某些事物乃至整个环境的存续与发展发挥作用。被作用的外部事物，称为系统的功能对象。功能是系统行为对其功能对象生存发展所作的贡献。

凡是系统都具有功能。系统整体涌现性，起码要体现在功能上。一般来说，整体应具有部分及其总和所没有的新功能。功能是一种整体特性，只要把元素整合为系统，就具有元素总和所没有的功能。

有了功能概念，可以从一个新的角度给系统下定义：所谓系统，是指由相互制约的各个组分组成的具有一定功能的整体。这个系统定义特别适用于技术科学层次的系统理论和系统工程，因为人们研究、设计、控制系统都是为了获得预定的功能。

功能概念也常用于子系统，指子系统对整个系统存续、发展所负责任、所作贡献。如果子系统是按照它们在整个系统中的不同功能划分出来的，按照各自的功能相互联系、相互作用、相互制约，共同维持系统整体的生存发展，就把功能子系统的划分及其相互关联方式称为系统的功能结构。了解功能结构是把握系统特性的重要方面，简单系统的子系统可以不按功能来划分。

应该区分系统的功能与性能（Performance）。性能是在内部相干和外部联系中表现出来的特性和功力。性能一般不是功能，功能是一种特殊性能。可以流动是水的性能，利用这种性能搞运输是它的功能。燃烧效率是发动机的性能，提供推力是发动机的功能。功能是性能的外化。同一系统有多种性能，每一种性能都可以用来发挥相应的功能，或综合几种性能来发挥某种功能。

功能与结构关系密切。但系统的功能由结构和环境共同决定，而非单独由结构决定。简单地说，结构决定功能，并视之为基本系统原理之一，但容易造成误解。系统的功能与环境有很大关系。首先是功能对象的选择，只有用于本征对象，系统才能发挥应有的功能，用于非本征功能对象，如当代用品，一般无法充分发挥应用的作用。系统功能的发挥还需要环境提供各种适当的条件、氛围，为充分发挥系统功能，需适当选择、营造、改善环境。只有当环境给定后，才可以说结构决定功能。就人造系统而言，常常是在元素和环境都给定的情况下设计或运营的，能够发挥人的能动性的主要是设计、改造系统的结构，结构优劣就成为决定性的因素。同样的元素，不同的结构方案，可能制造或组建出显著不同的系统。

第四节　系统的状态及演化

一、系统的状态

状态（State）是系统科学常用而不加定义的概念之一，指系统可以观察和识别的状况、态势、特征等。能够正确区分和描述这些状态，就算把握了系统。状态是刻画系统定性性质的概念，但状态一般又可以用被称为状态量的、系统定量特征来表征。

系统的状态量可以取不同的数值，称为状态变量（State Variable）。一般系统需要同时用若干个状态变量来描述。给定了系统状态的一组数值，就是给定了这个系统的状态，不同组的数值代表系统的不同状态。一般来说，同一系统可以用不同的状态变量组描述，对状态变量的选择有一定的自由度。所选择的状态变量必须具有特定的系统意义，能表征所研究系统的基本特性和行为，因而随系统的不同而不同。状态变量的选择应满足以下条件：（1）完备性，状态变量足够多，能够完全刻画系统状况；（2）独立性，任一状态变量都不得表示为其他状态变量的函数。

状态变量总是在一定的范围内，即定义域内变化的，但不一定都随时间变化。状态变量不随时间而变化的系统，称为静态系统（Static System）。随时间变化的状态，可以表示为时间 t 的函数，例如 $x(t)$。状态随时间而变的系统称为动态系统（Dynamic System）。

原则上，只要时间尺度足够大，总可以观察到状态变量随时间而变化。但是就给定的问题来说，如果系统的特征尺度比所研究的具体问题的特征时间尺度大得多，在研究和解决问题期间系统状态没有明显变化，就应当把系统看作静态的，这样可以大大简化对系统的描述。

静态系统和动态系统都是系统科学研究的对象。无论静态系统还是动态系统，基本课题是在状态空间（Static Space）中研究系统状态转移。动态系统中状态变量的变化，体现在式样、特征、程度、速度等方面都表现出无穷多样性，使得这种系统理论比静态系统理论的内容更丰富、多样、复杂得多。刻画动态特征要比刻画静态特性困难得多。直接刻画元素之间的动力学相互作用几乎是不可能的，可行的做法是刻画系统的整体状态、行为、特性的动力学变化，这需要另外专门讨论。

二、系统的演化

系统的结构、状态、特性、行为、功能等随着时间的推移而发生的变化，称为系统的演化（Evolution）。演化性是系统的普遍性。只要在足够大的时间尺度上看，任何系统都处于或快或慢的演化之中，都是演化系统。有些系统在一定研究范围内看不到变化，只需研究它们的共时性特征，可以当作非演化系统。但就主体部分来看，系统科学是关于事物演化的科学。

系统演化有两个基本方式。狭义的演化仅指系统由一种结构或形态向另一种结构或形态的变化。广义的演化包括系统从无到有的形成（发生），从不成熟到成熟的发育，从一种结构形态到另一种结构形态的转变，系统的老化或退化，从有到无的消亡（解体）等。系统的存续也属于广义演化，因为存续期间系统虽然没有定性性质的改变，定量特征的变化是不可避免的。

系统演化的动力有来自系统内部的，即组分之间的合作、竞争、矛盾等。导致系统规模改变，特别是组分关联方式改变，进而引起系统功能及其他特性的改变。例如组分的增加、系统规模的增大，或多或少会引起组分关系方式（包括关联力）的改变。系统演化的动力也有来自外部环境的，环境的变化及环境与系统的新陈代谢，最终导致系统整体特性和功能的变化。一般来说，系统是在内部动力和外部动力共同推动下演化的。

系统演化有两个基本方向，一种是由低级至高级、由简单到复杂的进化，一种是由高级到低级、由复杂到简单的退化。现实世界存在的系统既有进化，也有退化。两种演化又是互补的。

第五节　系统方法论

在系统科学的不同层次上，以及系统科学的不同学科分支之间，系统方法既有共同点，也有相异之处，下面对适用于不同层次和分支的系统方法作方法论阐述。

系统科学是适用于应用科学方法论变革而产生的新学科，系统研究方法又不能脱离现代科学成果凭空创造，只能在对现有科学方法加以吸收、提炼、改造的基础上创建起来，同现有科学的方法论有多方面的联系。新型科学方法论，概括起来说主要有还原论与整体论两种。

一、还原论与整体论

古典的科学方法论强调整体把握对象，叫作整体论。近 400 年来，主张把整体分解为部分去研究，所遵循的方法论是还原论。古典的整体论是朴素的、直观的，含有把对整体的把握建立在对部分的精细了解之上。随着以还原论作为方法论基础的现代科学的兴起，那种古典的整体论不可避免地被淘汰了。

还原论科学并非完全不考虑对象的整体性问题，例如还原论方法的奠基人之一——笛卡儿，主要从如何研究整体才算是科学方法的角度，论证了还原的必须性。还原论的基本信念是，相信客观世界是既定的，存在一个所谓"宇宙之砖"，它就是基本层次，只要把研究对象还原到那个层次，搞清最小组分（即宇宙之砖）的性质，一切高层次的问题就迎刃而解了。由此强调，为了认识整体须认识部分，只有把部分弄清楚了才可以真正地把握整体。认识了部分的特性，总可以据之把握整体的特性。在这个意义上，还原论方法也是一种把握整体的方法，即分析—重构方法。但居主导地位是分析、分解、还原：首先把系统从环境中分离出来，孤立起来进行研究；然后把系统分解为部分，把高层次还原到低层次，用部分说明整体，用低层次说明高层次。在这种方法论指导下，400 年来科学创造了一整套可操作的方法，取得巨大成功。

系统科学早期发展在很大程度上使用的仍然是这种方法，不同的是强调为了把握整体而还原和分析，在整体性观点指导下进行还原和分析，通过整合有关部分的认识以获得整体的认识。对于比较简单的系统，这样处理一般还是有效的。但是，当现代科学把简单系统问题基本研究清楚，逐步向复杂系统问题进军时，仅仅靠分析—重构方法日益显得不够用了。把对部分的认识累加起来的方法，本质上不适用于描述整体涌现性。越是复杂的系统，这种方法对于把握整体涌现性越加无效。

系统科学是通过揭露和克服还原说的片面性和局限性而发展起来的。朴素整体论没有也不可能产生现代科学方法。理论研究表明，随着科学越来越深入更小尺度的微观层次，人们对物质系统的认识反而越来越模糊。现代科学表明，许多宇宙奥秘来源于整体的涌现性。还源论无法揭示这类奥秘，因为真正的整体涌现性在整体被分解为部分时已不复存在。

世界是演化的，一切系统都不是永恒的。宇宙的许多奥秘只有用生成的、演化的观点，才能做出科学的说明。还原论的科学，是存在的科学，无法研究演化现象。还原论就是既成论，还原方法就是分析方法。涌现论把世界看作生成的。从生成论的观点看，整体涌现性可以表述为"多源于少""复杂生于简单"。涌现突变论的创立者托姆认为，用动力学方法研究系统，既要从局部走向整体，又要从整体走向局部。对于从局部走向整体，数学中的解析概念是有用的工具；对于从整体走向局部，数学中的奇点概念是有用的工具。一个奇点可以被看成由空间中的一个整体图形摧毁成的一点。系统在这种点附近的行为是了解系统整体行为的关键。所以，托姆认为："在突变论中交替地使用上述两种方法，我们就有希望对复杂的整体情况做出动态的综合分析。"原则上说，一切动态系统理论都需要交替地使用从局部到整体和从整体到局部两种描述方法。任何系统，如果存在某种从微观描述过渡到宏观整体描述的方法就标志着建立了该系统的基础理论。对于简单系统，它的元素的基本特性可以从自然科学的基础理论中找到描述方法，然后，对元素的特性进行直接综合，即可得到关于该系统整体的描述。对于简单巨系统，也具备从微观描述过渡到宏观描述的基本方法，即统计描述。确定性描述与不确定性描述相结合，是系统的不确定性表述形式之一。

二、定性描述与定量描述

任何系统都有定性特性和定量特性两个方面，定性特性决定定量特性，定量特性表现定性特性。定性描述是定量描述的基础，定性认识不正确，不管定量描述多么精确漂亮，都没有用，甚至把认识引向歧途；只有定性描述，对系统行为特性的把握则难以深入准确。定量描述是为定性描述服务的，借助定量描述能使定性描述深刻化、精确化。定量描述与定性描述相结合，是系统研究的基本方法之一，那种不能反映对象真实特性的定量描述不是科学的描述，必须抛弃。特别是研究系统演化的问题，所关心的是系统未来可能的走向，而不是具体的数值，动力学方程的定性论、几何方法、拓扑方法等是适当的工具。

描述系统包括描述整体与描述局部两方面，需要把两者结合起来。在系统的整体观对照下，建立对局部的描述，综合所有局部描述以建立关于系统整体的描述，是系统研究的基本方法。

自牛顿以来，科学逐步发展了两种并行的描述框架。一种是以牛顿力学为代表的确定性描述，另一种是由统计力学等为代表发展起来的概率论描述。在系统理论早期发展中两种方法都有大量应用，但总体来看，要么只使用确定性描述，要么只使用概率论描述，没有把两者沟通起来。采用确定性描述的有一般系统论、突变论和非线性动力学、微分动力体系等。香农的信息论是完全建立在概率论描述框架之上的典型理论，在控制论与动力学中，对上述两种描述都使用，但通过划分不同的分支来分别使用它们，仍然没有实现将两者沟通使用。自组织理论试图沟通两种描述体系，取得了一定进展，但步伐迈得还不够大。现代科学的总体发展越来越要求把两种描述框架沟通起来，形成统一的新框架。混沌学等新学科的发展使人们初步看到了希望。一种观点认为，如果把有限性作为认识自然的基本出发点，承认自然的有限性，就有可能从根深蒂固的人为对立的两种描述体系中解脱出来。

三、分析与综合

要了解一个系统，首先要进行系统分析：一要了解系统是由哪些组分构成；二要确定系统中的元素或组分是按照什么样的方式相互关联起来形成一个统一整体；三要进行环境分析，明确系统所处的环境和功能对象，系统和环境如何互相影响，环境的特点及变化趋势。

如何由局部认识获得整体认识，是系统分析要解决的问题。分析—重构方法，用于系统研究时重点在于由部分重构整体。重构就是综合，首先是信息（认识的）综合，即如何综合对部分的认识以求得对整体的认识，或综合低层次的认识以求得对高层次的认识。综合的任务是把握系统的整体涌现性。从整体出发进行分析，根据对部分的数学描述直接建立关于整体的数学描述，是直接综合。简单系统就是可以进行直接综合的系统。简单巨系统，由于规模太大，微观层次的随机性具有本质意义，直接综合方法无效，可行的办法是统计综合。

第六节　系统建模方法学

对此系统方法论指出了行动的路线、大方向上怎么走。模型方法是具体实现方法，前者对应于方法学（Methodology），后者对应于方法（Method）。

一、模型与原型

给对象实体以必要的简化，用适当的表现形式或规则把它的主要特征描绘出来，这样得到的模仿品，称为模型，对象实体称为原型。模型也有结构，模型结构与原型结构是不同的两码事，但两者又有直接或间接的联系。原型中必须考虑的结构问题都应在模型中有所反映，能以模型的语言描述出来。标度模型（Scale Model）要求具有与原型相同或相似的结构，但尺度大大缩小。地图模型（Map Model）要求具有与原型相同的拓扑结构。数学模型是抽象模型，不能要求它直接反映系统原型的结构，但必定与原型结构有内在联系，原型中的结构问题，在模型中用数学语言描述，能用数学方法分析和解决。例如，原型的结构稳定与否可以转化为模型中数学结构的稳定与否。建模方法学是系统科学的基本方法，研究系统一般都是研究它的模型，有些系统只能通过模型来研究。

构造模型是为了研发原型，客观性、有效性是对建模的首要要求，反映原型的本质特征的一切信息必须在模型中表现出来，通过模型研究能够把握原型的主要特性。模型又是对原型的简化，应当压缩一切可以压缩的信息，力求经济性好，便于操作。任何系统，没有简化不称其为模型，未能显著简化的模仿品不是好模型，例如，标度模型表现为缩小规模。

按照构成模型的成分，有实物模型和符号模型两种。系统科学的兴趣在于由纯信息而非实物构成的符号模型。符号模型，又包括概念模型、逻辑模型和数学模型，它们都在系统科学中有所应用。最重要的是数学模型，通常所谓研究系统的模型化方法，就是为系统建立数学模型，通过分析模型来解决问题的一整套方法和程序。

按照模型的功能，有解释模型、预测模型和规范模型的划分。模型的首要功能是提供一个框架，能够恰当地整理和组织观测数据、资料、信息，对原系统的行为特性和运行演化规律做出解释。所以，一般来说，模型首先是一种解释模型。基于系统的组分、结构、环境和现在的行为，能够对系统的未来行为特性做出预测的模型，是预测模型。预测模型也是解释模型，预测是特殊的解释。规范模型的功能在于提供按照一定目的、影响和改变系统行为特性的思路和方法。

二、数学模型

所谓系统的数学模型，指的是描述元素之间、子系统之间、层次之间相互作用以及系统与环境相互作用的数学表达式等，均可以作为一定系统的数学模型。原则上，数学所提供的一切数学表达式形式，包括几何图形、代数结构、拓扑结构、序结构、分析表达式等，均可以作为一定系统的数学模型。大量的数学模型，是定量分析系统的工具，用数学形式表示的输出对输入的响应关系，就是广泛使用的一种定量分析模型。技术科学层次的系统理论和系统工程，都主要使用数学模型作为定量分析工具，以便给出设计、操作系统所必须的定量结论。但数学模型同样可以作为定性描述系统的工具，对于描述系统演化现象来说，人们关心的主要是系统定性性质改变与否，定性分析是更基本的。

定量描述系统的数学模型必须以正确认识系统的定性性质为前提。简化对象原型必须先作出某些基本假设，这些假设只能是定性分析的结果。描述系统的特征量选择，建立在建模者对系统的行为特性的定性认识基础上。这是一切科学共同的方法论原则。系统科学所讲的定性和定量相结合，有特别的含义。除了简单系统外，都不能仅仅研究数学模型，甚至完全定性的模型也不足胜任，更高类别的系统更不必说。

有一类用途广泛的定性模型，即下面的拓扑结构。

（1）链结构。元素按一定顺序排列成一个链条，首元与尾元不相连。

（2）环结构。元素相互联结形成某种闭合环形，称为循环结构，最简单的是首元同尾元重合的闭链。由基本的循环结构可以构成更复杂的循环结构，以至于形成所谓的超循环结构。

（3）树结构。树是一种由根、干、枝、叶组成的分枝链形式系统，主要特点是有分叉，没有闭环，树中最简单的分枝是链结构。树结构在系统分析中广泛应用，例如决策树、语法树、演化树、家谱树等。

（4）网结构。同时可能包含链、环、树的复杂结构。

这类模型是描述系统结构的工具，它可以给出各个元素、子系统的相对位置、前后次序、分布情况等。例如，地图可以告诉人们，左边有河流，右边有山崖，但难以作出定量的描述，例如崖有多深，河有多宽，在地图上一般来说找不到完美答案。

另一类模型是用有关的量来表达的，如函数、迭代、方程等。这种数学模型由两种量构成。一种是反映系统本身变化的量，例如输入变量、输出变量、状态变量等，系统的行为、特性、未来发展趋势都可以通过它们来刻画。输入—输出方法的定量化表述，是给出输出变量对输入变量的响应关系的数学表达，通常是确定性响应函数。另一种是控制参量，它们一般反映系统与环境的依存制约关系，不能由系统本身获得。从输入量、输出量和状态量的尺度看，有些量可以当作不变量（给定量），因而在数学模型中以常数形式出现。例如企业管理中，可以利用的资源、资金等是给定的，产品价格不受企业的左右，这些量在企业系统的数学模型，只能作为控制量出现。由状态变量和控制参量构成的某种数学方程式，称为状态方程（State Equation），是最常见的数学模型。代数方程不含时间变量，用作静态系统的数学模型。动力学方程，主要是微分方程，是动态系统的数学模型。状态方程的功能主要是描述系统状态转移的规律。

静态系统也需要考虑参数变化带来的影响，但无需放在参量空间作整体考察，通常的做法是引入灵敏度概念，分析参量的小扰动（称为参量的摄动）给系统的性能指标造成的影响，设法采取其他措施加以弥补。

三、计算机模型

用计算程序定义的模型，称为计算机模型（Computer-based Model）。首先明确构成系统的"构件"，将它们之间的关联方式提炼成若干简单的行为规则，并以计算机程序表示出来，以便通过在计算机上的数学计算来模仿系统运行演化、观察如何通过对构件执行这些规则而涌现出系统的整体性质，预测系统的未来走向。所有数学模型都可以转化为基于计算机的模型，通过计算机来研究系统。许多无法建立数学模型的系统，如复杂的物理过程，特别是生物现象，也可以建立基于计算机的模型。

用方程组形式的数学表达式定义的传统模型，求解和处理往往需用复杂、艰深的理论和技巧，费时费力，可行性常常较差，所得结果有时无法用试验检验。用计算机程序定义的模型，可以做到既严格，又可行，使得能够在计算机上研究和预测系统，通过试验来检验结果。好的模型可以做到可重复性。对于那些无法用真实的试验来检验的复杂系统，计算机模型是唯一可用的试验检验手段。

计算试验是一种新兴的试验形式，有许多科学和哲学的问题尚未解决，它提供了唯一普遍可用的试验手段。20世纪80年代，油田开发问题的数学模型及其求解方法研究得到了快速发展，国内外文献［3-4］所展示的研究内容涉及面也很广。

第七节 系统的组织

岩石的沉积是自组织过程，它是复杂系统演化时出现的一种现象。下面讨论该自组织过程，前后系统状态的特点；分析如何用有序、无序来标识它们；本节讨论和研究自组织现象的理论，也对自组织现象进行分类、规范，以便对系统演化中的这类新的现象有一个全面、准确的了解。

一、系统科学的组织概念

组织是一个过程，指"按照一定目的、任务和形式加以编制"。在系统科学中，系统的演化是系统的一种主要行为，组织属于一类特殊的演化过程。同时，把组织过程中所形成的结构也称为组织。通过对大量事例的分析，可以体会到，组织过程和形成的结构（组织结构）具有以下特点。

（1）组织结构对于组织前的状态讲，其有序程度增加，对称性降低。原来堆积在一起的砖头，杂乱无章，当它们被组织起来，建成一座房屋后，其排列分布情况发生了变化，砖头之间相互位置关系确定，规则的程度增加，成为有序状态。组织的这一特点明显地体现在组织过程形成的事物中，也称为组织结构。在系统科学中，将这种结构统称为有序结果，它与本章前面讨论的系统的状态的有序、对称性等性质可建立对应关系，这样就可以从系统科学角度，从状态的有序和无序变化来分析组织结构。

（2）组织过程是系统发生质变的过程，是系统有序程度增加的过程。通常系统演化存在两种方式。一种是量变方式，系统的状态随时间连续逐渐地变化。当时间间隔无限小时，两个状态之间的差别也无限小。例如，对于可以用某种函数关系描述状态随时间变化的系统，在量变过程中，描述状态随时间变化的函数关系形式不发生变化。另一种是质变方式，系统状态发生突变，突变前后状态变量的个数、状态变量的形式等都可能发生改变。组织过程的前后，系统状态发生质的变化，组织过程就是一个质变过程。当采用演化方程描述系统演化时，对组织过程的讨论，也可以通过分析系统的演化方程来实现。但利用演化方程分析系统组织的过程时，通常无法采用分析其演化轨迹的方法，而是对方程进行定性分析，讨论方程解的个数、状态的稳定性，讨论参量变化如何影响系统状态稳定性并使其发生变化等。

在自然界中，按照组织和环境的关系，可以把组织分为他组织和自组织两种类型。他组织是指系统之外有一个组织者，整个系统的组织行为和做法按照组织者（外界主体）的目的、意愿进行，在组织者的设计、安排、协调下，系统完成组织行为，实现组织结构。平时所讲的组织多是这一类，例如人工制造各种机器、电子设备，设计各种图件等，这一类组织通常称为他组织。自组织则是无法在系统外找到组织者，实际过程是在一定的外界条件下，系统自发地组织起来，形成一定的结构，例如蚂蚁、蜜蜂的社会组织，生物链组织，沉积岩浆凝固形成的岩石及其花纹等。

二、他组织

通常他组织是强调被控制对象（即系统的行为），强调系统对组织者的响应，研究系统状态发生质变的过程，质变后与质变前有哪些区别等。而控制强调组织者的行为，讨论如何才能使系统发生变化，控制者的输入怎样影响系统的输出，输入输出的关系等。在具体讨论中，通常把对一个"死"系统（系统中不包括人）的控制（组织）过程称为控制，这类的系统多是人造的机械、设备，采用的方法、理论多为工程控制论。对于包括人的"活"系统，其控制（组织过程）称为管理，采用管理科学的方法、理论，例如对学校的管理、对工厂产品的管理等。实际上在系统科学中对"控制"与"管理"可以有同样的处理方法，它们都是研究组织过程中组织者与被组织者之间的关系。研究组织者如何对系统（被组织者）输入物质、能量、信息；系统（被组织者）如何响应，如何对输入的物质、能量、信息做出反应；组织者如何排除被组织者所受到的其他干扰，使系统更准确、更迅速地达到预定目标等。控制作用强调组织的目的，控制是指驾驭过程，它研究如何构建系统机制，如何输入信息使系统按照既定目标演化。控制过程存在一个外界作用，即控制作用；还存在一个响应机制，即控制作用下系统的变化如何。在一个系统变化的过程中，控制主要研究使系统发生变化的条件，研究在某一种外界条件下，系统会发生怎样变化。

在研究控制作用时，需要区别自然界的控制作用和人工控制作用。自然界的控制作用，实际上就是所发现的系统与外界环境之间的各种因果关系，如外力的大小、方向、作用点控制了系统的机械运动（牛顿第二定律）；天气的情况控制着农作物的生长，决定了当年的收成；地球上的环境决定了各地不同的物种。在很多情况下，自然控制作用不作为控制问题进行研究，人们研究自然规律，就是对它们进行讨论。

这里笔者要特别提出反馈这个概念。在一个控制系统中，将输出信号的一部分作为输入，再来控制系统输出，称为反馈。换句话说，就是把表征行为结果的量转变成进一步约束行为的控制。从反馈结果来看，可以分成正反馈、负反馈两种。正反馈的作用是使系统输出越来越大；负反馈的例子更多，人的神经调节控制系统是一个很好的负反馈系统。例如：当人们去拿一个茶杯，眼睛把手与茶杯的距离作为信号输入神经系统，再控制手的动作，使之与茶杯的距离越来越小，最终拿到茶杯。在讨论系统演化过程中，反馈是一个重要机制，正反馈是系统的激励机制、信息的放大机制；负反馈是系统的抑制机制、稳定机制、信息的衰减机制。

从反馈的实施形式来看，反馈又可以分成开环控制和闭环控制两种形式。闭环控制指反馈控制回路与外界无关，输入的反馈信号仅由系统输出决定。开环控制是指输入的反馈信号不仅由系统输出决定，而且还与外界有关。通常研究的控制系统是开环反馈控制系统，就是讨论当环境变化、系统偏离目标时，输出信号与目标信号进行比较，并将这种偏差作为反馈信号不断地输入控制系统，修正系统的输出结果，使系统向既定的目标演化。

三、自组织

自组织是客观世界存在的另一种组织现象。在系统实现空间的、时间的或功能的结构过程中，如果没有外界特定的干扰，仅是依靠系统内部的相互作用来达到的，该系统是自组织的。这里"特定干扰"一词是指外界施加作用的形式，以及这种作用与系统所形成的结构和功能之间存在直接的联系。自组织指系统形成的各种组织结构并非是外界环境直接强加给系统的，而外界是以非特定的方式作用于系统。从效果上看，自组织与他组织现象一样，都是系统达到了一定的目的，都是实现了某种确定的状态。而它们之间的根本区别在于：同样对于新状态的出现、新功能的形式、一定目的的达到，其原因不同。对于他组织，出现这些现象的原因在于系统之外。自组织则不同，之所以出现了组织结构，其直接的原因在于系统的内部，与外界无关。如物种的进化，它是由系统的内部的遗传和突变功能造成的。

当然，一个系统必然与外界联系，每个系统的演化也都是在一定外界环境中进行的。仅系统组织起来的原因是外界提供的，还是内部产生的来确定系统是他组织还是自组织，是不够的。可以说，内因决定了系统演化（发生质变）所得到组织的形式、状态的性质特点等，外因决定系统组织进程能否实现。外因和内因两者，缺一不可。在自组织问题上，既要研究内部机制，还要分析外界条件，同样是外界条件与系统机制共同决定了自组织和系统的性质。自组织理论中，不分析系统控制与响应之间的关系，更多的是关注自然界中的自组织现象。

现在人们讨论的自适应、自学习系统可以看作自组织系统。但是，人们仍然习惯于对其用他组织系统的观点来进行设计与研究，如从输入输出关系来研究自学习系统的演化特点，当自适应自学习系统在接受多次刺激以后，其响应机制发生变化，系统可呈现出在学习过程中多次强调的状态，自适应自学习系统的演化是一种自组织，也可以说是一种他组织，只是这种他组织对一次反应行为与多次反应行为有区别而已。

自组织和他组织是对一定外界环境下系统状态发生质的变化这类现象的两种不同描述方法。严格来说，自组织与他组织是研究方法上对系统的一种分类。将系统列入不同的范围内，采取的办法也不同。同一个现象，既可以说它是自组织现象，又可以说它是他组织现象。把它看成自组织现象，就利用自组织理论来处理，如果看成他组织现象，就利用控制论（他组织理论）来处理。

从目前来看，将能够分析出外界控制与系统响应之间关系的系统，称为他组织系统；无法说清楚关系的系统，被称为自组织系统。

自组织系统是系统存在的一种形式，在研究系统与环境关系时，可以发现，它也是系统存在的一种最好形式，是系统在一定环境下最易存在、最稳定的状态。因此，即使对于那些可以看作他组织研究的系统，也应该使其达到自组织状态。例如对于生态系统，人们不能人为地"组织"破坏生态平衡，大量围湖造田及把湖边沼泽"组织"成良田，这样破坏生态，就将造成环境恶化，危害人类。要维护生态平衡，不过量砍伐树木，使之可以自我繁殖；不大量地产生工业废气，保护地球表面臭氧层等，使其达到自组织状态。现在人们已经意识到，使自己的行为限制在生态系统自组织范围内行动。在经济系统中，也不能随心所欲地组织生产、安排经济活动，必须按照经济规律办事，使经济系统处在自组织状态。

第八节　两种有序

一、序的一般概念

序是一个很普通很常用的概念。按某种规定对多数个体进行排队，称为排序。自然科学中，序实际上就是对两个元素之间关系的确定。针对这一本质，数学上严格定义了偏序（即通常所讲的序），认为它是一种具有传递性、反对称性、反排序性和有自反性的二元关系。

偏序关系是下面讨论的基础。可以理解为只有存在偏序关系的两个子系统之间才可以比较其有序程度。后来人们进一步发展用有序、无序来描述客观事物的状态，描述由多个子系统组成的系统的状态。所谓有序，指事物内部的诸要素和事物之间有规则的联系或转化，即在系统内子系统之间存在某种类似偏序关系。例如一队排列整齐的士兵，每两个士兵之间都存在偏序关系，则称这队士兵处于有序状态。反之，事物内部诸要素或子系统之间无组合规则，在运动转化上无规律性，则称为无序。单个要素或单个事物在相应的层次上不存在联系或排列，是无所谓有序或无序的。晶体空间点阵上原子（或离子）有规则的排列是有序。反之，无序的状态或运动，很难加以描述或区别。例如两块橡胶的差别是需要对每块中的各个分子都做了描述之后才能确定的，这是因为橡胶的分子排列是无序的，而对于两个晶体则只需指出它们的晶格常数就可以确定它们之间的差别。因此有人把序看作宏观可辨认的量度，认为只有有序的现象在宏观上才是可以分辨、可以认识的。在研究事物时，总是找到事物内部诸因素之间排列的序，并按某种序来确定一事物与它事物之间的关系。从这里可以看到，利用数学上偏序关系可以衡量两个系统或两个事物是有序还是无序的，子系统之间具有偏序关系，可以认为是有序的；子系统之间不具有偏序关系，认为是无序的。

在理解序概念时，有几点需要特别加以注意。

（1）有序、无序是比较而言的，是指对多个事物的一个比较。只有一件事物，某事物中仅包含一个元素，都是无法谈论有序或无序的。当讲某个状态是有序的，一定是针对另一个状态而言的，是两个状态比较而言的，绝对的有序或无序是不存在的。当然，在被比较的事物或状态是显而易见，且不会引起误会时，可以省掉被比较的事物或系统，而只谈某事物或某系统是有序的。例如：当讲晶体是有序的，并未指出相对于什么，但通常是相对于玻璃、橡胶等物质而言。

（2）两个事物相比较谈论有序、无序，总是根据某一规则确定以后才能将事物按规则排队，也才能确定其有序、无序。确定的规则不同，其有序、无序程度也可能是不同的。

（3）有序和无序在一定条件下是可以互相转化的。有序、无序的转化也可以看成是系统的演化行为，而且是系统更高级的演化行为。一般情况下，研究系统是在有序状况不改变的条件下讨论运动变化过程中所呈现的演化行为，研究和观察事物量的变化及渐变行为。而当系统演化时出现了有序、无序的转变，出现了实质的功能、结构的变化，也就出现了质变。物理学中论述的各种相变，就是研究在一定条件下系统有序、无序之间的改变

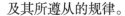

及其所遵从的规律。

二、有序与系统对称性的关系

有序、无序的种类也很多，可以是空间有序、时间有序，也可以是功能有序。不同种类的有序是根据不同的规则来确定的，目前系统科学在研究系统演化时，特别是进行定量分析时，主要是针对无生命系统的有序、无序进行分析，通过对称性来认识状态的有序、无序，通过对称性破缺来分析有序、无序的转化。为此有必要介绍一下对称概念。

对称是自然科学常用的概念，某事物或某运动以一定的中介进行某种变换时，若变换前后结果保持不变，则称该事物或该运动在该中介变换下是对称的，否则是不对称的。对称性是人们研究和分析宏观事物时经常采用的一个要素，对称性越高的事物，越可以用较少的语言将其描述清楚。物理学中，当系统状态发生变化时，若从无序状态变化为有序结构，对称性就降低了，物理学中称之为对称破缺。耗散结构理论中，不论系统的有序结构如何，也不论是通过外界的何种作用使之发生变换的，统一用对称性高低来表示系统有序程度的多少，用对称性破缺来表示系统状态的突变。有了统一的标准，就可以比较。比较那些表面上看来联系不大，甚至是不相关的两个状态之间的有序程度及它们的"进化"关系。当然，对称破缺也限制了对一些状态之间有序程度的比较。比较两个状态之间的有序程度，必须要说明是在什么样的对称操作下对称性的变化情况，不能随意比较。

最直观、最普通的对称形式是形象对称，除了形象对称外还有结构对称。无论形象对称还是结构对称都指空间对称，例如旋转、反射、平移等，使事物位置发生变化，若操作前后事物状态未发生变化，则称该事物对此操作是对称的。事物除空间上的形象和结构对称外，还可具有时间对称。时间对称是指事物每运动变化一段确定时间以后的状态，与原来状态保持一致。

对称既是对系统状态性质描述，又是研究系统的方法，在讨论系统状态或状态变化时，常常要分析其对称性。一般地说，具有对称性状态可以较方便地进行描述，时间上的对称性又可以使系统演化轨道变得简单。特别是对物理系统来说，在系统演化过程中若它具有一种对称性，则对应着的系统满足一种守恒定律。例如一个系统具有时间平移不变，则一定满足能量守恒；而具有空间平移不变的系统满足动量矩守恒。根据系统对称性分析，可以对系统性质有更深刻的认识，可以了解系统在机制上的很多特点。

在比较两个状态的有序程度时，定义对称性低的状态更有序，对称性高的状态更无序。在系统演化时，由对称性低的状态向对称性高的演化称为退化；反之，称为进化。之所以这样规定，在于其概念是建立在热力学基础上的。按照热力学的分析，高熵状态所包含的微观态数多，即在此态中分子相互交换的可能性大，通常认为系统在这种状态下更无序，子系统的变化可有更多的自由度，即运动更加混乱。某状态包含的微观态数目多，则表明它可以在更多的对称性操作下保持不变，也即具有更大的对称性。故用对称多的状态来表示无序状态是很自然的，系统从无序状态向有序状态的演化是系统不断地对称破缺的过程。本节讨论的热力学平衡态是系统熵最大的状态，是最无序的状态，它所满足的对称性也最多，无论采取什么样的操作，系统的状态均不会发生改变，即具有高对称性。平时人们有一些错觉，似乎对称性高，同有序是正相关的，实际上是不对的。

有序与系统的对称性、描述系统演化方程的不变量，这三者之间有着密切的关系。为

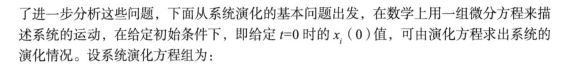
了进一步分析这些问题，下面从系统演化的基本问题出发，在数学上用一组微分方程来描述系统的运动，在给定初始条件下，即给定 $t=0$ 时的 $x_i(0)$ 值，可由演化方程求出系统的演化情况。设系统演化方程组为：

$$\frac{\mathrm{d}x_i}{\mathrm{d}t} = f_i(x_1, x_2, \cdots, x_n), \ i = 1, 2, \cdots, n \tag{1-1}$$

若系统存在某种对称性，则对应一个不变量 c，此不变量为状态变量的某种函数：

$$g(x_1, x_2, \cdots, x_n) = c \tag{1-2}$$

将式（1-2）代入式（1-1）中，可消去一个变量，假设消去了 x_n，于是就得到了另一个 $n-1$ 维的系统的演化方程组。维数降低有利于求解方程，若对于一个 n 维的系统，能够找到 $n-1$ 个不变量把式（1-1）化简为一维微分方程，则可使该系统演化问题完全可解。

在力学中对称性与不变量的关系是人们比较熟悉的，在其他领域或对一般系统，上述的"系统具有一种对称性，对应系统存在一个不变量，并可利用系统存在的这些不变量条件，将原来的 n 维方程的维数降低到一维方程"，这样一种观点仍然存在。但对一般系统，不一定能比较形象地描绘出对称性具体形式，因此不变量的物理意义也不易说清楚。在系统科学里也要利用上述关系来分析系统的演化。利用系统对称性主要体现在两个方面：（1）利用对称性与有序之间的关系。根据系统状态对称性的多少，来判定系统状态的有序程度，再利用状态有序程度的变化来讨论系统的演化方向等问题，研究系统是向着有序程度增加的方向演化，还是向着有序程度降低的方向演化，这方向研究与熵概念紧紧联系在一起。（2）利用系统的对称性来求解系统的演化方程。后文将讲到，一个系统的演化方程可以形式地写成一个算子方程。算子对函数的作用可以看成是对系统的一个操作，系统具有一种对称性，就存在一个不变量，也就是该不变量对应的算子对系统状态函数作用后，状态函数不发生变化。利用算子方程来求解系统演化方程，就是讨论某演化算子对系统实行操作后系统状态如何变化的过程。后文将此种分析思想作为一种数学方法进行详细讲解。

三、两种有序原理

仔细分析会发现，自然界和社会都存在两种有序现象，系统科学必须加以区别。一种有序，以一块食盐晶体为例，它与同样大小的一块橡胶相比，食盐晶体比橡胶更有序，橡胶分子杂乱无章分布，可以认为橡胶具有多样的平移、旋转等对称性；而食盐晶体中的离子规则排列，食盐晶体中的离子仅保留了平移一个晶胞距离或数倍晶胞距离的对称性，食盐晶体出现了空间排列对称性破缺。没有外界环境干扰，食盐的有序排列结构将会一直维持下去，这是一种有序现象，称为静态有序，其所形成的结构成为平衡结构。

另外一种有序现象被称为动态有序，所形成的结构称为非平衡结构或称为"耗散结构"。动态有序是系统科学更重视和更深入研究的一种有序现象。动态有序广泛存在于自然界，例如一年四季的变化，地球上的日夜交替，各种动植物的生长发育以及它们躯体构造的分布等。将不同领域中的动态有序现象加以总结，可以发现它们与静态有序存在明显区别。这些区别在系统科学对系统进行分类，特别是将系统演化行为与系统内部机制联系起来讨论有着重要意义。

首先，可以发现在结构形式上，平衡结构是死的、宏观不变的，是由微粒子（子系统）的规则排列构成的；耗散结构是活的结构，微观上每个子系统在不停地变化运动，是微观的不停运动构成了宏观上稳定的结构。平衡结构一般没有空间尺度限制，只要在宏观范围内，一块 NaCl 晶体，当将其打碎改变尺度后仍呈现为规则的 NaCl 晶体结构。耗散结构在改变系统尺度后其形式会改变，例如看不到原来的花样。观察尺度再缩小，就能看到构成原来结构内流体微团的流动。另外，由于耗散结构是活的结构，因此，结构形式除了与平衡结构一样有空间有序结构外，还存在时间结构（某种物理量随时间周期振荡）、时空结构（某个物理量像波一样，同时随时间、空间周期变化等），比平衡结构丰富得多。

其次，活的结构不仅在形式上与静止结构（平衡结构）不同，而且在形成机制、维持结构稳定的条件上也与静止结构不同。静止结构一旦形成之后，只要保持它存在的条件，就能保持结构不变；当超越了其生存的条件，而去同外界交换时，只会破坏系统的结构和有序程度。活结构则不然，不仅只有在系统远离平衡态，还要在外界环境物质和（或）能量对系统的作用下，才能使系统形成活的有序结构；而且形成结构以后，也仍然需要与外界环境进行交流，才能使结构维持下去。如果减少与外界的交流，甚至取消交流，其后果是已经形成的结构必将遭到破坏。维持一个"活"的结构需要新陈代谢，否则，就会消亡，有序结构随之丧失。

两种结构形成机制显然不同，物理学中讨论的一级相变（例如冰变水，水变蒸汽等）、二级相变（例如顺磁、铁磁之间的变化等）均是对静止有序结构变化的研究，也称为平衡相变。过去曾重视对这类静止结构变化的研究，而较少对"活"结构的研究。为了强调"活"结构的形成和维持，需要消耗外界的物质、能量等，普利高津形象地将这种结构称为"耗散"结构，并且把研究这种结构形成、演化的学说称为耗散结构理论。也可以说，耗散结构理论实际上就是讨论耗散结构产生、维持的条件和所具有的形式特点及演化规律的理论。

至此，对于空间有序、时间有序和时空有序讨论暂时终止。除此之外，随着研究问题的深入，除了研究结构序的上述三种形式外，还应讨论功能序，或称功能结构。功能结构指系统具有某种新的功能。对于系统，研究演化时，不仅关心它的演化轨迹，更关心它所反映出来的功能，而系统功能的发挥有时也有一定的顺序关系，例如人体四肢功能依靠脑功能来支配，大脑既支配眼睛的视觉功能，又接受眼睛提供的信息来判断外界的事物，这些都是功能序。在系统演化过程中某些组织结构没有变化或变化不明显，而其功能产生变化时，采用功能结构讨论问题很方便。例如在从猿到人的变化过程中，四肢的结构变化不大，而从功能上看，猿的上肢与下肢区别不大，它们都具有行走、拿物的功能，但发展成为人，就使上下肢功能出现了分工，不对称了，上肢主要用于拿取物品，下肢用于走路，可以说人的四肢出现了功能结构。随着研究的深入和其他学科（例如数学）的发展，对功能有序或其他形式的动态有序将会有更深入的讨论。

四、有序与系统演化

由于系统的复杂性、多样性，其演化方式、特点、方向也是多种多样的。系统有序性，不仅是用来对系统状态进行划分的有力工具，如果可以根据有序性来区别系统、对系统进行比较，讨论哪些是有序的，哪些是无序的；此外，还可以根据系统随时间的演化进程，研究有序性的变化，用于区分演化的方向。如果在系统演化过程中，随时间系统状态的有序程度越来越高，则称系统朝有序方向演化或称进化；反之，称为退化。

经典物理学中研究了大量的退化现象，并总结发现了热力学第二定律。经研究发现：一个孤立系统在与外界没有任何物质、能量、信息交流时，系统的自发演化总朝着对称性越来越高、有序程度越来越低的方向发展，最后达到对称性最高的平衡态。

实际上自然界还存在着大量相反方向演化的现象，系统演化有可能向着对称性低、有序程度越来越高的方向发展，最后达到有序性最高的平衡态。达尔文生物进化论讨论的几乎全是此类现象，从原始的草履虫发展到现在的高级哺乳动物，更进一步发展到人。系统科学抓住系统进化和退化的两个方向作为讨论系统演化与其机制的主要内容，取得了重大成功。

在统计物理中，人们建立了熵与有序度之间的关系，即系统的统计物理熵大，则其有序程度低；反之，系统的有序程序高，则熵小。这样就能够利用熵与序程度的关系，用物理量熵来描述系统演化的方向。热力学第二定律有时也叫作熵增加原理。在简单系统中具体分析了如何建立其熵概念，进而讨论如何用熵来分析系统演化的方向。对于更复杂的系统，目前还没有办法建立熵概念，用于定量分析系统演化的方向，但是利用系统的有序、无序来分析系统的演化问题，却是定性分析系统演化的有力工具。

第九节　自组织理论

自组织理论是研究客观世界中自组织现象的产生、演化等的理论，对于人们认识油层沉积物的非均质生成和演化有现实的指导价值。自组织现象，它的形成大多与系统的非线性相互作用密切相关，而目前对于大多数系统的非线性相互作用，还不能提出一种普遍适用的处理方法，因此自组织理论也未形成一种完整规范的体系，仍处于构造阶段。通常人们将普利高津创造的耗散结构理论和哈肯创造的协同学理论统称为自组织理论，两者都是从物质运动的简单形式中总结出来的，能够很好地解决物理学、化学中一些自组织运动的问题，但是，作为描述一般系统的自组织理论，还有一个不断完善的过程。目前还仅仅处于自组织理论的初级阶段。

一、耗散结构形成条件

前面已经介绍了自组织现象，特别讲到了，一个系统在自组织的过程中，有序程度不断增加，最终达到一个稳定态。其有序程度较自组织过程初始要高，因此形成了有序结构。在自组织理论研究中，着重分析系统有序程度的描述，分析有序程度变化的原因机制等。普利高津在研究了大量系统的自组织过程以后，总结、归纳得出：系统形成有序结构需要一定的条件。

（1）系统必须开放。孤立系统最终要达到平衡。

（2）远离平衡态。普利高津给出了最小熵产出原理。

（3）非线性相互作用。

（4）涨落现象。

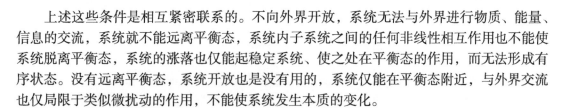

上述这些条件是相互紧密联系的。不向外界开放，系统无法与外界进行物质、能量、信息的交流，系统就不能远离平衡态，系统内子系统之间的任何非线性相互作用也不能使系统脱离平衡态，系统的涨落也仅能起稳定系统、使之处在平衡态的作用，而无法形成有序状态。没有远离平衡态，系统开放也是没有用的，系统仅能在平衡态附近，与外界交流也仅局限于类似微扰动的作用，不能使系统发生本质的变化。

二、自组织的状态描述

自组织内各子系统内的状态变量很多，无法逐一加以描述。在自组织过程中，各子系统变量之间紧密相连，相互影响，自组织的过程就是各状态变量相互作用，形成一种统一的力量，使系统发生质变的过程。分析系统时也要从这一特点出发。哈肯提出序参量的概念，为描述系统的自组织过程提供了方便的方法。

通过研究发现，在描述系统的众多变量中，存在一个或几个变量，它在系统处在无序状态时，其值为零；随着系统由无序向有序转化，这类变量从零向正有限值变化或由小到大变化，可以用它来描述系统的有序程度，并称其为序参量。序参量与系统状态其他变量相比，它随时间变化缓慢，有时也称其为慢变量，而其他状态变量数量多，随时间变化快，称为快变量。

序参量不仅可以用来描述系统的有序程度，而且在系统众多变量中它的个数比较少，系统中绝大多数变量都是快变量。在系统发生非平衡相变时，序参量的大小决定了有序程度的高低；它还起支配其他快变量变化的作用，从这个意义上讲，序参量也可称为命令参量。描述系统有序程度，在非平衡相变中命令、支配其他快变量变化，这两种意义在同一种变量上具备，序参数由此得名。一些较为简单的系统，在它的各种变量当中即存在一个明显比其他变量变化缓慢的变量，它就是序参量。但是，另一类较复杂的系统，在描述其状态的变化中，无法区分出它们随时间的变化快慢程度，但可以通过坐标变换，得到新的状态变量，在新的变量中，可明显看出序参量。更复杂的系统，不仅不能直接区分各状态变量变化的快慢，而且经过坐标变换后也不能将它们区分开来，而需要另外选择更高层次的变量来作为序参量，用于研究系统演化情况。

序参量确定之后，讨论系统的演化，只研究其序参量即可，序参量将整个系统的信息集中概括起来提供给研究人员，为研究人员了解、认识系统提供了一把钥匙。然而也看到序参量的确定并不是一件简单的工作，它需要对系统性质有深入的分析，确定序参量的过程也就是对系统进行讨论、认识的过程，而且要对具体系统进行具体分析。所以说，至今只有确定序参量的原则，而无确定序参量的具体的规范方法。

三、役使原理

前面已经看到序参量是在自组织过程中形成的。因此可以说，在系统自组织的过程中，众多参量形成某些序参量，反过来，序参量又役使其他状态变量的变化。序参量支配、主宰、役使其他状态变量，而它本身一般又是由系统的其他变量形成的。系统相变过程是一个由系统状态变量形成系统序参量，序参量又役使系统其他状态变量的过程。哈肯将相变过程中，系统状态变量里序参量与其他快变量之间役使、服从关系称为役使原理。以后笔者还将结合具体系统再加细致说明。

第十节 综合集成方法论

综合集成方法是思维科学的应用技术，既要用到思维科学成果，又会促进思维科学的发展，面向计算机、网络和通信技术、人工智能技术、组织工程等高新技术问题。它还可用推理，科学地把千千万万零散的感性知识和理性知识综合集成，包括定性的和定量的描述理论，生产实践中总结的经验知识，管理者的决策模式，通过人机交互，对过程与目标反复对比，逐渐逼近，最后形成复杂命题的解题答案，具有从定性到定量的功能和效果。

综合集成方法论有以下 4 个特点：

（1）定性研究与定量研究贯彻全过程；

（2）把科学理论与经验知识综合起来；

（3）利用科学思维与相关行业多学科知识综合集成；

（4）借助于计算机和软件系统，后者包括管理系统、决策支持系统等集成功能系统等。

早在 20 世纪 70 年代末，钱学森、许国志、王寿云等，在推出系统工程时就指出："相当于物理运动的'物理'，运筹学也可叫作事理"。在提出物理、事理之后，又经过国内外同行专家讨论，认为不可避免地还要补充"人理"，形成了"三理论"工作法 [2]。这里，"物理"是广义的，即所谓知识；"事理"指支撑方法和技术工具；"人理"指综合研讨厅等。

综合集成实质就是要求对"1+1 > 2"问题有突破，这是系统科学和系统工程面临的最本质和最艰难的一个问题。对于我们将要面对的油田注水开发系统论来说，只需要求系统功能最佳即可，不可能出现"涌现"现象。为了实现系统功能最佳目标，需要高度重视综合集成系统的开发研究，高度重视开发的方法论问题。具体研究工作中，一方面要重视原创性，另一方面还有重视各方面的研究进展，包括实践经验知识。用系统科学为指导思想，用综合集成方法论为支撑技术，同本行业有关学科相结合，与行业内信息、行规相结合，建立并形成行业内系统工程体系，以求达到更好的效果。这也符合钱学森的一个提法：实践经验知识，再加上马克思哲学思维，以及不成文的实践感受，应该用到综合集成方法中去。

总之，系统的定义就是，由关联部分组成的整体，它的特性即"组织性""关联性""整体性""层次性""阶段性""环境的相对独立性"以及"目的性"与"功能性"。综合集成是否存在可行性，首先要从理论上思考，做出是否存在可行性的回答；其次，需要分析综合集成成败的影响因素，并在理论上加以证明和评估；最后，开发综合集成系统的方向和思路，必须在深入思考系统的组织结构基础上，有理论指导。

本章小结

（1）介绍了系统基本概念。认识到系统是万事万物的客观存在形式，也就是任何研究对象都是系统。将要面对的油田开发中各种各样的问题也都是系统。系统是由整体和众多元素所组成的，对系统的研究采用整体与其组成部分相统一的研究方法，属整体与还原为部分相统一的方法，不遵循朴素整体论，也不属于近代科学技术还原论科学方法，而是两者辩证统一的方法。基于还原后经分科细致研究，因各部分之间非线性相互作用造成的

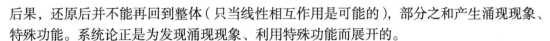

后果，还原后并不能再回到整体（只当线性相互作用是可能的），部分之和产生涌现现象、特殊功能。系统论正是为发现涌现现象、利用特殊功能而展开的。

（2）区分了空间、时间、时空组成整体的各部分的三种结构体系和功能结构体系，介绍了控制论、系统工程不同的系统演化初步知识（自组织建模和分析方法）。系统是由内部结构和外部环境相结合的整体。

（3）介绍了系统科学这一大门类科学体系在其他学科中的地位。新学科体系存在于各学科之中，同数学学科一样属横断学科，其中包括系统科学（基础学科），技术理论学科（控制论、运筹学和信息论）及直接用于改造客观世界的系统工程技术（包含各行业工程技术）学科。

这一章主要目的在于建立系统科学学科体系与油田开发系统科学、工程行业学科间的联系，建立语言上、观念上的沟通。接下来将在方法学上建立联系，进而过渡到本书的主题。

参 考 文 献

[1] 许国志，顾基发，车宏安，等．系统科学［M］．上海：上海科技教育出版社，2000．

[2] 顾基发，王浣尘，唐锡晋，等．综合集成方法体系与系统学研究［M］．北京：科学出版社，2007．

[3] 刘威，齐与峰，等．油气田开发系统工程方法专辑一［M］．北京：石油工业版社，1990．

[4] 齐与峰，赵永胜，等．油气田开发系统工程方法专辑二［M］．北京：石油工业出版社，1991．

第二章 常用系统工程方法

上一章阐述了"万事万物皆系统"。钱学森院士很早就提了一个概念：重大项目的研究，其实质就是要求实现"电脑（计算机）"+"人脑"大于"电脑（计算机）"或"人脑"这个理念。通过借助于计算机和系统工程方法，将技术科学中所使用的许多设计原则和方法加以整理与总结，使之成为解决不同领域共性问题的基础理论，更加有效地解决各行各业遇到的工程难题。

就系统科学而言，就是系统的组织管理、系统设计、系统的操作使用。这样的理论就是技术科学层次上的系统学，也是系统科学的应用理论，包括信息处理和信息传递、运筹决策、控制等三大类，是人们解决实际问题的新兴技术。

最优控制理论以研究系统为媒介，通过建立被控对象的时域数学模型或频域数学模型，选择一个容许的控制律，使得被控对象按预定要求运行，并使给定的某一性能指标达到最优值，如达到某个生产环节或企业经济效益最大化等目标。

运筹学是近四十年来发展起来的一门新兴学科，有两个重要的特点：一是从全局的观点出发；二是通过建立模型，如数学模型或模拟模型，对于需要求解的问题给出最合理的决策。它的目的是为行政管理人员在做决策时提供科学的依据，因此，它是实现管理现代化的有力工具。运筹学在生产管理、工程技术、科学试验以及社会科学中都得到了极为广泛的应用。

信息论是将通信技术、概率论、随机过程、数理统计等学科相结合逐步发展而形成的另一门新兴科学。美国数学家香农（Shannon）1948 年发表了著名的论文《通信的数学理论》，为信息论奠定了理论基础。半个世纪以来，以通信理论为核心的经典信息论，以"信息技术"为物化手段向高精尖方向发展，神奇般地把人类推向信息时代，已经超越了狭义的通信工程的范畴，进入了信息科学这一更广阔、更新兴的领域。

当不能从基本科学原理出发建立系统模型时，就需要结合数理统计和系统辨识方法。地下油藏的认识问题就是一个复杂的问题，尽管人们通过大量的钻井岩心观察、实验测试、露头考察等，建立了储层物性之间的关系，但是，这种关系存在很大的不确定性，系统辨识方法就是通过建立和求解数学模型，取得最优的参数辨识结果，使描述储层物性之间的关系式更符合实际岩心测试和观察分析的结果。

本章将简要介绍上述几种常用的系统工程方法。

第一节 数理统计

数理统计用于研究分析参数估计与假设检验、方差分析和回归分析等。有关数理统计的教材或参考书很多，请读者参考有关书籍[1]。数理统计法在油田数据分析和地质建模过程中发挥着巨大的作用，本书第五章至第七章都用到了这种方法等。此外，本书后续章节中将会用到以下内容或概念。

一、样本分析

数理统计是具有广泛应用的一个数学分支，它以概率论为理论基础，根据试验或观察得到的数据来研究随机现象，并对研究对象的客观规律性做出种种合理的估计和判断。数理统计的内容包括：如何收集、整理数据资料；如何对所得的数据资料进行分析、研究，从而对所研究的对象的性质、特点做出推断。在数理统计中，所研究的随机变量的分布是未知的，或者是不完全知道的，人们需要通过对所研究的随机变量进行重复独立的观察，得到许多观察值，对这些数据进行分析，从而对所研究的随机变量的分布做出种种推断的。

二、参数估计

参数估计是数理统计的重要内容。设总体 X 的分布函数的形式已知，但它的一个或多个参数未知，借助于总体 X 的一个样本来估计总体未知参数的值的问题称为参数的点估计问题。具体的数学方法有矩估计法、最大似然估计法等。

三、方差分析

方差分析和回归分析都是数理统计中具有广泛应用的内容。在科学试验和生产实践中，影响事物的因素往往是很多的，每一因素的改变都有可能影响观测数据的数值结果。有些因素影响较大，有些较小。方差分析就是根据试验结果（或观测数据）进行分析，鉴别各个有关因素对试验结果影响的有效方法。

第二节　控制论

控制论中所谓的控制是施控的一方，受控是接受控制影响的另一方。控制是系统建立、维持、提高自身有序程度的手段。在物质世界里，甚至低级系统，也需专门设置它，使之对各组成部分和整体的行为进行调节，包括对相关子系统进行调节，如图 2-1 所示。

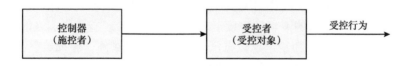

图 2-1　控制系统基本结构

必要的调节功能是通过组分之间的动态的相互作用和边界条件的限制来实现的，称为初级调节。物质世界沿着逐渐演化的方向，演化到一定阶段，仅靠初级调节，还不能满足复杂系统的需要，开始分化出专门负责对组分和整体系统进行调节和控制的子系统，称为二级调节。在后续的进化中，出现越来越高级的控制方式，包括生命机体中的控制、社会系统的控制，以及各种人造品的控制系统。从系统科学的角度看，人类改造客观世界的实践活动的核心就是控制。广义的控制，包括领导、指挥、支配、经营、管理、创作、设计、组建、制造、教育、决策、优化等。狭义地说，控制仅指有控制器的系统中，施控后选择一定手段，作用于受控者的主动行为过程。设计和使用控制系统，都需要一套特有的概念、原理和方法。系统地提供这套概念、原理、方法的学问，就是控制论。

控制论和信息论密不可分。实现控制的前提条件，是获取受控对象运行状况、环境状况、实际控制效果等信息，控制目标和手段都是以信息形式表现并发挥作用的。控制过程是不断获取、处理、选择、传递、利用信息的过程。所以，控制工程的问题和信息工程问题是分不开的。系统科学提出处理问题的"白箱"法、"灰箱"法和"黑箱"法，这些方法在油田开发行业内也都是被采用的。

最优控制表述为系统的性能达到最优。若 G 代表控制工程师所关心的系统性能指标（或称为效益），J 为有效性的判据。最优控制的控制任务是：寻找一个（或一组）控制变量，并能满足加在系统中的限制条件，保证系统获得最佳效益，即 $J=\text{Max } G$ 或 $J=\text{Min } G$（最大或最小）。

给定控制任务后，还需选择适当的控制方式（或称为策略）。控制是一种策略行为，同一种任务可以采用不同策略加以实现，形成不同的控制方式。概括起来，有下列几种不同的控制方式。

（1）简单控制。如图 2-2 所示，根据实际需要和控制对象，在控制对象作用下，对可能产生结果的认识，确定适当的控制方案或命令，去作用于对象，旨在实现控制目标。例如厂领导制定生产计划（即控制作用下产生的结果），下达给车间去执行。生产任务已知，怎样更好地实现？需要先做一个简单的最优控制问题，找到最佳的执行策略，以求达到生产指标的同时代价最小。

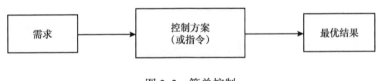

图 2-2　简单控制

图 2-2 的控制策略不含干扰信息流，是单向的，故称为单向控制。

（2）补偿控制。许多情形下，外界对系统的干扰不能忽略不计，即使对象能够忠实地执行命令，干扰的存在也使控制作用无法达到预定要求。必须着眼消除或减少干扰的影响达到控制的目的。一种特殊的策略是防患于未然，即在给系统造成影响之前，能够预测干扰作用的性质和程度。计算和制定足以抵消干扰的影响的措施，施加给受控对象。例如，流行病发生初期，打预防针，一项工作开始之初，做思想工作就是使用补偿控制策略。图 2-3 示意了这种控制策略。

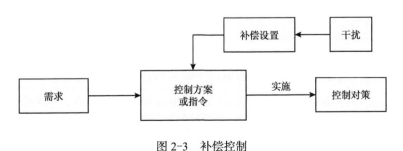

图 2-3　补偿控制

为了事先抵消干扰影响，需要预先设置补偿装置，借助它监测干扰因素，把干扰量化，并准确地反映到控制计划当中去，使得系统在干扰引起严重偏离之前就能抵消掉它的影响，因而称为补偿控制，又称为顺馈控制。

（3）反馈控制。顺馈控制（补偿控制）的前提是预先精确了解干扰的大小和性质，而实际上这一点往往是做不到的，即使能够精确测定，如果干扰过强，事实上也无法补偿。何况补偿控制同样是以信任对象能够忠实地执行指令为前提，这在许多情况下（特别是以人和人群为对象的控制问题中）是做不到的。这就需要反馈控制策略。这种策略，不需要预先抵消干扰的影响，而着眼于实时监测控制对象在干扰影响下的行为和表现，把它量化，并与控制任务要求的目标值（需求值）相比较，形成误差，根据该误差的性质和程度制定控制方案、施加控制作用，以便消除误差，达到控制目标。这种以"差值"消除误差的控制策略，常称为误差控制或反馈控制，如图2-4所示。

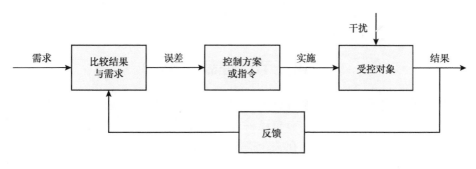

图 2-4　反馈控制

反馈控制是一种最有效的控制技术（策略），获得了广泛的应用。当系统存在不确定性、不可测量的扰动时，反馈系统控制能实现较高品质要求。在演化系统的控制中，反馈更加具有基本的重要性。

（4）递阶控制。早期的控制系统都是中小规模的，采用单一的控制中心，一切信息都在这里汇集，一切指令都在这里发出，称为集中控制。单一中心的集中控制方式，不适用于大系统。大系统不只是规模大，而且都是分散的（子系统分布于广阔空间内，信息分散），具有不确定性（随机性、模糊性），数学模型是高维的、高阶的，系统中常常包含人的因素。这些大系统可以采用分散形式，把系统分为若干片，每片设置一个中心，各自独立处理，彼此互相协调。

大系统的通用控制方式是分散与集中相结合的递阶控制。递阶控制的方式是分级控制。依据受控对象内组织结构特性和决策，把大系统划分为应有的等级，每个等级划分为若干个"小系统"，每个小系统各有一个控制中心。同一级的不同控制中心，独立控制一个大系统的部分，下一级的中心接受上一级控制中心的指令。控制过程中信息流通，主要是上下级间的信息传递。图2-5示意了一个三级递阶控制的大系统。

递阶控制的另一种方法，是按照受控时间顺序划分为若干时段，各段构成一个小控制问题，段内采用单中心控制，再按各段之间的衔接条件进行协调控制。

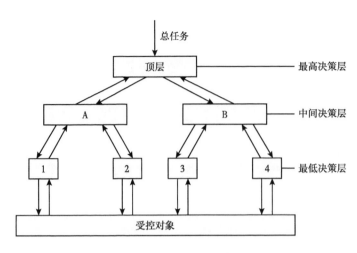

图 2-5 三级递阶控制

第三节 控制系统

控制是一种系统现象，一种系统行为。任何控制问题都是根据受控对象的需要提出来的，任何受控对象都是某种系统，有自己特有的结构、特性、功能和运行规律。控制规律的选择，控制方案的制定，都建立在关于控制对象作为系统的组分、结构、特性、运行规律的深刻理解基础之上。施控者或控制器本身也是系统，是由多个具有不同功能特性的环节按照特定方式耦合而成的系统。控制器与受控对象又按照一定的方式连接起来形成完整的系统，所以必须以系统观点来提出控制问题，把控制作为一种系统行为来分析，用系统观点和方法解决问题。控制论就是系统控制理论。

作为一类特殊系统，控制系统的涌现性集中表现为整体的功能。要获得这种特性，必须具有全部必要的环节，把它们按照特定的结构来耦合或组装成一个整体，元件、环节、部件的总和不具备这种功能，控制系统的整体涌现性表现于许多方面，如局部化（每个元件都最优）不等于整体化系统，整体未必最优，局部（元件）可靠不等于整体可靠，局部稳定不等于整体稳定等。冯·诺依曼最先提出的"重复使用大量不那么可靠的元件，可以构造成高度可靠的系统"是著名的命题，它就是对整体涌现性的一种刻画，是控制论的重要原理。

控制系统都是开放的，描述系统与环境相互关系的基本概念是输入和输出。环境对系统的一切影响都归结于输入，系统的边界都受环境的作用。为简便，假定系统具有输入端，环境对系统的所有输入都出现在这里。输入作用以输入变量表示，只有一个输入变量的系统是单输入系统，同时存在多个输入变量的是多输入系统，系统对环境的各种影响和作用可能出现在边界上任一点。

按照实施控制过程中是否有人参与，把控制系统分为两类。无须人力直接干预而能独立地、自动地完成某种特定任务的工程系统，称为自动控制系统。通过人力操作机器来实施控制的是人工控制系统。

研究、设计、使用控制系统必须考虑环境问题。最简单的控制系统必须有从外部输入的控制作用，向外部提供的输出作用，还需考虑干扰因素。一般控制系统对工作环境有所要求，例如环境温度、振动条件等。复杂的控制系统需要更多地考虑环境因素，例如多变环境中的适应控制，系统在环境中的自组控制等。

无论是分析还是综合，都需要对系统的性能做出评价。其中有结构特性，也有动态性；既有定性特性又有定量特性。除了稳定性和过渡过程特性，以下几种特性对于研究和设计控制系统也是必须考虑的。

（1）可控性。控制器施加一定的控制作用于对象，是为了使对象系统的状态发生合乎目的的变化。可能有这样的控制器，无论采取什么手段，都不能使控制对象发生合乎目的的变化。从控制的角度看，研制控制系统的基本要求之一是具有改变各种状态的能力，即具有可控性。一般来说，如果在有限时间范围内，存在一个控制作用，使系统从初始状态到达合乎目的的预定状态，就说这个初态是可控的，否则被称为不可控。当系统的各种可能初态都可控时，就称这个系统是完全可控的。

（2）可观测性。一般地说，如果根据输出信息能够确定某个初始状态，就说这个状态是可观测的；如果所有初始状态都是可观测的，就说是完全可观测的。

（3）鲁棒性。通俗地讲就是系统的强壮性，经得起棒打。各种类型的控制系统的设计都要考虑鲁棒性问题。

（4）控制精度。控制过程完成后受控量的实际稳态值与预定值之间的差值，称为控制精度。控制精度是衡量控制系统性能优劣与高低的重要指标。因控制任务不同，对控制精度要求可能显著不同。系统的控制精度与系统的经济性、简便性等往往有矛盾，必须统筹考虑，力求多种品质指标综合最优。

第四节　最优控制理论

20世纪50年代初，由于空间技术的迅猛发展和数字计算机的广泛应用，动态系统的优化理论得到迅速发展，形成了最优控制理论这一重要的学科分支。时至今日，动态系统优化理论远远超出了自动控制的传统界限，在经济管理与决策、人口控制等许多领域都有越来越广泛的应用，取得了显著的成效。同时，最优控制理论自身在不断完善的过程中又产生了许多需要解决的理论和实践问题。正是因为这些原因，最优控制目前仍然是一个相当活跃的学科领域。

最优控制理论有关参考教材很多，例如胡寿松等编著的《最优控制理论与系统》[2]等。最优控制理论研究的核心内容：根据已建立的被控对象的时域数学模型或频域数学模型，选择一个容许的控制律，使得被控对象按预定要求运行，并使给定的某一性能指标达到最优值。从数学观点来看，最优控制理论研究的问题是求解一类带有约束条件的泛函极值问题，属于变分学的理论范畴。然而，经典变分理论只能解决容许控制属于开集的一类最优控制问题，而工程实践中所遇到的多是容许控制属于闭集的一类最优控制问题。对于后者，经典变分理论变得无能为力，因而为了适应工程实践的需要，20世纪50年代中期出现了现代变分理论。在现代变分理论中，最常用的两种方法是动态规划和极小值原理。

动态规划是美国学者RE贝尔曼于1953—1957年为了优化多级决策问题的算法而逐步创立的。贝尔曼依据最优性原理，发展了变分学中的哈密顿—雅可比理论，解决了控制有闭集约束的变分问题。极小值原理是苏联科学院院士庞特里亚金于 1956—1958 年间逐步创立的。庞特里亚金在力学哈密顿原理启发下，进行推测，并证明了极小值原理的结论，同样解决了控制有闭集约束的变分问题。动态规划与极小值原理是现代变分理论中的两种卓有成效的方法，推动了最优控制理论的发展。

近年来，由于计算机的飞速发展和完善逐步形成了最优控制理论中的数值计算法。当性能指标比较复杂，或者不能用变量显函数表示时，可以采用直接搜索法，经过若干次迭代搜索到最优点。常用的数值计算法有邻近极值法、梯度法、共轭梯度法及单纯形法等。同时，由于可以把计算机作为控制系统的一个组成部分，以实现在线控制，从而使最优控制理论的工程实现成为现实。因此，最优控制理论提出的求解方法，既是一种数学方法，又是一种计算机算法。目前，对于最优控制理论的研究，无论在深度和广度上都有了很大的发展，并逐渐与其他控制理论相互渗透，形成了更为实用的学科分支。如鲁棒最优控制、随机最优控制、分布参数系统的最优控制及大系统的次优控制等。

一、最优控制问题的基本组成

任何一个最优控制问题均应包含以下四个方面内容。

（1）系统数学模型。

在集中参数情况下，被控系统的数学模型通常以定义在时间间隔 $[t_0,t_f]$ 上的状态方程来表示

$$\dot{x}(t) = f[x(t),u(t),t], \ t \in [t_0,t_f] \qquad (2-1)$$

式中：x 为系统状态向量，$x \in R^n$；u 为系统控制向量，$u \in R^m$。在确定的初始状态 $x(t_0)=x_0$ 情况下，若已知控制向量 $u(t)$，则状态方程（2-1）有唯一解 $x(t)$。

（2）边界条件与目标集。

动态系统的运动过程，归根结底是系统从其状态空间的一个状态到另一个状态的转移，其运动轨迹在状态空间中形成一条轨线 $x(t)$。为了确定能满足要求的轨线 $x(t)$，需要确定轨线的两点边界值。因此，要求确定初始状态和末端状态，这是求解式（2-1）所必需的边界条件。

在最优控制问题中，初始时刻 t_0 及初始状态 $x(t_0)$ 通常是已知的，但末端时刻 t_f 和末端状态 $x(t_f)$ 则视具体问题来讨论。例如：末端时刻 t_f 可以是固定的，也可以是自由的；末端状态 $x(t_f)$ 可以是固定的，也可以是自由的，或者是部分固定、部分自由的。一般可用如下目标集加以概括：

$$\psi[x(t_f),t_f] = 0 \qquad (2-2)$$

其中，$\psi \in R^r$，$r \leqslant n$，$x(t_f) \in \psi(\cdot)$。若末端状态 $x(t_f)=x_f$ 为一固定向量，则目标集 $\psi(\cdot)$ 仅有一列元素 x_f；若 $x(t_f)$ 应满足某些约束条件，则目标集 $\psi(\cdot)$ 为 n 维空间中的 r 维超曲面；若 $x(t_f)$ 自由，则目标集 $\psi(\cdot)$ 扩展到整个 n 维空间。因此目标集又称为终端流形。

（3）容许控制。

在实际控制系就中，存在两类控制：一类是变化范围受限制的控制，这一类控制属于

某一闭集；另一类是变化范围为动机的控制，这一类控制属于某一开集。

在属于闭集的控制中，控制向量 $u(t)$ 的取值范围称为控制域，以 Ω 标志。Ω 是控制空间 R^m 中的一个闭点集。由于 $u(t)$ 可在 Ω 的边界上取值，故凡属于集合 Ω 且分段连续的控制向量 $u(t)$，称为容许控制，以 $u(t) \in$ 标志。

（4）性能指标。

在状态空间中，可采用不同的控制向量函数去实现从已知初态到要求的末态（或目标集）的转移。性能指标则是衡量系统在不同控制向量函数作用下工作优良度的标准。

性能指标的内容与形式主要取决于最优控制问题所要完成的任务。不同的最优控制问题，有不同的性能指标。然而，即使是同一个最优控制问题，其性能指标的选取也可能因设计者的着眼点而异。例如：有的要求时间最短，有的注重燃料最省，有的要求时间与燃料兼顾。应当指出，性能指标选取的合适与否，是决定系统是否存在最优解的关键。

在最优控制理论的术语中，性能指标又称为性能泛函、目标函数或代价函数。

二、最优控制问题的提法

根据最优控制问题的基本组成部分，可以概括最优控制问题的一般提法如下：

$$\dot{x}(t) = f[x(t), u(t), t], \ x(t_0) = x_0 \tag{2-3}$$

式中：$x \in R^n$；$f[x(t), u(t), t] \in R^n$，是 $x(t)$、$u(t)$ 和 t 的连续向量函数，并对 $x(t)$ 和 t 连续可导。$u(t)$ 在 $[t_0, t_f]$ 上分段连续，且 $u(t) \in \Omega \in R^m$，其中 Ω 为有界闭集，R^m 为 m 维完备线性赋范空间。要求确定最优控制函数 $u^*(t)$，使系统从已知初态 $x(t_0)$ 转移到要求的末态 $x(t_f)$，并使性能指标：

$$J = \phi[x(t_f), t_f] + \int_{t_0}^{t_f} L[x(t), u(t), t] \mathrm{d}t \tag{2-4}$$

达到极值，同时满足：

控制不等式约束

$$g[x(t), u(t), t] \geqslant 0 \tag{2-5}$$

目标集等式约束

$$\psi[x(t_f), t_f] = 0 \tag{2-6}$$

式中：$\phi[x(t_f), t_f]$ 和 $L[x(t), u(t), t]$ 是连续可微的标量函数；$g[x(t), u(t), t]$ 是 p 维连续可微向量函数，$p \leqslant m$；$\psi[x(t_f), t_f]$ 是 r 维连续可微向量函数，$r \leqslant n$。

三、最优控制问题的极小值原理

利用古典变分法求解最优控制问题时，只有当控制向量 $u(t)$ 不受任何约束，其容许控制集合充满整个 m 维控制空间，且约束条件为等式约束时，方法才是行之有效的。然而，在实际物理系统中，控制向量总是受到一定的限制，容许控制只能在一定的控制域内取值，因此，用古典变分法将难以处理这类问题。为此，苏联学者庞特里亚金等人在总结并运用古典变分法成果的基础上，提出了极小值原理，成为控制向量受约束时求解最优控制问题的有效工具，最初用于连续系统，以后又推广用于离散系统。

最优控制问题的具体形式是多种多样的。为了方便阐述，这里以定常系统、末值型指标、末端自由控制问题为例，简要介绍极小值原理。

对于如下定常系统、末值型性能指标、末端自由、控制受约束的最优控制问题，其性能指标如下：

$$\underset{u(t)\in\Omega}{J(u)}=\phi[x(t_f)]$$

性能指标受如下状态方程约束：

$$\dot{x}(t)=f[x(t),u(t)], \quad x(t_0)=x_0, \quad t\in[t_0,t_f]$$

式中：x 为系统状态向量，$x\in R^n$；$u(t)$ 为系统控制向量，$u(t)\in R^m$；Ω 为允许控制域；$u(t)$ 是 Ω 取值的任意分段连续函数。末端时刻 t_f 未知，末端状态 $x(t_f)$ 自由。$f[x(t),u(t)]$ 和 $\phi[x]$ 都是 x 的连续函数，可微分，导数存在且连续。

对于最优解 $u^*(t)$ 和 t_f^*，以及相应的最优轨线 $x^*(t)$，必存在非零的 n 维向量函数 $\lambda(t)$，使得：

（1）$x(t)$ 和 $\lambda(t)$ 满足下述正则方程。

$$\dot{x}(t)=\frac{\partial H}{\partial \lambda} \tag{2-7}$$

$$\dot{\lambda}(t)=-\frac{\partial H}{\partial x} \tag{2-8}$$

其中，H 为哈密顿函数

$$H(x,u,\lambda)=\lambda^T(t)f(x,u) \tag{2-9}$$

（2）$x(t)$ 和 $\lambda(t)$ 满足初始条件和边界条件。

$$x(t_0)=x_0 \tag{2-10}$$

$$\lambda(t_f)=\frac{\partial \phi}{\partial x(t_f)} \tag{2-11}$$

（3）哈密顿函数相对最优控制为极小值。

$$H(x^*,u^*,\lambda)=\underset{u(t)\in\Omega}{Min}H(x^*,u,\lambda) \tag{2-12}$$

（4）哈密顿函数沿最优轨迹保持为常数。

当 t_f 固定时：

$$H\left[x^*(t),u^*(t),\lambda(t)\right]=H\left[x^*(t_{\mathrm{f}}),u^*(t_{\mathrm{f}}),\lambda(t_{\mathrm{f}})\right]=\mathrm{const} \tag{2-13a}$$

当 t_{f} 自由时：

$$H\left[x^*(t),u^*(t),\lambda(t)\right]=0 \tag{2-13b}$$

式（2-7）至式（2-13）式最优控制问题最优解应满足的条件。当控制有约束时，哈密顿函数应满足式（2-12），因而，庞特里亚金原理一般称为极小值原理。

第五节　运筹学

运筹学作为一个正式名称的出现是在 20 世纪 30 年代末。当时英国和美国等为对付德国的空袭，已经从技术上研发出了雷达用于防空系统，但实际运用效果并不理想。为此，一些科学家开始研究如何合理运用雷达系统，以便更好地发挥作用。因为所研究的问题与一般技术问题不同，故称为"运作研究"。运筹学就来源于英文"operational research"，后来又改用"operation research"，缩写为 OR。运筹学早期的应用主要集中于军事方面，研究的问题大多是短期和战术性的。

除了在军事方面的应用研究外，运筹学和系统分析相继在工业、农业、经济和社会问题等各领域都开始有了应用。与此同时，运筹数学也有了飞速发展，形成了运筹学的许多分支，例如数学规划（线性规划、非线性规划、整数规划、目标规划、动态规划、随机规划等）、图论与网络、排队论、存储论、对策论、决策论、维修更新理论、搜索论和质量管理等。

20 世纪 50 年代中期，钱学森、许国志等教授将运筹学引入我国，并结合我国的特点开始推广应用，在运筹学的多个领域开展研究和应用工作。其中，在经济数学，特别是投入产出表的研究和应用方面开展得较早，在质量控制（后改为质量管理）方面的应用也很有特色。在此期间，以华罗庚教授为首的大批数学家加入到运筹学的研究队伍，使中国在运筹数学的很多分支上很快跟上了当时的国际水平，运筹学理论方法不断完善，出版了许多教材 [3] 和专著。

一、运筹学的定义和特点

运筹学是对运作过程进行研究，通常研究在一个组织内如何运行和协调运作的相关问题。目前，运筹学广泛应用于制造业、交通运输、建筑、电信、金融规划、医疗保健、军事和公共服务等领域，范围非常广泛。

作为一门应用科学，运筹学至今并没有一个统一的定义。莫尔斯和金博尔对运筹学的定义是：为决策机构在对其控制下的业务活动进行决策时，提供以数量化为基础的科学方法。该定义强调运筹学是一种科学方法，即不单是某种研究方法的分散和偶然应用，而是可用于整个一类问题上，并能进行传授和有组织地开展活动。同时，该定义强调运筹学是以量化分析为基础的，必然要用到数学。

任何决策都包含定量和定性两方面，而定性方面又不能简单地用数学来表示，例如政治、社会等因素，只有综合多种因素的决策才是全面的。所以，运筹学工作者的职责是为决策者提供可以量化方面的分析，指出那些定性的因素。另外也有人认为：运筹学是一门应用科学，它广泛应用现有的科学技术知识和数学方法，解决实际中提出的专门问题，为决策者选择最优决策提供定量依据。该定义表明运筹学具有多学科交叉的特点。还有观点认为，运筹学强调帮助组织中的决策者做出"最优"决策，然而由于实践中追求"最优"往往过于理想，故可用"局部最优""次优""满意"等来代替"最优"。

二、运筹学的研究分析过程

运筹学的主要内容是采用数学方法开展对具体问题的定量分析，给出解决问题的最佳。然而，这并不意味着运筹学就是数学。事实上，运筹学工作中的量化分析工作通常可能只占全部工作的一小部分。典型的运筹学工作过程大致可分成以下几个阶段。

1. 方法研究

（1）明确问题和收集数据。

首先要根据解决问题的要求，提出希望实现的目标，分析相关的约束条件和可能的备选行动方案，明确做出决策的时间，确定相关参数，并收集有关的数据。这一步是定义问题的过程，是整个工作的关键一步，会极大影响研究结论的有用性，因为人们很难从错误做题界定中寻找到正确的答案。

同时，应明确运筹学小组的角色定位，运筹学小组通常是以顾问的身份参与决策分析，他们的主要职责是根据管理者的要求，明确需要研究的问题，找出解决问题的方案，来向管理者提出如何解决问题的建议。

（2）建立数学模型。

在定义了希望解决的问题后，就开始建立一个数学模型，用数学模型的形式来重新描述问题，将希望达到的目标、需要决策的变量、可能的约束条件、相关的参数等要素之间的关联，用相应的数学符号和数学公式表示。以资源分配为例的线性规划问题，尽管数学模型形式不同，但都包含三个共同的要素：决策变量、目标函数和约束条件。目标函数可以使求解最大化或者最小化；约束条件可以是"$\geq$""$\leq$"，或者"="形式。决策变量一般是非负的，但也允许无约束。典型的线性规划模型可以表示为：

$$\text{Max } z = c_1 x_1 + c_2 x_2 + \cdots + c_n x_n$$

$$\text{s.t.} \begin{cases} a_{11} x_1 + a_{12} x_2 + \cdots + a_{1n} x_n \geq b_1 \\ a_{21} x_1 + a_{22} x_2 + \cdots + a_{2n} x_n \geq b_2 \\ a_{m1} x_1 + a_{m2} x_2 + \cdots + a_{mn} x_n \geq b \\ x_1, x_2, \cdots, x_n \geq 0 \end{cases}$$

模型中 s.t. 表示约束条件的符号。为了便于分析线性规划问题的性质，对任何类型（约束条件）的线性规划问题都可以通过等价变换，转换为标准型，采用单纯性方法求得最优解。这是非常成熟的方法，在此不再详述。

更多的工程问题，无论是目标函数，还是约束条件，其数学描述要比线性规划模型复杂得多，一般可以归结为非线性规划问题，或最优化问题，其简化的数学模型为

$$\text{Max } J = f(X)$$
$$\text{s.t. } g_j(X) \geq 0, j = 1, 2, \cdots, m$$

其中：X 为未知变量组成的向量，$f(X)$ 和 $g_j(X)$，$j=1$，2，$\cdots$，m，具有一阶连续偏导数。上述模型中未知变量和约束条件都与时间无关，属于静态问题，对于这类复杂的非线性规划问题，为了计算求解方便，通常可以将约束问题化为无约束问题；将非线性规划问题化为线性规划问题等。具体求解方法可以采用梯度法和共轭梯度法等，这些在有关书籍中有详细介绍，这里不再赘述。如果非线性规划模型中的未知变量和约束条件与时间有关，则该模型将转化为更为复杂的最优化问题，或最优控制问题。

（3）开发模型求解的计算机程序。

建立了数学模型后，下一阶段工作就是开发相应的计算机程序，从模型中求出问题的解决方案。一般来看，这是一个相对简单的步骤，因为很多运筹学模型都已经有了标准算法或可应用在计算机上的现成软件包，真正的工作是需要对求出的解进行分析，以及下面介绍的优化后分析。

2. 寻求最优

运筹学经常试图从所考虑的问题的数学模型中搜索出一个"最优解"（注意我们说的是一个最优解，而不是唯一的最优解，因为可能存在多个最优解）。运筹学工作的目的不是简单地改善现状，而是要帮助管理者确定一个可能的最优行动方案。尽管必须根据管理实际需要来仔细解释什么是"最优"，但寻求最优的确是运筹学工作的一个重要特征。

3. 多学科综合集成研究

由于任何一个人都不可能成为运筹学所研究问题的所有方面的专家，这就需要一组具有不同背景和技能的人进行合作，例如解决油田开发方案优化问题，需要地质、地球物理、测井、油藏工程、数值模拟、钻井采油工程以及地面工程等方面的专家共同协作，如果采用运筹学等方法，则还需要吸引一些数学家。因此，在对一个新问题进行全面的运筹学研究通常需要建立一个团队，这个团队通常需要包括在数学、概率和统计学、经济学、工商管理、计算机科学、工程和物理科学、行为科学以及运筹学等特殊技术方面受过专门训练的人，同时还需要团队的成员具备必要的经验和相关技能，从而可以对组织中的各种问题所带来的复杂影响进行恰当的解释。

4. 系统的整体视角优化和评估结果

运筹学的另一个特点是分析视角的整体性。运筹学研究将一个组织视为一个整体，会研究如何以对整个组织最有利的方式来协调组织中各部分之间的关系。因此，运筹学研究中并不必须明确考虑组织的所有方面，而是要寻求与整个组织一致的目标。

三、运筹学的应用

在人类的生存活动中，凡需要通过定性谋划和定量计算而制定出方案的问题都是运筹问题。按照钱学森的观点："我们的运筹学不包括系统工程的内容，而只包括了系统工程的特殊数学理论"。因此典型的运筹问题应是可以用数学语言描述的。

运筹学的发展道路是根据实际运筹问题提出一些典型类别，根据各自不同的内涵分别加以表述不同的运筹问题，形成不同的运筹学分支。发现具有运筹意义是这一学科发展的关键，得到充分研究的主要运筹问题如下。

1. 规划问题

大量事理过程由资源和活动两方面组成，资源是有限的，活动有多项，每项活动都

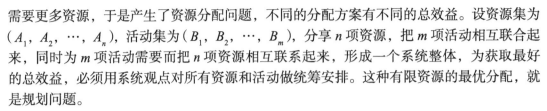

需要更多资源，于是产生了资源分配问题，不同的分配方案有不同的总效益。设资源集为$(A_1, A_2, \cdots, A_n)$，活动集为$(B_1, B_2, \cdots, B_m)$，分享n项资源，把m项活动相互联合起来，同时为m项活动需要而把n项资源相互联系起来，形成一个系统整体，为获取最好的总效益，必须用系统观点对所有资源和活动做统筹安排。这种有限资源的最优分配，就是规划问题。

2. 排队问题

一类广泛存在的事理运动是由需求服务的一方（称为顾客）和提供服务的一方（称为服务台）相互依存制约关系构成的。顾客一般是随机到达的，服务台的服务能力有限，于是形成有时顾客为等待服务而排队，有时服务台因没有顾客而空闲。顾客来到服务台（称为"输入"）有自己的统计特性，排队等待服务需遵守排队规则，服务台服务也有一定的服务规则，三者相互关联和制约形成了一种特殊的系统。根据各种具体情况下输入、排队和服务的特性，在服务台收益、服务强度和顾客需要（尽量减少排队损失）之间做出合理的安排，就是排队问题。

3. 对策问题

凡两方或多方为获得某种利益，达到某种目的而进行较量，从而导致优胜劣汰的现象，叫作竞争。参与竞争的各方都是理智的主体，拥有各自的策略集（使用对自己有利的策略），通过策略较量而分出胜负输赢的属于策略竞争。如何在竞争中通过正确运用策略以赢得竞争，就是对策问题。对策活动可以看成由局中人（拥有策略并参与竞争者），策略集和得失函数三个要素组成的系统。

4. 决策问题

行动前从所有可能的行动方案中选择最佳方案的理性活动，称为决策。决策可以看作特殊的对策，一方是"大自然"（即环境），虽无理智但拥有多种作为随机事出现的可能情形（自然状态），另一方是拥有多种策略可供选择的决策人。决策人如何跟自然状态发生的统计规律来选择自己的最优策略，就是决策问题。

5. 库存问题

无论工厂、企业或公司、商店，为了避免因缺少原料、货物而中断业务，造成缺货损失，必须有储存。储存必须支付储存费用，过多的储存会造成存货损失。这是经营管理中一种常见的矛盾。储存是由需求（存储物的输出）、供应（存储物的输入）、费用和存储策略构成的系统。如何合理解决缺货损失和存货损失的矛盾，寻找最优存储策略，是研究存储问题的中心内容。

6. 搜索问题

寻找某种位置不明对象的活动，称为搜索。搜索活动是由搜索主体和搜索对象构成的系统。实现搜索目的将获得效益，进行搜索需付出搜索代价，形成一个特殊的矛盾。完成同一搜索任务可以有不同的搜索方案（分配搜索手段、组织搜索活动的方式），不同方案在效益和代价上常常不同。根据搜索目标、手段、方案之间的系统关联，综合考虑效益与代价，从总体优化出发制定最佳搜索方案，是研究搜索问题的中心任务。

一切运筹问题都是由目标、条件、决策三者构成的系统。运筹学的任务是正确提出运筹问题，以系统观点分析问题，制定表达目标、条件、决策的数学方法，发明求解运筹问题的算法，寻找在满足限制条件下达到目标的最优决策。

第六节　信息论

信息是信息论中最基本、最重要的概念，既抽象又复杂。在日常生活中，信息常常被认为是"消息""知识""情报"等。但是，"信息"不同于情报，情报是人们对于某个特定对象所见、所闻、所理解而产生的知识，其含义比"信息"窄得多。情报（Intelligence）与信息（Information）有着严格的区别，情报是指经过缜密分析得到的特殊的信息，可作为决策的依据，它只是一类特定的信息，不是信息的全体。"信息"不同于知识，知识是人们根据需要，从自然界收集得来的数据中提取得到的有价值的信息，它们是对客观事物规律性的概括，是一种具有普遍性和概括性的高层次的信息。

客观世界是由物质、能量、信息三大要素组成的。信息也是系统科学的基本概念。在技术层次上说，它也是三大支柱之一。但是，我们遇到的油田开发系统，研究主要侧重于工程系统方面，结构相对简单，很少研究信息论。

本章小结

（1）本章简要回顾了建模与辨识、运筹学、控制论和信息论的基本知识。针对注水开发油田不同阶段面临的复杂问题，需要用系统科学为指导思想，用综合集成方法论为支撑技术，即应用建模与辨识、运筹学、控制论和信息论等基础理论方法，建立行业内的应用技术。

（2）综合集成方法不仅要与行业有关学科理论、行业内信息、行规等相结合，同时还会面向计算机、网络和通信技术、人工智能技术、组织工程等高新技术问题。

参 考 文 献

[1] 盛骤，谢式干，潘承毅.概率论与数理统计［M］.北京：高等教育出版社，2019.

[2] 胡寿松，王执铨，胡维礼.最优控制理论与系统［M］.北京：科学出版社，2016.

[3]《运筹学》教材编写组.运筹学（第5版）［M］.北京：清华大学出版社，2021.

第三章 系统参数辨识与油田动态预报方法

万事万物皆系统，油田注水开发也不例外。以水驱开发油田为例，通常我们大家耳熟能详的系统就有很多，包括油藏压力系统、流体分布系统、注采系统、流动单元和驱替系统等。在油田地质研究中引入"自组织"理论后，进一步丰富了油田开发系统论的内涵。

第二章回顾了常用系统工程方法。实际工作中，系统工程方法在油气田开发研究中应用十分普遍，例如：储层参数识别试井解释、流体 PVT 分析计算及临界特征参数的确定、油藏数值模拟自动历史拟合等，都需要建立相应的非线性规划数学模型，通过最优化方法计算确定复杂系统多元参数最优参数估计值。本书将侧重讨论适用于油藏描述和方案优化设计研究中的一些拓展的系统工程方法，包括：（1）应用自组织理论科学整理油层"微观尺度组织结构"、"中观油层单层纵向自组织结构"、河道沉积砂岩组内纵向各单层之间有序组织结构，并在此基础上分析各层次注水驱油、注入水浸润段、未水洗剩余油层段等功能结构，这些专题内容将在本书第二篇中加以介绍；（2）应用控制论还可以研究油田注水开发方案设计，开发中后期延长稳产期限及措施优化决策等，为油田科学管理提供了有用的方法。这部分内容将在本书第三篇中加以介绍。

本章将重点介绍系统工程方法在油田开发领域中的应用研究内容，包括典型问题的非线性规划数学模型的建立、求解方法、不确定参数识别、动态模型参数辨识及物理结构递阶分析方法等，这些方法是常规油藏工程方法的重要补充。

第一节 多组分气液相平衡优化计算方法及特征参数辨识

油气藏中的油气饱和度、密度、黏度以及各组分在油气中的摩尔分数等，在开发过程中随着油气的采出、水或气的注入以及地层压力的变化会发生不可忽视的变化。及时掌握这种变化有助于提高这类特殊油气田的采收率及总体经济效益，但这需要不断地求解一组非线性的相平衡方程。常用的逐次替换法起始速度很快，但无法达到快速求解的要求；而 Newton[1] 法在根值附近是平方收敛的，Powell 方法 [2-3] 也接近于平方收敛，但在远离根值时达不到这个效果。人们将逐次替换法与 Newton 法或 Powell 法前后结合 [1-2]，计算速度明显加快。但是，从逐次替换法向 Newton 法或 Powell 法转换有比较苛刻的条件，而在泡（露）点附近的小区域内，这些条件有时无法实现，即便能够实现，收敛性也会变差，甚至不收敛。此外，由于所要求的条件比较多，所以在利用前一步闪蒸计算结果方面存在着局限性。为了使多组分系统在不同温度和压力下，无论是气液两相共存还是仅为单相的相平衡计算均能快速且绝对收敛，本节在研究以上方法的基础上，提出了一种多组分系统相平衡计算的非线性规划模型[4]，并找到了极值存在的必要条件，即：库恩—塔克条件。

求解引入阻尼因子后的库恩—塔克条件能保证所得的解序列渐次逼近极值点。此外，以气液两相区中某一温度、压力和组成条件下的闪蒸计算结果为初始猜测，直接用上述模型作泡（露）点闪蒸计算或相邻点的气液相平衡闪蒸计算，其速度非常快，用于油藏数值模拟等工作中具有明显的优点。

一、多组分气液相平衡计算优化模型及极值存在必要条件

1. 模型及极值存在必要条件

在一定的温度、压力和组成条件下，多组分系统中的气液达到平衡状态必须使 Gibbs 自由能达到最小，而对于总量为 1mol 的已知组分气液混合物，其 Gibbs 自由能达到最小值的必要条件是：该系统中的各组分的逸度必须相等。

逸度方程是高度隐含的非线性方程，无法获得解析解，通过迭代解法求取气液中各组分的摩尔分数难度很大，所以我们将 $\psi(\boldsymbol{U})$ 作为非线性规划模型的目标函数：

$$\mathop{\text{Min}}_{\boldsymbol{U}_1}\psi(\boldsymbol{U}_1) = \frac{1}{2}\sum_{i=1}^{N_c}R_i^2(\boldsymbol{U}_1) \qquad (3\text{-}1)$$

式中：R_i 为逸度方程残差，即 $R_i = f_i^1 - f_i^v (i=1,2,\cdots,N_c)$；$\boldsymbol{U}_1$ 为气液相平衡问题的未知向量，$\boldsymbol{U}_1 = (x_1,x_2,\cdots,x_{N_c-1},L,y_1,y_2,\cdots,y_{N_c-1},V)^{\mathrm{T}}$；$f_i^v$、$f_i^1$ 分别是第 i 组分在气相和液相中的逸度；y_i、x_i 分别是第 i 组分在气相和液相中的摩尔分数；v、1 分别表示气相和液相；V、L 分别为多组分系统气相和液相摩尔分数；N_c 为组分数。

目标函数式（3-1）受下列物质守恒方程和变量取值范围的约束：

$$x_iL + y_iV = Z_i \qquad (3\text{-}2)$$

$$\sum_{i=1}^{N_c}x_i = 1 \qquad (3\text{-}3)$$

$$\sum_{i=1}^{N_c}y_i = 1 \qquad (3\text{-}4)$$

$$L + V = 1 \qquad (3\text{-}5)$$

$$L \geqslant 0, \quad V \geqslant 0 \qquad (3\text{-}6)$$

$$x_i \geqslant 0, \quad y_i \geqslant 0, i = 1,2,\cdots,N_c \qquad (3\text{-}7)$$

式（3-1）至式（3-5）与前人用于相平衡计算的公式相同，不同之处是式（3-6）、式（3-7）的引入和用逸度方程残差作为目标函数代替了气液逸度守恒方程。这是很重要的，式（3-1）至式（3-7）构成了多组分相平衡计算的优化模型。对于一组确定的组分，只要采用合适的算法求解该优化模型，就可以得到给定温度和压力下的气液摩尔分数和各组分分别在气相、液相中的摩尔分数，也可以得到该组分在给定温度（压力）条件下的

泡（露）点压力（温度）。问题是采用什么方法能快速求出极值点？笔者吸取了前人在多组分相平衡计算中的成功经验，即为减少优化计算变量，加快计算速度，先将式（3-2）至式（3-5）代入目标函数式中进行消元，减少主元未知向量的维数，然后根据下列情况进行优化计算：当 $L < 0.5$ 时，采用 $L-x_i$ 迭代，新的未知向量 $\boldsymbol{U}=(x_1, \cdots, x_{N-1}, L)^T$；当 $L \geqslant 0.5$ 时，采用 $V-y_i$ 迭代，$\boldsymbol{U}=(y_1, y_2, \cdots, y_{N_c-1}, V)^T$。这样，原模型的目标函数简化成：

$$\operatorname*{Min}_{U} \psi(\boldsymbol{U}) = \frac{1}{2} \sum_{i=1}^{N_c} R_i^2(\boldsymbol{U}) \qquad (3-8)$$

相应的约束条件简化为：

$$L \geqslant 0, \ x_i \geqslant 0, \ L-x_i \ \text{迭代} \ (i=1,2,\cdots, N_c-1)$$

或

$$V \geqslant 0, \ y_i \geqslant 0, \ V-y_i \ \text{迭代} \ (i=1,2,\cdots, N_c-1)$$

上述含不等式约束的优化问题的极值存在必要条件（库恩—塔克条件）可用式（3-9）、式（3-10）来表示：

$$\sum_{i=1}^{N_c} R_i(\boldsymbol{U}) \nabla R_i(\boldsymbol{U}) - \boldsymbol{\Gamma} = 0 \qquad (3-9)$$

$$\gamma=\gamma_1=0 \ (L-x_i \ \text{迭代}); \ \text{或} \ \gamma=\gamma_v=0 \ (V-y_i \ \text{迭代}) \qquad (3-10)$$

其中，$\boldsymbol{\Gamma}=(0, 0, \cdots, 0, \gamma)^T$，$\gamma$ 是相对应的拉格朗日乘子。

理论上，只要通过式（3-9）、式（3-10）求出最优解 $\boldsymbol{U}^*$ 后，再将其回代到式（3-2）至式（3-5）中，即可直接求出其余的未知变量。然而，由于目标函数是未知向量 $\boldsymbol{U}$ 的高度隐含的非线性函数，因此，不可能像简单函数那样立刻求得满足极值条件的解，只能通过渐次逼近的方法来求解。于是采用这样一种算法：先用逐次替换法[2-3]给出未知向量 $\boldsymbol{U}$ 的初值 $\boldsymbol{U}^0$，然后将目标函数式中的 $R_i(\boldsymbol{U})$ 在 $\boldsymbol{U}^0$ 处线性化，这个逼近的目标函数是正定二次函数，而含线性不等式约束的正定二次函数的极值是唯一的，且容易得到这个新的近似解 $\boldsymbol{U}^1$，再将 $\boldsymbol{U}^1$ 代入式（3-2）至式（3-5）求出其他变量的新的近似值；再以这个新的近似值为初值，重复迭代直到收敛，而式（3-2）至式（3-5）及约束条件式（3-6）、式（3-7）在迭代过程中始终成立。在计算过程中，为了使初始猜测在离解较远时也能收敛，即为了扩大优化方法的收敛区域，还引入了一个阻尼因子，使逼近的优化问题的极值条件式（3-9）变成：

$$\left(\boldsymbol{J}^T \boldsymbol{J} + \mu \boldsymbol{I}\right) \boldsymbol{U}^{k+1} - \boldsymbol{\Gamma} = \boldsymbol{b}^k \qquad (3-11)$$

式中：$\boldsymbol{J}$ 为雅可比矩阵；$\boldsymbol{b}^k=-\boldsymbol{J}^T \boldsymbol{R}^k + \left(\boldsymbol{J}^T \boldsymbol{J}+\mu \boldsymbol{I}\right) \boldsymbol{U}^k$；$k=1, 2, \cdots$，为迭代次数；$\boldsymbol{R}$ 为向量函数，$\boldsymbol{R}^k=(R_1^k, R_2^k, \cdots, R_{N_c}^k)^T$；$\mu$ 为阻尼因子，取值为 0.0001×10^m，$m=0, 1, \cdots$；$\boldsymbol{I}$ 为单位对角矩阵。

容易证明，迭代近似解序列 $\boldsymbol{U}^k$ 具有以下性质。

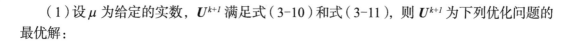

（1）设 μ 为给定的实数，$\boldsymbol{U}^{k+1}$ 满足式（3-10）和式（3-11），则 $\boldsymbol{U}^{k+1}$ 为下列优化问题的最优解：

$$\psi^{k+1}(\boldsymbol{U}) = \frac{1}{2}\left[\boldsymbol{R}^k(\boldsymbol{U}) + J\Delta\boldsymbol{U}^k\right]^{\mathrm{T}}\left[\boldsymbol{R}^k(\boldsymbol{U}) + J\Delta\boldsymbol{U}^k\right] \qquad (3\text{-}12)$$

$$\left\|\Delta\boldsymbol{U}^k\right\|_2^2 = \left\|\Delta\boldsymbol{U}^k(\mu)\right\|_2^2 \qquad (3\text{-}13)$$

$$L \geqslant 0,\ x_i \geqslant 0,\ L - x_i\ \text{迭代}\ (i=1,2,\cdots,N_c-1) \qquad (3\text{-}14)$$

或

$$V \geqslant 0,\ y_i \geqslant 0,\ V - y_i\ \text{迭代}\ (i=1,2,\cdots,N_c-1) \qquad (3\text{-}15)$$

（2）若 $\boldsymbol{U}^{k+1}$ 为式（3-10）和式（3-11）关于给定 μ（$\mu > 0$）的解，则 $\|\Delta\boldsymbol{U}^k\|$ 是 μ 的连续下降函数，且当 $\mu\rightarrow\infty$ 时，$\|\Delta\boldsymbol{U}^k\|\rightarrow 0$，而且 $\Delta\boldsymbol{U}^k$ 的前 $n-1$ 个分量的方向与 $-\nabla\psi^{k+1}(\boldsymbol{U})$ 的前 $n-1$ 个分量方向一致，此时若 L 是可行域的内点（即 $0 < L < 1$），则 $\Delta\boldsymbol{U}^k$ 与 $-\nabla\psi^{k+1}(\boldsymbol{U})$ 的方向一致，即最速下降法。

（3）当 $\mu=0$，极值条件的求解方法是可行域的内点，则该方法退化成常规的 Newton-Raphson 方法。

2. 极值条件的求解方法

式（3-10）、式（3-11）的计算方法有多种，最简单的就是先对式（3-11）消元，使未知向量 $\boldsymbol{U}$ 的系数矩阵变换成一个上三角矩阵，由于 $\boldsymbol{\varGamma}$ 的前 N_c-1 个分量为 0，所以它实际上不必参与消元运算。经过消元以后，可立刻计算出不考虑 γ 时的 L（或 V）值，判断这个 L（或 V）值是否满足约束条件 $L \geqslant 0$（或 $V \geqslant 0$），不满足时，取 $L=0$（或 $V=0$），而此时可得 $\gamma \neq 0$，即约束条件起作用；否则，取 $\gamma=0$，即约束条件不起作用。最后再将 L（或 V）的计算结果回代到消元后的方程组中去，可求出未知向量 $\Delta\boldsymbol{U}$ 的其他元素。

3. 收敛准则

根据式（3-9），可引出以下两个收敛条件：

$$\sum_{i=1}^{N_c}\left(f_i^v / f_i^l - 1\right)^2 \leqslant \varepsilon_1 \qquad (3\text{-}16)$$

$$\left\|\sum_{i=1}^{N_c} R_i\left(\boldsymbol{U}^k\right)\nabla R_i\left(\boldsymbol{U}_x^k\right)\right\| \leqslant \varepsilon_2 \qquad (3\text{-}17)$$

式中：ε_1 和 ε_2 为控制收敛误差的小数，$\boldsymbol{U}_x^k$ 是由向量 $\boldsymbol{U}$ 的前 N_c-1 个元素组成的向量。式（3-16）的左端项，称为收敛误差。

二、泡（露）点的快速闪蒸方法

对于任一多组分系统，计算泡（露）点的压力或温度同样是一项必不可少的工作，它有助于进一步判断地下流体是呈单相气态还是呈单相液态。事实上，泡（露）点的物理意义决定了许多参数的数值，即：对于露点，$L=0$，$y_i=Z_i$，未知向量 $\boldsymbol{U}=(x_1, x_2, \cdots, x_{N_c-1}, U_{N_c})^{\mathrm{T}}$；对于泡点，$L=1$，$x_i=Z_i$，未知向量 $\boldsymbol{U}=(y_1, y_2, \cdots, y_{N_c-1}, U_{N_c})^{\mathrm{T}}$；$U_{N_c}$ 代表泡点或露点的压力（温度），而泡（露）点压力和温度都是大于 0 的，所以闪蒸泡（露）点的渐次逼近优化问题的极值条件可表示为：

$$\left(\boldsymbol{J}^{\mathrm{T}}\boldsymbol{J}+\mu\boldsymbol{I}\right)\boldsymbol{U}^{k+1}=\boldsymbol{b}^k \tag{3-18}$$

理论上，只需从某一初值出发，反复求解式（3-18），即可求得原问题的解。但是，初值的好坏直接影响收敛速度，为此，可以先在两相区中选一个点，然后对该已知组分在这个选定的压力和温度下作气液平衡闪蒸计算，再以此解为闪蒸泡（露）点的初始猜测，反复求解式（3-18）直至收敛。若所选的点落在单相区内，则可以通过降低压力寻找两相区，再搜索泡（露）点的压力或温度来实现。

三、状态方程特征参数辨识

为了比较准确地认识油气藏的相态特征，需要以取样流体样品室内实验的数据为基础，对状态方程特征参数进行拟合辨识。通过拟合，调整部分组分的特征参数，尤其是重组分的状态方程中的常数 Ω_{ai}、Ω_{bi} 或临界压力和临界温度，以及组分间的二元交互作用参数，甚至包括部分重质拟组分的偏心因子等参数，使计算结果与实验结果基本吻合。采用实验数据拟合校正得到的一整套烃类混合物系统的临界特征参数，用于计算或预测油气藏的开发动态及其开发指标，获得的结果是比较可靠的。状态方程特征参数实验拟合主要基于取样流体样品少量的相态实验数据，主要包括：（1）根据地面分离器油、气样品及生产气油比所做的实验室井流物配样组成；（2）油气的比例，重组分的分子量和摩尔组成；（3）样品的属性，即根据实验温度下，样品在高压下出现露点还是泡点来定性气样或油样；（4）特殊样品的 PVT 实验数据，包括饱和压力（泡点压力或露点压力）、等组分膨胀实验、等容衰竭、差异分离（油样）等实验数据；（5）地面分离器的测试条件及该条件下的油气分离测试数据，气油比、油气密度等。

多组分烃类体系状态方程特征参数实验拟合在数学上可以用以下目标函数来表示：

$$J=\sum_{i=1}^{N}W_i\left[F_{\mathrm{m}}^{(i)}-F_{\mathrm{cal}}^{(i)}\right]^2 \tag{3-19}$$

式中：J 为目标（误差）函数，N 为观测数据总数，$F_{\mathrm{m}}^{(i)}$、$F_{\mathrm{cal}}^{(i)}$ 分别为某个相同物理量的观测数据与计算值，W_i 为观测数据的权因子。

将目标函数和多组分油气系统相平衡方程组相结合，给出一组拟合变量初值，选择某一状态方程进行相态拟合计算，并用最优化方法调整拟合变量值，可以求得目标函数对拟合变量的梯度 $\nabla J(X)$，采用最速下降法沿梯度方向搜索：

$$X^{(k+1)}=X^{(k)}-\alpha\nabla J, \ k=0,1,2,\cdots \tag{3-20}$$

优化步长 α，使目标函数值达到极小。再以 $X^{(k+1)}$ 代替 $X^{(k)}$ 作初值，继续按梯度法计算。经过多次搜索迭代，直到满足目标函数，即可得到相态计算所需的状态方程特征参数和所有拟组分的临界特征参数场。由于采用这样一套临界特征参数，对油气藏的相态特征计算与实验比较吻合，因此，将之应用于计算或预测油气藏的开发动态及其开发指标是比较可靠的。

四、实例计算及分析

实例1：为了验证本节所提出的方法的实用性，利用柯401井的实际样品进行计算。表3-1列出了该井样品油气恢复过程中的4组拟组分的摩尔分数，地层温度为82℃。该组分系统等组分膨胀实验及计算结果列于表3-2，结果显示本节优化方法的计算结果与实验结果是一致的，结果可靠，计算速度也比较快。图3-1是利用表3-1中样品1的摩尔组成从不同初始压力出发闪蒸露点压力的示意图。由图3-1可见，从不同的初始压力出发计算出的露点压力收敛于同一个值（33.466MPa），且这种闪蒸计算方法所需的优化迭代次数很少，包括在初始压力处所作的气液平衡闪蒸计算在内，这种搜索泡（露）点的方法速度非常快。

表 3-1　4个样品的摩尔组成

组分名称	摩尔分数			
	样品 1	样品 2	样品 3	样品 4
N_2	0.04210	0.04157	0.04079	0.03952
C_1	0.75450	0.74900	0.74100	0.72830
C_2—C_3	0.11810	0.11860	0.11940	0.12060
C_4—C_5	0.03560	0.03640	0.03750	0.03920
C_6—C_{10}	0.04130	0.04390	0.04750	0.05310
C_{11}—C_{20}	0.00658	0.00785	0.00966	0.01248
C_{21+}	0.00182	0 00273	0.00422	0.00682

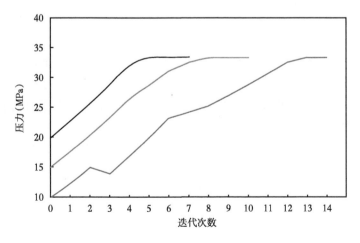

图 3-1　不同初始压力出发闪蒸计算露点压力

表 3-2 样品 1 等组分膨胀的实验及计算结果

压力（MPa）		33.3	28.2	20.1	12.5	8.0	4.1
平衡气 Z 因子	实验值	0.9343	0.9156	0.8478	0.8357	0.8815	0.9508
	计算值	0.9333	0.8724	0.8229	0.8382	0.8767	0.9267
气相中 C_1 的摩尔分数	实验值	0.7545	0.7664	0.7874	0.8052	0.8060	0.7931
	计算值	0.7549	0.7665	0.7826	0.7942	0.7961	0.7920

表 3-3 列出了样品 1 在露点及露点以上的 2 个点的闪蒸结果。可见，在露点线上，收敛误差能下降到所要求的精度；在露点线以上，仅为气相，第一个收敛条件就不适应了，但目标函数对 U_x 的导数趋近于零，而对 L 的导数为正值，即满足有约束最优化问题的极值条件（库恩—塔克条件）。大量的计算表明：本方法在两相区（含泡点和露点）能快速求得满足第一个收敛条件的解；在离泡（露）线较近的单相区，能得到满足第二个收敛条件的极值解；而在离泡（露）线较远的单相区则收敛于 $x_i = y_i = Z_i$（$i_i = 1$，2，$\cdots$，N_c）。由此，容易判别组分系统在一定温度、压力条件下是气液共存还是仅为单相。

表 3-3 样品 1 在露点附近的闪蒸计算结果

压力（MPa）	33.466（露点）	33.500	33.600
绝对收敛误差	0.56794×10^{-13}	0.31105×10^{-7}	0.43811×10^{-6}
$\partial \psi / \partial L$		0.8734×10^{-4}	0.2925×10^{-3}
$\|\Delta \psi (U_x)\|$		0.1969×10^{-10}	0.2268×10^{-11}

表 3-4 4 种样品的露点压力闪蒸计算结果

类型	露点压力（MPa）			
实验值	33.545	35.232	37.007	38.620
计算值	33.466	35.158	36.917	38.514

表 3-4 列出了表 3-1 中 4 种样品的露点压力计算结果，两种方法的计算结果基本一致，其误差主要由控制精度和基本参数略有差别等原因引起。在数值模拟等大型问题的计算中，绝大部分网格节点的压力和流体摩尔组成在一个时间步长内变化不大，因此，将其应用于数值模拟中必将取得更明显的效果。此外，利用已有的气液平衡闪蒸计算结果作初值，直接用优化方法作相邻点的气液平衡闪蒸计算，一般只需 2~4 次迭代计算，就可满足收敛条件，从而可以大大节省油藏数值模拟的计算时间，如图 3-2 所示。

实例 2：已知 R 油藏的原油样品做饱和压力测试和差异分离实验的数据，为了使计算结果与实验数据相吻合，需要调整临界特征参数。采用本节介绍的状态方程参数拟合计算方法，即最速下降法，可以非常迅速地使拟合误差达到极小。图 3-3 和图 3-4 分别是原油样品的饱和压力和原始气油比在优化迭代过程中的收敛情况，由图 3-3 和图 3-4 可见，只需要 4~6 次迭代即可满足收敛条件。原油样品差异分离的气油比和原油体积系数随压力变化的拟合情况如图 3-5 和图 3-6 所示，拟合效果是非常好的。

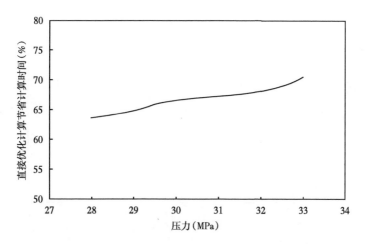

图 3-2　直接优化比逐次替换转优化节省计算时间曲线

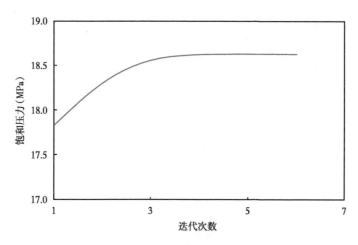

图 3-3　饱和压力随迭代次数的收敛情况

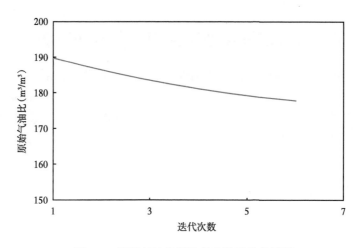

图 3-4　原始气油比随迭代次数的收敛情况

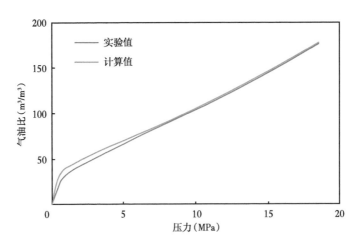

图 3-5　原油样品差异分离的气油比拟合曲线

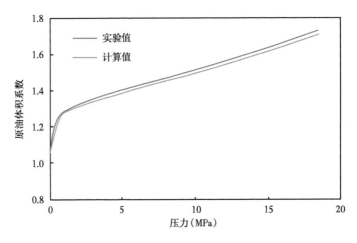

图 3-6　原油样品差异分离的原油体积系数拟合曲线

第二节　多断块油田地下连通状况识别方法及应用

这里介绍一种确定多断块油田内部连通性及其他开发地质参数的方法，有助于划清油田内部断块、确定分断块储量（包括水体大小）和平均流动系数乃至井间连通程度等参数，为新井位设计和完善注采井网提供依据。在数学模型及其求解方面，该方法把本来已经形成的、带复杂约束的非线性规划，转化为线性规划分步迭代去求解，可以有效地得到问题的最优解。

一、开发决策参数识别模型

1. 模型的介绍

文献 [5-6] 提供了一个在单封闭系统内广泛适用的解析公式，本节把它推广到断层分割的多封闭系统中去，推广后，l 井在 $t_i^{(k)}$ 时刻的流动压力可表示为：

$$p_{\mathrm{wf}}^{l}\left(t_{l}^{(k)}\right)=p_{l}(0)-\sum_{j=1}^{N_{\mathrm{w}}}\alpha_{l,j}\int_{0}^{t_{j}^{(k)}}q_{j}(\tau)\mathrm{d}\tau-\sum_{j=1}^{N_{\mathrm{w}}}\boldsymbol{\Omega}_{l,j}q_{j}\left(t_{l}^{(k)}\right)$$

$$+\sum_{j=1}^{N_{\mathrm{w}}}\boldsymbol{\Omega}_{l,j}^{(2)}\left[\mathrm{e}^{\lambda_{j}^{(2)}t_{l}^{(k)}}q_{j}(0)+\int_{0}^{t_{l}^{(k)}}\mathrm{e}^{\lambda_{j}^{(2)}(t_{l}^{(k)}-\tau)}\mathrm{d}q_{j}(\tau)\right]+\cdots \tag{3-21}$$

其中：

$$\alpha_{l,j}=1/(V\beta^{*})_{l,j} \tag{3-22}$$

$$\Omega_{l,j}=\omega\left(\frac{\mu}{Kh}\right)_{l,j} \tag{3-23}$$

$$\Omega_{l,j}^{(2)}=\omega^{(2)}\left(\frac{\mu}{Kh}\right)_{l,j} \tag{3-24}$$

式中：ω 和 $\omega^{(2)}$ 是一个复杂的几何因子，与井距有关；$\alpha_{l,j}$ 表示 l，j 两井的连通程度，若两井不连通，则 $\alpha_{l,j}=0$；N_{w} 为研究工区开发井总井数；p_{wf}^{l} 为第 l 口井第 k 次测得的流压（或静压）值；$p_{l}(0)$ 为第 l 口井的原始地层压力；$V_{l,j}$ 为 l，j 两井所在断块的孔隙体积；β^{*} 为综合压缩系数；$q_{j}(\tau)$ 为第 j 口井在 τ 时刻测得的瞬时产量；$\Omega_{l,j}$ 为 l，j 井间局部连通程度系数，是测试时刻的产量对 l 井的压力影响；$\lambda_{j}^{(k)}$ 为第 j 口井所在断块的第 k 个特征根。

式（3-21）是个无穷级数，但因特征值 $|\lambda_{j}^{(k)}|$ 随 k 递增很快，又因流压测试间隔时间较长，经多次验算认为只保留其中一项即可。式（3-17）中还包含三个未知张量 $\alpha_{l,j}$、$\boldsymbol{\Omega}_{l,j}$ 和 $\Omega_{l,j}^{(k)}$，它们都属于 $R^{N_{\mathrm{w}}\times N_{\mathrm{w}}}$，未知向量 $(\lambda_{1}^{(2)},\ \lambda_{1}^{(2)},\ \cdots,\ \lambda_{N_{\mathrm{w}}}^{(2)})^{\mathrm{T}}$，这些未知量需要加以确定。文献 [5-6] 中证明：（1）三个张量均是对称张量；（2）在互相连通断块内各井特征值相同，一般形式为：

$$\lambda_{j}^{(2)}=-\frac{4}{a_{0}}C_{2}\eta \tag{3-25}$$

式中：C_{2} 是与断块形状有关而与地层性质无关的正常数；a_{0} 为断块特征长度；η 为平均导压系数。

综合以上理论研究成果，下面建立一个带约束的非线性规划模型用于识别上述几个未知张量和向量。这个模型的目标函数可以用式（3-26）表示：

$$J(u)=\sum_{l=1}^{N_{\mathrm{w}}}\sum_{k=1}^{k_{0}}\left[p_{\mathrm{wf},l}\left(t_{l}^{k}\right)-p_{\mathrm{wf},l}^{\mathrm{obs}}\left(t_{l}^{k}\right)\right]^{2}/\sigma^{2} \tag{3-26}$$

式中：σ^{2} 是权系数，最简单的办法是取常系数 1。这个目标函数要满足以下不等式约束、对称张量等式约束条件和条件约束。其中，不等式约束条件可以表述如下：

$$\alpha_{l,j}\geqslant 0,\ l,j=1,2,\cdots,N_{\mathrm{w}} \tag{3-27}$$

$$-\lambda_j^{(2)}>0, \quad j=1,2,\cdots,N_W \quad\quad\quad （3-28）$$

对称张量等式约束条件：

$$\boldsymbol{\alpha}_{l,j}=\boldsymbol{\alpha}_{j,l}, \quad \boldsymbol{\Omega}_{l,j}=\boldsymbol{\Omega}_{j,l}, \quad \boldsymbol{\Omega}_{l,j}^{(2)}=\boldsymbol{\Omega}_{j,l}^{(2)}, \quad l,j=1,2,\cdots,N_W \quad\quad （3-29）$$

条件约束为：

若 $\boldsymbol{\alpha}_{l,j}=0$，则 $\boldsymbol{\Omega}_{l,j}=\boldsymbol{\Omega}_{j,l}=0$；$\boldsymbol{\Omega}_{l,j}^{(2)}=\boldsymbol{\Omega}_{j,l}^{(2)}=0$。

2. 模型使用说明

（1）在应用模型之前，通常对油田构造已做过大量研究工作并对其中一些问题可能已有确切结论。以下称这种结论为硬知识。应用硬知识之后可使模型得到化简。若已确切知道某方向上 l，j 两井之间是互不连通的，则必有 $\boldsymbol{\alpha}_{l,j}=\boldsymbol{\Omega}_{l,j}=\boldsymbol{\Omega}_{l,j}^{(2)}=0$ 成立。于是应用这一条硬知识就可减少三个未知量，使求解问题得到简化。

（2）相反，倘若从地质综合研究中可以肯定两井之间是连通的，则：

$$\boldsymbol{\alpha}_{l,j}=\boldsymbol{\Omega}_{l,j}=\boldsymbol{\Omega}_{l,j}^{(2)}\neq 0 \quad\quad \forall l,j(l\neq j) \quad\quad\quad （3-30）$$

（3）通常遇到的问题是，虽然油田地质工作者对某问题有一种看法，可是并不敢下最后结论，那么这种知识就称为软知识。软知识毕竟还是知识，可当作求解模型过程中初始猜测值使用，以快速地得到局部最优解。

二、解的存在性和唯一性分析

在将要形成的模型中求解对象是三个张量和 1 个向量，其中元素总共有 $\dfrac{N_W}{2}(N_W+5)$ 个，在没有利用已知的硬知识下，未知量个数与此相同。油田上一般每口井都有自己的开关，提产和限产周而复始地变化，各井产量随时间的变化函数差异很大，可视为互不相关。因此，只要有足够的测压信息，就可以求得模型的最优解。在测压资料不够多的情况下，解决办法有两种：一是补测压力或者再从地质研究中去寻依据；二是从地质研究成果中寻求可用的硬知识，减少未知数。

目标函数对各个参数都是严格凸性的，只有这样才能得到唯一正确的结果，否则，即使测压次数再多也是难于得到唯一解。文献 [5] 对目标函数关于特征值 $\lambda_l^{(2)}$ 以外的各参数的凸性已作过分析，认为只要观测压力足够多，目标函数对这些参数均是严格凸性的。至于对特征值的凸性，则要看二阶导数为正还是为负，一般来说后者不是全局凸的。为了更具体地说明这一点，文献 [7] 进行了实例计算，结果如图 3-7 所示。图 3-7 直观地表示凸性的同时，还给出了一个很有意义的结论，即：在极点邻域一个宽阔的范围内，目标函数对 $\lambda_l^{(2)}$ 也是凸的。

这说明一方面问题的求解对来的初值有一定要求，另一方面也说明这个要求是很宽松的。由图 3-7 看出：当 $\lambda_l^{(2)}\leqslant 0.6\times10^{-6}$ 时，二阶导数 $\nabla^2 J(u)$ 均为正，初值选在此域内都可得到唯一解。

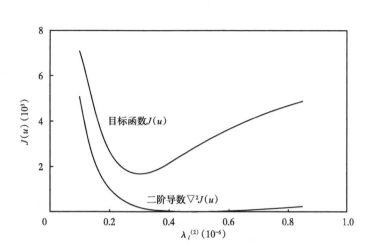

图 3-7 目标函数对 $\lambda_l^{(2)}$ 的凸性分析曲线

至于观测误差的影响，二次目标函数对压力观测误差有屏蔽作用，只要没有系统误差，在观测次数比较多的情况下，利用粗糙的数据也能得到可靠的结果。

三、应用实例

将该方法应用于桩西油田下古生界油藏中块井间连通性识别应用研究。地质研究认为，桩西中块位于两大断层之间，这两个大断层的封闭性是毋容置疑的，但该断块内部情况不清，估算地质储量（1000~2000）×10^4t。

桩西中断块有 3 口生产井：桩古 10 井，桩古 15 井，桩古 2 井，投产以来总计测压 73 井次，其中桩古 2 井测 37 次，桩古 15 井测 16 次，桩古 10 井测 20 次。采用参数优化识别方法迭代计算，计算储量 1900×10^4t，接近地质估算储量的上限值，生产井产油指数数值与实测值相近，计算井底压力动态与实测数据相吻合，如图 3-8 所示。在此基础上，利用生产井实际产量数据和识别的井间连通性等参数，计算得到的各生产井压力动态与单井实测压力的动态变化趋势比较接近，桩古 2 井的压力动态如图 3-8 所示。计算的井间连通性流动系数基本反映井间存在动态干扰，结果见表 3-5。

表 3-5 桩古中断块地下连通状况识别结果表

井名	计算采油指数 [t/（d·MPa）]	实测采油指数 [t/（d·MPa）]	井间连通系数	
			桩古 10 井	桩古 15 井
桩古 2 井	1.69	2.0	23.10	1.27
桩古 10 井	6.52	—		26.20
桩古 15 井	10.50	—		

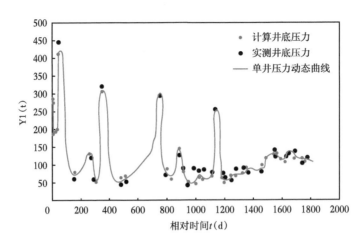

图 3-8　桩古 2 井计算井点压力和实测值对比

第三节　改进的动态模型参数辨识法

注水开发油田产油量和产水量的动态预报一直是引起人们极大兴趣并设法解决的问题。传统的预报方法，例如：经验曲线拟合法，预报的相对误差通常在 5%~10%，它们对油田开发过程的时变性和各种随机干扰因素不具有自适应性。

本节将主要介绍在经验模型和黑箱模型前提条件下，参数辨识法在本行业中应用情况。国内外针对不同的对象，研究成果很多，文献 [8] 搜集了一批，其中包含了一些参数辨识方法具体改进内容。

邓自立和郭一新[9] 于 1991 年提出了"带未知时变噪声统计系统的自适应 Kalman 滤波方法"，并给出了用于预测油藏月产油量和月产水量的预测实例，笔者认为该方法比较实用，是对以往同类工作的开展。计算实例表明，预报的误差可控制在 2% 以内，这个精准度是令人满意的。矿场实际问题中，所有观测数据，都含有噪声影响，该方法是一种"非辨识型"的方法。

一、时变噪声统计估值器

设有线性系统：

$$X(k+1)=\Phi(k)X(k)+w(k) \tag{3-31}$$

$$Z(k)=H(k)X(k)+v(k) \tag{3-32}$$

式中：$X(k)$ 为 n 维状态向量；$Z(k)$ 为 m 维观测向量；$\Phi(k)$、$H(k)$ 分别为已知的 $n\times n$ 和 $m\times n$ 维矩阵；$w(k)$ 和 $v(k)$ 分别为互相独立的带时变均值和协方差的正态白噪声。

$$E[w(k)]=q(k),\ \text{cov}[w(k),w(i)]=Q(k)\delta_{k,i}$$

$$E[v(k)]=r(k),\ \text{cov}[v(k),v(i)]=R(k)\delta_{k,i}$$

$$\text{cov}[w(k),v(i)]=0,\ \forall k,i \tag{3-33}$$

式中：E 为均值符号；cov 为协方差符号；$\delta_{k,\,i}$ 为 δ 函数，即当 $i=k$ 时，$\delta_{k,\,i}=1$，否则为零。

当式（3-31）至式（3-33）中的噪声统计（均值和协方差）为常数时，即 $q(k)\equiv q$，$Q(k)\equiv Q$，$r(k)\equiv r$，$R(k)\equiv R$ 时，1960 年 Sage 和 Husq 等 [9] 给出了基于观测 $\{Z(1)$，$Z(2)\cdots，Z(k+1)\}$ 的噪声统计的极大后验次优无偏估值器为：

$$\hat{q}(k+1)=\frac{1}{k+1}\sum_{i=0}^{k}\Big[\hat{X}(i+1|i+1)-\boldsymbol{\Phi}(i)\hat{X}(i|i)\Big]\tag{3-34}$$

$$\begin{aligned}\hat{Q}(k+1)=\frac{1}{k+1}\sum_{i=0}^{k}\Big[&\boldsymbol{K}(i+1)\varepsilon(i+1)\varepsilon^{\mathrm{T}}(i+1)\boldsymbol{K}^{\mathrm{T}}(i+1)+\\&\boldsymbol{P}(i+1|i+1)-\boldsymbol{\Phi}(i)\boldsymbol{P}(i+1)\boldsymbol{\Phi}^{\mathrm{T}}(i)\Big]\end{aligned}\tag{3-35}$$

$$\hat{r}(k+1)=\frac{1}{k+1}\sum_{i=0}^{k}\Big[Z(i+1)-\boldsymbol{H}(i+1)\hat{X}(i+1|i)\Big]\tag{3-36}$$

$$\hat{R}(k+1)=\frac{1}{k+1}\sum_{i=0}^{k}\Big[\varepsilon(i+1)\varepsilon^{\mathrm{T}}(i+1)-\boldsymbol{H}(i+1)\boldsymbol{P}(i+1|i)\boldsymbol{H}^{\mathrm{T}}(i+1)\Big]\tag{3-37}$$

相应的自适应 Kalman 滤波器为：

$$\hat{X}(k+1|k+1)=\hat{X}(k+1|k)+\boldsymbol{K}(k+1)\varepsilon(k+1)\tag{3-38}$$

$$\hat{X}(k+1|k)=\boldsymbol{\Phi}(k)\hat{X}(k|k)+\hat{q}(k)\tag{3-39}$$

$$\hat{\varepsilon}(k)=Z(k+1)-\boldsymbol{H}(k+1)\hat{X}(k+1|k)-\hat{r}(k)\tag{3-40}$$

$$\boldsymbol{K}(k+1)=\boldsymbol{P}(k+1|k)\boldsymbol{H}^{\mathrm{T}}(k+1)\Big[\boldsymbol{H}(k+1)\boldsymbol{P}(k+1|k)\boldsymbol{H}^{\mathrm{T}}(k+1)+\hat{R}(k)\Big]^{-1}\tag{3-41}$$

$$\boldsymbol{P}(k+1|k)=\boldsymbol{\Phi}(k)\boldsymbol{P}(k|k)\boldsymbol{\Phi}^{\mathrm{T}}(k)+\hat{\boldsymbol{\Phi}}(k)\tag{3-42}$$

$$\boldsymbol{P}(k+1|k+1)=\Big[\boldsymbol{I}-\boldsymbol{K}(k+1)\boldsymbol{H}(k+1)\Big]\boldsymbol{P}(k+1|k)\tag{3-43}$$

式中：T 为转置号；$\boldsymbol{I}$ 为单位矩阵。

初始条件为：

$$\hat{X}(0|0)，\boldsymbol{P}(0|0)，\hat{r}(0)，\hat{R}(0)，\hat{q}(0)，\hat{Q}(0)\tag{3-44}$$

从初始条件式（3-44）出发，交替应用式（3-38）至式（3-43）和式（3-34）至式（3-37），可实现噪声统计递推估值和自适应滤波。

从统计观点，式（3-34）至式（3-37）都是算术平均，并且每项的权系数均为 $1/(k+1)$。但对时变噪声而言，应该强调新近数据的作用。做到这一点，可在求和式中每项乘以不同的加权系数来完成。为此应用指数加权方法，若选取加权系数 $\{\beta\}_i$，使之满足：

$$\beta_i = \beta_{i-1}b,\ 0<b<1, \sum_{i=0}^{k}\beta_i = 1 \qquad (3\text{-}45)$$

从中引出 $\beta_i = d_i$ 与 b^i 的关系式：

$$d_i = (1-b)/(1-b^{i+1}),\ i = 0,1,2,\cdots,\ k \qquad (3\text{-}46)$$

其中 b 为遗忘因子，在式（3-34）至式（3-37）中每一项乘以权系数 β_{k-i} 代替原来的权系数 $1/(k+1)$ 便得到了时变噪声统计估值器，易导出其递推算法为：

$$\hat{q}(k+1) = (1-d_k)\hat{q}(k) + d_k\left[\hat{X}(k+1|k+1) - \boldsymbol{\Phi}(k)\hat{X}(k|k)\right] \qquad (3\text{-}47)$$

$$\hat{Q}(k+1) = (1-d_k)\hat{Q}(k) + d_k\left[\boldsymbol{K}(k+1)\hat{\boldsymbol{\varepsilon}}(k+1)\hat{\boldsymbol{\varepsilon}}^{\mathrm{T}}(k+1)\boldsymbol{K}^{\mathrm{T}}(k+1) \right.$$
$$\left. +\boldsymbol{P}(k+1|k+1) - \boldsymbol{\Phi}(k)\boldsymbol{P}(k|k)\boldsymbol{\Phi}^{\mathrm{T}}(k)\right] \qquad (3\text{-}48)$$

$$\hat{r}(k+1) = (1-d_k)\hat{r}(k) + d_k\left[\boldsymbol{Z}(k+1) - \boldsymbol{H}(k+1)\hat{X}(k+1|k)\right] \qquad (3\text{-}49)$$

$$\hat{R}(k+1) = (1-d_k)\hat{R}(k) + d_k\left[\hat{\boldsymbol{\varepsilon}}(k+1)\boldsymbol{\varepsilon}^{\mathrm{T}}(k+1) - \boldsymbol{H}(k+1)\boldsymbol{P}(k+1|k)\boldsymbol{H}^{\mathrm{T}}(k+1)\right]$$
$$(3\text{-}50)$$

式（3-47）至式（3-50）和式（3-38）至式（3-43）构成了带时变噪声统计系统的自适应 Kalman 滤波。

二、油藏产油量和产水量动态预报

首先介绍一下两个待讨论的问题。

问题 1：在没有逐月添加新井、压裂及分层注水等人工措施条件下，油藏产油量逐步下降，而产水量逐月上升，预报从 $t=0$ 开始，以季度为单位时间，由 1979 年 12 月（相对时间为 $t=28$）以前的产油量观测数据为基础数据，预报 1980 年到 1981 年各季度产油量递降情况，如图 3-9 所示。

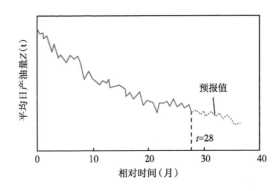

图 3-9　原油产量随时间变化动态预报曲线

问题 2：油藏产水量是带随机波动的递增时间序列，其中以 1972 年 12 月份为起点（$i=0$），以月份为单位时间。由 1979 年 12 月份（$t=84$）以前各月份产水量为观测数据，预报 1980 年 1 月至 1981 年 12 月各月份的产水量，如图 3-10 所示。

为了改进注水开发油田产油量和产水量的动态预报，采用了两种方法改进 Kalman 滤波器。一种方法是引入带时变噪声统计的虚拟噪声来补偿误差，改进 Kalman 滤波器性能；另一种方式是估计和跟踪时变的模型参数，以改进动态预报器的性能。

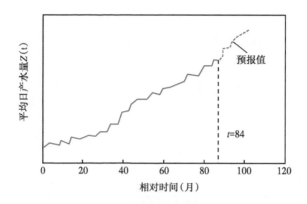

图 3-10　产水量随时间变化动态预报曲线

1. 用虚拟噪声补偿模型误差改进 Kalman 滤波器性能

对于问题 1，真实产油量 $X(k)$ 可用如下的动态模型描写：

$$X(k+1) = \phi X(k) + w(k) \tag{3-51}$$

式中参数 ϕ 是未知的，它的物理意义可解释为分季度的产油量自然递降系数，显然，应满足 $0 < \phi < 1$，$w(k)$ 是模型的随机误差。

假设对产油量的观测带有随机误差 $v(k)$，观测模型为：

$$Z(k) = X(k) + v(k) \tag{3-52}$$

设 $v(k), w(k)$ 是独立的、带未知时变噪声统计的正态白噪声，但假设观测噪声 $v(k)$ 的均值为零。

把式（3-52）代入式（3-51），有最小二乘法结构：

$$Z(k+1) = \phi Z(k) + e(k+1) \tag{3-53}$$

其中，$e(k+1) = v(k+1) - \phi v(k) + w(k)$，它是有色噪声。由已知的产油量 $\{Z(1)$，$Z(2)$，$\cdots$，$Z(28)\}$，利用式（3-53）可求得 ϕ 的最小的二乘法估值 $\hat{\phi}$。因为实际上产油量自然递降系数 ϕ 是时变的，即 $\phi = \phi(k)$，所以，若以固定的常数 ϕ 估值去近似地代替时变的 $\phi(k)$，则将有未知的模型误差 $\Delta\phi(k) = \phi(k) - \phi$。为了补偿模型误差，模型式（3-51）可改写成：

$$X(k+1) = \phi X(k) + \xi(k) \tag{3-54}$$

其中, $\xi(k)=\Delta\phi(k)X(k)+w(k)$ ，且称 $\xi(k)$ 为虚拟噪声。易知虚拟噪声也是时变的，并且当 $\Delta\phi(k)$ 很小时，可近似地把它视为白噪声。

对于带时变噪声的统计系统式（3-53）和式（3-54），利用本节自适应滤波算法式（3-38）至式（3-43）和式（3-47）至式（3-50），可递推求出产油量滤波估值 $\hat{X}(k|k)$ 和虚拟噪声 $\xi(k)$ 的时变均值的估值 $\hat{q}(k)$ ，其中取遗忘因子 $b=0.95$ ，且设置 $r(k)=0$ ［因为已假定观测噪声 $v(k)$ 的均值为零］。产油量的自适应多步递推预报公式为：

$$\hat{X}(k+1|k)=\hat{\phi}\hat{X}(k|k)+\hat{q}(k)$$
$$\hat{X}(k+2|k)=\hat{\phi}\hat{X}(k+1|k)+\hat{q}(k)$$
$$\vdots$$
$$\hat{X}(k+i|k)=\hat{\phi}\hat{X}(k+i-1|k)+\hat{q}(k)$$

（3-55）

其中 $k=28$ ， $i=1$ ，2，…，8。由式（3-51）有：

$$Z(k+i|k)=\hat{X}(k+i|k)$$

（3-56）

$$E\left\{\left[X(k+i)-\hat{X}(k+i|k)\right]^2\right\}=E\left\{\left[Z(k+i)-\hat{Z}(k+i|k)\right]^2\right\}-R(k+i)$$

（3-57）

其中 $R(k+i)$ 为 $v(k+i)$ 的方差， $\hat{Z}(k+i|k)$ 是基于观测数据 $\{Z(1)$ ， $Z(2)$ ，… $Z(k)\}$ 对 $Z(k+i)$ 的预报，于是可以利用 $Z(k+i)$ 的预报的精确度度量 $X(k+i)$ 的精度。实际计算表明 $Z(k+i)$ 预报的相对误差 $|Z(k+i)-Z(k+i|k)|/Z(k+i)$ ， $(k=28, i=1$ ，2，…，8）都在 1% 以内。

对于问题 2，油藏产水量也服从式（3-51），但此时 $\phi>1$ ，参数 ϕ 可解释为产水量按月计算的递增倍数，也可用类似办法处理。实例计算表明，超前两年的各月产水量预报， $\hat{x}(k+i|k)$ ， $k=84$ ， $i=1$ ，2，…，24，也有令人满意的精度，相对预报误差平均在 2% 以内。

2. 用自适应 Kalman 滤波跟踪时变的模型参数，改进动态预报器的性能

这种方法把动态预报分为两步完成，即对模型参数（时变性的）的预报和在此基础上对系统状态的递推预报。对于问题 1，假设自然递降系数 ϕ 的变化服从随机游动模型：

$$\phi(k+1)=\phi(k)+w(k)$$

（3-58）

其中 $w(k)$ 是带时变均值 $q(k)$ 和方差 $Q(k)$ 的白噪声。

所观测的产油量 $Z(k)$ 的模型假定为：

$$Z(k+1)=\phi(k+1)Z(k)+v(k)$$

（3-59）

其中 $v(k)$ 是独立于 $w(k)$ 的，带零均值和方差 $R(k)$ 的白噪声，式（3-59）可看成观测方程，因此，利用本节的自适应滤波算法并取初值： $\hat{\phi}(0|0)=0.95$ ， $Z(0|0)=0.01$ ， $\hat{q}(0|0)=0$ ， $\hat{Q}(0)=R(0)=0.005$ ，且取遗忘因子 $b=0.98$ ，应用递推方法，可以求得时变参数 $\phi(k)$ 的估值为 $\hat{\phi}(k|k)$ ，以及 $\hat{q}(k)$ ，由式（3-58）可得时变参数 ϕ 的多步预报为：

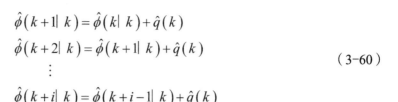

$$\hat{\phi}\left(k+1\| k\right)=\hat{\phi}\left(k\| k\right)+\hat{q}\left(k\right)$$

$$\hat{\phi}\left(k+2\| k\right)=\hat{\phi}\left(k+1\| k\right)+\hat{q}\left(k\right)$$

$$\vdots$$

$$\hat{\phi}\left(k+i\| k\right)=\hat{\phi}\left(k+i-1\| k\right)+\hat{q}\left(k\right)$$

（3-60）

于是有：

$$\hat{\phi}\left(k+i\|k\right)=\hat{\phi}\left(k+i-1\|k\right)+\hat{q}\left(k\right)$$

（3-61）

在式（3-59）中以 ϕ 的近似预报值 $\hat{\phi}(k)$ 代替，可得到产油量 $\boldsymbol{Z}(k)$ 的多步递推预报公式为：

$$\hat{\boldsymbol{Z}}\left(k+1\| k\right)=\hat{\phi}\left(k+1\| k\right)\hat{\boldsymbol{Z}}\left(k\right)$$

$$\hat{\boldsymbol{Z}}\left(k+2\| k\right)=\hat{\phi}\left(k+2\| k\right)\hat{\boldsymbol{Z}}\left(k+1\| k\right)$$

$$\vdots$$

$$\hat{\boldsymbol{Z}}\left(k+i\| k\right)=\hat{\phi}\left(k+i\| k\right)\hat{\boldsymbol{Z}}\left(k+i-1\| k\right)$$

（3-62）

以上面的问题 1 为例，时间步以季度为单位，则 $k=28$，往后预测 2 年，$i=1$，2，…，8。实际问题预报计算结果相对误差平均在 1% 以下。

本节介绍了油藏产油量、产水量计算，对未来预报实际计算中，用本节带时变噪声统计系统的自适应滤波器算法明显提高了预报的精度。这种线性随机系统含时变噪声问题滤波，在对本书后文的研究及应用中具有实用价值。

第四节　物理结构递阶分析与组合法

注水开发油田动态有三个最受关注的基本物理量，即累计产油量随开发时间的变化、累计产水量随时间的变化、地层压力随时间的变化，其他物理量可由这三者导出。这些物理量的历史数据已做了测量，测量结果均含有误差及其他偶然因素的影响，可视为随机过程。"物理递阶分析组合法"不仅划分出了可以逐一进行辨识的子系统群体，还可以考虑群体子系统的互相作用的内部有机组织结构，为研究多适应协调发展的油田开发规划问题提供了理论方法。

一、油田产量变化的时间序列

注水开发油田的理论和实践都已证明，在不采取任何增产措施的情形下，油田含水率达到某个阶段时，产油量将随时间的增长自然递减，产水量随时间的增长自然递增。对于不同油田，由于油层性质、流体性质及开采方式的差异，递减和递增的特点也不相同。分析大庆油田的产量构成曲线（图 3-11）：产油量和产水量是两组随时间而变化的随机变量，由于随机项的统计特性可随时间而改变，因此可确定 $Q_{\circ}(t)$、$Q_{w}(t)$ 为非平稳时间序列。

（1）以年为单位区间，以季（月）为单位时间步长，扣除对应时刻（季、月）的措施增产油量，那么产油量变化趋势是递减的。而且这种包含产油量自然递减和部分措施产量递减的趋势具有一定的规律性，因此以某一年末的产油量（这里确定为 1972 年）作为产量递减的起点，以月或季递减率作为各阶段递减率，就可以建立一类产量递减的时间序列 $Q_o(t)$，见图 3-11 曲线Ⅲ（区块 A）。

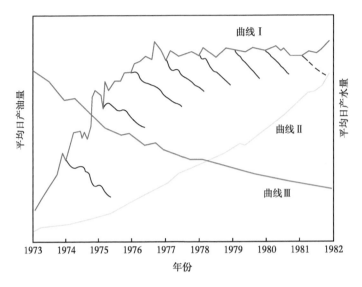

图 3-11 开发区油水产量随时间变化曲线

（2）产量的构成具有以年为单位时间的周期性特点，而一年内季（月）的产量递减是随机的，因此以每年的年初的产油量作为周期的递减基点，可以建立第二类产油量递减时间的序列 $Q_o(t)$，见图 3-11 曲线Ⅰ（区块 B）。考虑到每年新井和措施等对产量的贡献，因此，每年年初的产油量是明显不同的。曲线Ⅰ和曲线Ⅲ属于不同区块，绘制在同一曲线图上是为了说明问题。

（3）油田产量预报是为油田规划提供依据的，而油田规划不但有产油量的约束，同时又有产水量的限制，因此，还要建立油田产水量时间序列 $Q_w(t)$，见图 3-11 曲线Ⅱ。应用自适应预报方法建立油田产量预报模型，主要依赖于产量变化时间序列递减或递增的统计规律性。

二、物理递阶分析组合法

以"物理递阶分析组合法"为基础的模型，若其中含有非线性和线性随机部分的复杂模型，应分步骤、分批次处理；先应用线性部分建模和"滤波"，把它们化简为无噪声影响的动态确定性部分 $\hat{u}(k)$ 听候留用，处理了线性部分之后，原系统就转化为带有线性部分 $\hat{u}(k)$ 的非线性随机系统：

$$Q_o(k) = Q_o(k-1)ED(k-1) + \hat{U}_o(k) + \xi_o(k) \tag{3-63a}$$

$$Q_w(k) = Q_w(k-1)EG(k-1) + \hat{U}_w(k) + \xi_w(k) \tag{3-63b}$$

与上一节一样，在处理式（3-63a）和式（3-63b）两分系统时，必须对 $Q_o(k)$ 及 $Q_w(k)$

进行滤波，同时还要辨识 $ED(k-1)$ 和 $EG(k-1)$。这种问题选用了非线性广义 Kalman 滤波法取得了成功。广义 Kalman 滤波方法使用起来比较复杂，但是将式（3-63）分别独立进行分析可以大幅简化。即便是两式独立进行，应用广义 Kalman 滤波法，还是比使用其他递推方法要复杂一些。然而，不如此不可能同时消除各项参数中所带来的观测误差。

式（3-63a）和式（3-63b）两式内，$\hat{U}_o(k)$ 代表措施产油量，20 世纪 70 年代和 80 年代，油井措施主要考虑 7 类，分别是压裂、堵水、放大油嘴、加密井、射孔补层、由喷转抽和换大泵等，而水井措施主要考虑 4 类，分别为调整吸水剖面（分层配注）作业量、注水量、加密注水井和注水井补层等。$\hat{U}_w(k)$ 为措施产水量，它们已经不带观测误差了，但是 $Q_o(k)$ 及 $Q_w(k)$ 两个状态分量中还带有误差。油井各类措施引起的总的增油量和产水量可以表示为：

$$\hat{U}_o(k) = \sum_{I=1}^{11} \hat{c}_o(I,k) \dot{U}(I,k) \tag{3-64a}$$

$$\hat{U}_w(k) = \sum_{I=1}^{11} \hat{c}_w(I,k) \dot{U}(I,k) \tag{3-64b}$$

$\dot{U}(I,k)$ 为各种措施在 k 时刻用量，$I=1$，2，…，7 表示措施类别序号，前 7 类为油井措施，后 4 类为注水井措施。例如 $c(8,k)$ 为调整吸水剖面一次，生产井增油见效情况，$c(10,k)$ 为增加一口注水井（在 $k-1$ 时刻）生产井效果。

广义 Kalman 滤波法，可以对 $Q_o(k)$ 及 $Q_w(k)$ 滤波，同时还可辨识 $\hat{E}D(k-1)$、$\hat{E}G(k-1)$ 两个估值。注水开发油田，注水井数和注采井网变化会引起水驱控制程度 $\lambda_o[c_s(k),k]$ 的变化。经过"物理递阶分析"之后，处在油田开发管理阶段，以调整吸水剖面和增加注水井为例，有四个时变参数待辨识，即

$$\xi_o(k), \lambda_o[c_s(k),k], c(8,k), c(10,k)$$

其中 $\{\xi_o(k) / \lambda_o[c_s(k),k]\}$、$c(8,k)$、$c(10,k)$ 三个参数序列彼此独立，$\xi_o(k)$ 与 $\lambda_o[c_s(k),k]$ 不相互独立，故求得前三者是可行的。若想把比值拆解开来，分别把分子 $\xi_o(k)$ 和分母分别都求出来，则是不可行的，除非再增加一个特别的条件。在此情况下，既然可以把比值求出来，作为比值，可得到唯一解，也就是只要在定义域：$0 < \lambda_o[c_s(k),k] \leq 1$ 内任选一个值，都可以辨识出同样的比值，那也就是说，存在补充条件：不同 $\lambda_o[c_s(k),k]$ 条件下成立：

$$\left\{ \frac{\xi_o(k)}{\lambda_o[c_s(k),k]<1} \right\}^{②} = \left\{ \frac{\xi_o(k)}{\lambda_o[c_s(k),k]=1} \right\}^{①} \tag{3-65a}$$

为了简化下面公式表述，用①和②表示两种条件，即①表示 $\lambda_o[c_s(k),k]=1$，②表示 $\lambda_o[c_s(k),k] < 1$。

于是可得到公式：

$$\hat{\lambda}_o\left[c_s(k),k\right]=\xi_o^{②}(k)/\xi_o^{①}(k) \tag{3-65b}$$

$$\begin{aligned}\hat{\xi}_o^{②}(k)&=\hat{\xi}_o^{②}(k)\Big|_{\{\lambda_o[c_s(k),k]\}<1}\\\hat{\xi}_o^{①}(k)&=\hat{\xi}_o^{①}(k)\Big|_{\{\lambda_o[c_s(k),k]\}\equiv1}\end{aligned} \tag{3-65c}$$

式（3-65c）与式（3-65b）把 $\hat{\lambda}_o[c_s(k),k]$ 与 $\hat{\xi}_o(k)$ 分开了。

前面提出的分别辨识 $\hat{\lambda}_o[c_s(k),k]$，$\hat{\xi}_o(k)$，$\hat{c}(8,k)$，$\hat{c}(10,k)$ 的目的实现了，它们都是重要的结果。

式（3-65b）给出了控制程度估值 $\hat{\lambda}_o[c_s(k),k]$，这使开发管理问题研究迈出了新的一步，它是 $c_s(k)$ 油藏内油砂体面积权衡平均值的函数，这就是说，当使用这个函数时，必须先确定 $c_s(k)$ 随开发时间 k 的函数。以往也曾遇到过这个问题，如果在开发方案设计研究之时，取 c_s 是个常数，并有较完备的（做好的）油砂体面积大小及其地质储量累计分布图，该油砂体面积权衡平均值，在累计分布图上查找就可知了。然而，现在情况又不同了，各有关参数都是随开发时间变化的，$c_s(k)$ 也是如此。可行的办法唯有利用油田开发动态参数反求得到。应用动态观测资料和适用于管理阶段的新公式，利用系统辨识法对它进行估值。下面就讨论这个问题。

有关控制程度与采注井数比 ε、井数油砂体面积的函数，在第十章中还会详细讨论，这里先引用以下表达式：

$$\hat{\lambda}_o\left[c_s(k),k\right]=1-\left[\varepsilon(k)\right]^{\frac{1}{2}}\times\mathrm{EXP}\left\{-\frac{0.635c_s(k)\phi[\varepsilon(k)]N_w(k)}{S_n(k)\times10^4}\right\} \tag{3-66a}$$

定义：

$$y^k=\left[y(k),y(k-1),\cdots,y(k-k_r)\right]$$

$$y(k)=\hat{\lambda}_o\left[c_s(k),k\right]=\hat{\lambda}_o\left[\theta(k),k\right]$$

并且令：

$$y(k)=f\left[y^{k-1},U^k,\theta(k),k\right]+v(k) \tag{3-66b}$$

式（3-36）内考虑了历史上记录 y^{k-1}，考虑了历史和现实的观测记录 U^k，从上述信息中辨识 k 时刻的参数 $\theta(k)$，$f[\cdot]$ 即表达式（3-66b）右端的函数。

式中：U^k 为当前和历史测量，已知；y^{k-1} 和 $y(k)$ 为历史各时刻的记载；$\theta(k)$ 为对多步递阶中第 k 步待辨识参数。

在上述说明中，$y(k)\in R^1$ 为一维输出；$U(k)$ 是 n 维输入；$\theta(k)$ 是一维参数；$v(k)$ 是一维噪声。对于前面所提出的预报模型，应用韩志刚所提出的"推广的递推梯度法"，估值参数 $\theta(k)$。递推公式：

$$\hat{\theta}(k) = \hat{\theta}(k-1) + \delta \left\| \nabla\theta(k-1)f\left[y^{k-1}, U^k, \hat{\theta}\sqrt{b^2-4ac}\,(k-1), k\right] \right\|^{-2}$$

$$\times \nabla\hat{\theta}(k-1)f\left[y^{k-1}, U^k, \hat{\theta}(k-1), k\right] \times \left\{ y(k) - f\left[y^{k-1}, U^k, \hat{\theta}(k-1), k\right] \right\} \qquad (3\text{-}66\text{c})$$

式内 δ 为适当的正实数，在 0.7~0.8 之间；而：

$$\nabla\hat{\theta}(k-1)f\left[y^{k-1}, U^k, \hat{\theta}(k-1), k\right] = \frac{\partial}{\partial\theta}f\left[y^{k-1}, U^k, \theta, k\right]\Big|_{\theta=\hat{\theta}(k-1)} \qquad (3\text{-}66\text{d})$$

补充说明：（1）选用参数 δ 很重要，视数据粗糙和光滑而定，数据光滑者 δ 选大一些，否则选小一些；（2）从 k_r 起到 k_f 这段时间止，在递推过程中参数序列渐趋平稳为正常，收敛情况视 $\left| y(k) - f\left[y^{k-1}, U^k, \hat{\theta}(k-1), k\right] \right|$ 绝对值逐渐减小与否为鉴别标准，若递推一次尚未收敛，可进行第二次，甚至第三次；（3）这个辨识方法曾在大庆油田采油二厂和喇萨杏其他地区使用过，效果良好；（4）一旦得到 $\hat{c}_s(k)$ 估值之后，可用于许多研究工作。

三、"物理结构递解分析组合法" 预测油水产量

在本书的研究工作中推导出了两个重要基础公式，离开了这两个基础公式，许多成果就难以形成，它们是 $ED(k-1)$ 和 $EG(k-1)$ 两个复杂函数，在有开发记录的阶段，它们可以被辨识出来，得到了估值 $\hat{E}D(k-1)$ 及 $\hat{E}G(k-1)$，然而只在时间域 $k_r \leqslant k \leqslant k_f$ 内可行。但是本书所讨论的问题经常跨越这个时段，特别是当 k 超越 k_f（辨识终结时刻）。又因为这两个函数几乎受到了所有控制量的影响，复杂到了不可用统计外推估值法，严重束缚了未来的研究工作。

定义两个系数 $D_o(t)$，$D_w(t)$，前者为产油递减率，后者为产水递增率。

$$D_o(t) = -\frac{1}{\hat{Q}_o(t)}\frac{d\hat{Q}_o(t)}{dt} \qquad (3\text{-}67\text{a})$$

$$D_w(t) = \frac{1}{\hat{Q}_w(t)}\frac{d\hat{Q}_w(t)}{dt} \qquad (3\text{-}67\text{b})$$

设离散时间 $k_r \leqslant k \leqslant k_f+1$。$\forall t \in [k-1, k]$，在此区间内，公式（3-67a）和式（3-67b）在 $[k-1, k]$ 月内分别对它们积分得到：

$$\int_{k-1}^{k} D_o(t)dt = -\ln\left[\hat{Q}_o(k)/\hat{Q}_o(k-1)\right] \qquad (3\text{-}67\text{c})$$

$$\int_{k-1}^{k} D_w(t)dt = \ln\left[\hat{Q}_w(k)/\hat{Q}_w(k-1)\right] \qquad (3\text{-}67\text{d})$$

两端进行指数函数变换，得：

$$\mathrm{EXP}\left[\int_{k-1}^{k} D_o(t)dt\right] = \hat{Q}_o(k)/\hat{Q}_o(k-1) \qquad (3\text{-}67\text{e})$$

定义，$\hat{E}D(k-1)=\text{EXP}\left[-\int_{k-1}^{k}D_o(t)\mathrm{d}t\right]$ 故有：

$$\hat{Q}_o(k)=\hat{E}D(k-1)\hat{Q}_o(k-1) \tag{3-67f}$$

$\hat{E}D(k-1)$ 定名为产油量每月递减剩余率，且有 $0<\hat{E}D(k-1)<1$。

同样道理，对于式（3-67b），两端同时在 $\forall t\in[k,k-1]$ 内积分，然后，两端进行指数函数变换，并定义 $\hat{E}G(k-1)=\text{EXP}\left[\int_{k-1}^{k}D_w(t)\mathrm{d}t\right]$，则有：

$$\hat{Q}_w(k)=\hat{E}G(k-1)\hat{Q}_w(k-1) \tag{3-67g}$$

$\hat{E}G(k-1)$ 名为产水量每月递增率，$\hat{E}G(k-1)>1$。

式（3-67d）和式（3-67e）分别给出了 $\hat{E}D(k-1)$ 及 $\hat{E}G(k-1)$ 两个参数序列的定义。下面转去研究它们的估值公式。设油藏产液量为 $\hat{Q}_l(k)=\hat{Q}_o(k)+\hat{Q}_w(k)$，依据式（3-67d）：

$$\hat{E}D(k-1)\equiv\frac{\hat{Q}_l(k)\left[1-\hat{F}_w(k)\right]}{\hat{Q}_l(k-1)\left[1-\hat{F}_w(k-1)\right]}\equiv\frac{\hat{Q}_l(k)}{\hat{Q}_l(k-1)}\times\left\{1+\frac{c(k)}{1-\hat{F}_w(k-1)}\right\} \tag{3-68a}$$

依据公式（3-67g）：

$$\hat{E}G(k-1)\equiv\frac{\hat{Q}_l(k)\hat{F}_w(k)}{\hat{Q}_l(k-1)\hat{F}_w(k-1)}\equiv\frac{\hat{Q}_l(k)}{\hat{Q}_l(k-1)}\times\left[1+\frac{c(k)}{\hat{F}_w(k-1)}\right] \tag{3-68b}$$

参数 $\hat{Q}_o(k)$，$\hat{Q}_w(k)$，$\hat{F}_w(k)$，$\dot{U}(9,k)$，它们都是地面状态下的参数序列，然而，下面将用到它们的地下状态序列值。考虑油水密度和体积系数，产油量及产水量在地下体积分别为 $\hat{Q}_o(k)b_o[p(k)]/\rho_o[p(k)]$ 及 $\hat{Q}_w(k)b_w[p(k)]/\rho_w[p(k)]$。对于注水井，设每月地面条件下的注水量为 $\dot{U}(9,k)$，地下条件下水的体积系数和密度分别为 $b_w[p(k)]>1$ 和 $\rho_w[p(k)]$，则注入水的地下体积为 $\dot{U}(9,k)b_w[p(k)]/\rho_w[p(k)]$。

地下体积注采平衡应满足以下关系式：

$$\gamma(k)\dot{U}(9,k)=\hat{Q}_o(k)\frac{b_o(k)}{b_w(k)}\times\frac{\rho_w(k)}{\rho_o(k)}+\hat{Q}_w(k) \tag{3-68c}$$

设 $\gamma(k)$ 近于 1，表示瞬时围绕注采平衡线波动情况，在生产记录中可以去找，等式（3-68c）左右两端物理量及参数都是有记载的。至于预测未来发展，靠 $\hat{E}D(k-1)$ 及 $\hat{E}G(k-1)$ 两个系数和产油、产水、注水量预测公式。产油量、产水量在 $k_r\leqslant k\leqslant k_f$ 时段皆已知，未来数值依靠产油及产水未来计算公式，而那些公式中都受控制量影响。那些控制量在调用计算环境下给出。未知的控制量在最优控制运算环境中计算输出。注采平衡公式，也就是充当控制分量 $\dot{U}(9,k)$ 的输出公式，在获得式（3-68c）右端项数据之后，同时

可得到左端 $\dot{U}(9,k)$ 数值。

如何在求解状态 $\hat{Q}_o(k)$ 和 $\hat{Q}_w(k)$ 递推计算中求得 $\hat{c}(k)$ 的真值？在本节讨论的问题中，求解 $\hat{Q}_o(k)$ 及 $\hat{Q}_w(k)$ 时就必须应用到 $\hat{c}(k)$ 数值，所以 $\hat{c}(k)$ 在前一步就应给出，这就成为一个有趣的问题。$\hat{c}(k)=\hat{F}_w(k)-\hat{F}_w(k-1)$，但其中的 $\hat{F}_w(k)=\hat{Q}_w(k)/\left[\hat{Q}_o(k)+\hat{Q}_w(k)\right]$，尚未知。解决办法只有一条，在 k 时刻之前，先安排一个求解 $\hat{c}(k)$ 的专用函数作为子系统，及时调用之。

先温习两个公式：

$$\begin{cases} \hat{Q}_o(k)=\hat{Q}_o(k-1)\hat{E}D(k-1)+\hat{u}_o(k)+\hat{\zeta}_o(k) \\ \hat{Q}_w(k)=\hat{Q}_w(k-1)\hat{E}G(k-1)+\hat{u}_w(k)+\hat{\zeta}_w(k) \end{cases} \tag{3-69}$$

其中：

$$\hat{F}_w(k)=\hat{Q}_w(k)/\left[\hat{Q}_o(k)+\hat{Q}_w(k)\right]$$

$$\hat{c}(k)=\hat{F}_w(k)-\hat{F}_w(k-1)$$

于是有：

$$\hat{c}(k)+\hat{F}_w(k-1)=\frac{\hat{Q}_w(k-1)\hat{E}G(k-1)+\hat{u}_w(k)+\hat{\zeta}_w(k)}{\hat{Q}_w(k-1)\hat{E}G(k-1)+\hat{Q}_o(k-1)\hat{E}D(k-1)+\hat{u}(k)} \tag{3-70}$$

式（3-70）中 $\hat{u}(k)=\hat{u}_o(k)+u_w(k)+\hat{\zeta}_o(k)+\hat{\zeta}_w(k)$。在式（3-70）内除了 $\hat{c}(k)$ 为未知参数，将 $\hat{E}D(k-1)$ 和 $\hat{E}G(k-1)$ 的计算公式式（3-68a）和式（3-68b）代入式（3-70），可以得到一个未知变量 $\hat{c}(k)$ 的一元二次方程式，直接应用求解公式就可以得到关于 $\hat{c}(k)$ 的估值，即把上述公式经过整理之后归并为一个典型的二次式：

$$A(k)\left[\hat{c}(k)\right]^2+B(k)\hat{c}(k)+D(k)\equiv0, \quad k_r\leqslant k\leqslant k_f+1 \tag{3-71}$$

其中：

$$G(k)=\frac{\hat{Q}_l(k)}{\hat{Q}_l(k-1)}$$

$$\hat{u}(k)=\hat{u}_o(k)+u_w(k)+\hat{\zeta}_o(k)+\hat{\zeta}_w(k)$$

$$A(k)=G(k)\left[\frac{\hat{Q}_w(k-1)}{\hat{F}_w(k-1)}+\frac{\hat{Q}_o(k-1)}{1-\hat{F}_w(k-1)}\right]>0$$

$$B(k)=G(k)\hat{Q}_o(k-1)+\hat{U}(k)+A(k)\hat{F}_w(k-1)>0$$

$$D(k)=-\hat{\mu}_w(k)-\hat{\xi}_w(k)+\hat{F}_w(k-1)\hat{u}(k)<0$$

应用二次式求根定理得：

$$\hat{c}(k) = \left\{ -B(k) + \left[B^2 - 4B(k)D(k) \right]^{\frac{1}{2}} \right\} / 2A(k), \quad k_r \leqslant k \leqslant k_f + 1 \qquad （3-72）$$

根据 $A(k)$、$B(k)$、$D(k)$ 各参数的数学符号可以判定，式（3-40）有单根，并且 $\hat{c}(k) > 0$ 符合它的物理意义要求。利用式（3-71）至式（3-72）及相关参数单独编一个子函数程序名为 SOLUT$[\hat{c}(k)]$，并把它放在递推求解 $\hat{Q}_o(k)$、$\hat{Q}_w(k)$ 及 $\hat{F}_w(k)$ 之前的位置处被调用，调用后，可输出 $\hat{c}(k)$ 估值。

在结束本节之时，笔者深深感到，其中的"物理结构递阶分析与组合法"是一个运行的前奏。从研究对象这个整体，不但划分出了可以逐一进行辨识的子系统群体，还厘清了该群体的互相联系、互相依靠、互相作用的内部有机组织结构，参数清楚，结构明了，为创建这个多适应协调发展的油藏管理系统提供了必要条件和充分条件。这套组合法20世纪80年代在大庆采油二厂和喇萨杏其他地区分别成功应用过，无论上述哪个指标都很满意。该方法应用的主要经验是，既正确提供模型，又正确选用相应的系统辨识方法，两者结合良好，是专业知识与支撑技术牢固结合的成绩。

本章小结

（1）本章介绍了系统参数辨识应用实例和产油量、产水量动态预报模型。预报模型考虑了油田开发过程的时变性和随机干扰，用带时变噪声统计系统的自适应滤波算法可以明显改进传统预报方法的精度。

（2）"物理结构递阶分析与组合法"不但划分出了可以逐一进行辨识的子系统群体，还厘清了该群体的内部有机组织结构，为创建多适应协调发展的油藏管理系统提供了必要条件和充分条件，在大庆油田采油二厂和喇萨杏其他地区注水开发油田稳产规划设计研究中得到应用，具有实用价值。

参 考 文 献

[1] 施文.注烃类气体多次接触混相过程的数值模拟研究[J].石油勘探与开发，1993，19（S）：162-168。

[2] Nghiem. Robust iterative method for flash calculations using the Soave-Redlich-Kwong or the Peng-Robinson equation of state[J]. SPEJ（Jun.1983），521-530.

[3] Rakesh K, Mehra. Computation of multiphase equilibrium for compositional simulation[J]. SPEJ（Feb. 1982），61-68.

[4] 叶继根，齐与峰，郭尚平，等.一种多组分相平衡计算的优化方法[J].石油勘探与开发，1996，23（2）：84-87，118.

[5] 齐与峰，章欣.油层研究的控制论方法[J].石油学报，1984（4）.

[6] Qi Yufeng, Zhang Xin. Parameter estimation in a naturally fractured Reservoir by the method of Cybernetics[J].SPE14864, 1986.

[7] 齐与峰，叶继根.多断块油田地下连通状况识别与新井位最佳设计法[J].石油学报，1990（1）：9.

[8] 齐与峰，赵永胜.油气田开发系统工程方法专辑二[M].北京：石油工业出版社，1991.

[9] 邓自立，郭一新.油田产油、产水量动态预报[M].北京：石油工业出版社，1991.

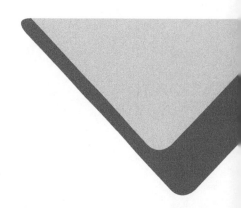

第二篇　沉积岩自组织结构和逐次油藏表征定量化

第四章 观测数据及集成综合分析

勾画油藏内部组织结构，采集观测数据是重要环节之一。钻井取岩心是直接测试方法，测井、地震测量是第二信息，由第二信息通向对岩性尺度的认识还有赖于信息的转化和各种信息尺度的认知。试井测试，直接得到井点周围环形带内有效渗透率与有效厚度的乘积，也是一种直接测量方式，但得到了含义不同的结果。地震信号有多种属性，集中反映厚度与孔隙度乘积在空间上的分布，但其灵敏度只能解释 7.4m 以上的地层（现在的技术已达到 3m 以上），对于研究岩性变化，尚感不足。直接测量出的岩样孔隙度、渗透率等物理参数，十分珍贵，但代价很高。因此，油藏表征研究工作，面临的第一个任务是这些来历不同的信息，如何使用？集成综合是解决使用问题的第一步，接下来还有其他一系列综合集成（统筹）课题。

西方现把试井与物理测井合并称为电缆测井（WFT），同核磁测井（NMR），两者的结合，被认为是一种有前途的，无须增加花费，就能进一步提高整体应用效果的结合，并认为 NMR 与 WFT 测试，给出了两者契合的效果，现在先从这个课题开始。因为 WFT 提供了井位上离散的基于岩石内流体流动规律的、（扣除了井筒体积后）围绕井心环形带内平均尺度的厚度与渗透率乘积；而 NMR 法，对孔隙空间内被流体占据的岩石有效孔隙度、孔隙大小分布、束缚水和可流动流体饱和度等做出测试解释，这些被解释又与渗透率有关系，从这个角度上深入问题，这是契合的互辅基础。

第一节 NMR 与 WFT 法联合

本节研究 WFT 渗透率与 NMR 渗透率集成问题。据文报道[1-3]，该方法已应用于油田实际，可获得与取岩心测量的相同效果，能给未取心井或未取岩心井段使用。虽然地震数据目前被广泛应用于识别油藏体的构造，但是，在用于识别岩石性质方面，渴望这一天早日到来。为此已给它留下了通道。不止如此，三维地震勘测和测井技术结合，分析多种地震属性，并将它们与井位岩性数据拉上关系，此项研究也取得了良好效果。

孔隙度和渗透率是描述油藏的关键参数。由电缆测井，结合三维地震数据，可从中取得出色的油藏孔隙模型。渗透率的取得，有赖于良好的渗透率与孔隙度回归关系，而且这一回归关系还直接影响最终油藏研究的结果。因为岩心稀少而昂贵，孔隙度与渗透率回归关系又经常受到多方面影响。面临此情况，新发展起来的核磁共振技术（NMR），提供了纵向连续孔隙度剖面，借助高才尼公式就可转化成渗透率剖面，电缆测试结果细化到了更小尺度，与表征油藏纵向非均质的要求相契合，且与 NMR 测量尺度相匹配。

一、核磁共振方法

早期的学者们认为，NMR 测量对于提供孔隙度、孔隙大小分布、渗透率都具有潜力，并试图用作井下测量。但后来经证实，这是很烦琐的。不久，一种新观念 [4] 的出现，极大地简化了测量手续，提高了获取数据的价值。如今，世界上 NMR 测井，在许多领域被称为常规技术，作为裸眼井地层评价序列中之一员。NMR 给油藏物理学者提供两类数据：与孔隙内矿物性质无关的孔隙度；T_2 衰退分布曲线。这种测量技术，实质上就是计算与外界磁场相匹配的氢质子个数，然后在此基础上，监测氢质子自旋随时间相位变化。初始条件下，与外界磁场匹配的质子数目，正比于孔隙度数值。但后续的回声幅度发生了变化（称为横向松弛），它随特征时间呈拟指数型衰减，如图 4-1a 所示 [5]。图 4-1a 中横坐标是时间（ms，毫秒），纵坐标为回声孔隙度 ϕ_e。初始信号振幅仅与孔隙空间内氢质子密度有关。由于岩石骨架中对氢（泥岩中的 OH）不太敏感，故认为孔隙度测量与矿物含量无关。为了测定衰减曲线，需重新划定横向磁化间隔脉冲。此脉冲是随后召回的 NMR 信号，被记为回声。在梯度磁场内（或在非均质磁场内），T_2 视衰减率与回声间隔 TE（通常使用的回声间隔为 0.6ms、1.2ms 等）有关，采用这些数值，流体及扩散影响很小。然而，对于极轻质碳氢化合物及气体，它们有不可忽视的影响。

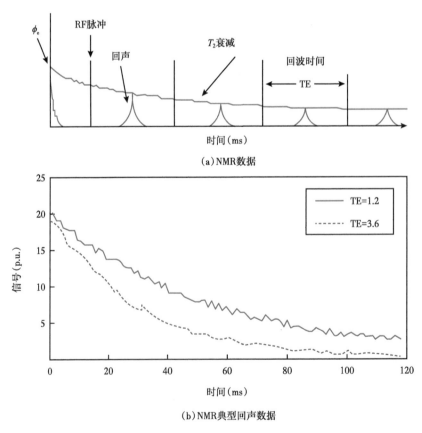

（a）NMR 数据

（b）NMR 典型回声数据

图 4-1　NMR 数据获取和 NMR 典型回声数据 [5]

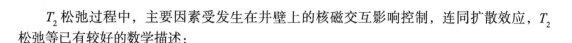

T_2松弛过程中，主要因素受发生在井壁上的核磁交互影响控制，连同扩散效应，T_2松弛等已有较好的数学描述：

$$\frac{1}{T_2} = \frac{1}{T_{2bulk}} + \frac{\lambda}{T_{2surf}} \times \frac{S}{V} + \frac{1}{T_{2D}} \tag{4-1}$$

式中：T_{2bulk}为孔隙空间内体积流体的松弛时间；T_{2surf}为邻近砂粒表面的分子层内流体的松弛时间；λ为砂粒表面流体层的厚度；S，V分别为孔隙表面面积及岩石体积；T_{2D}为由扩散因素引起的松弛时间。

前面已明确，扩散因素可以忽略，其体积因素T_2对于水而言，只有几个毫秒的数量级，相比观测的T_2，仅有几百毫秒及以下，因此，式（4-1）可以简化为：

$$\frac{1}{T_2} = \rho_s \frac{S}{V} \tag{4-2}$$

式中：ρ_s为碎屑岩颗粒表面的松弛度（0.003~0.03cm/s），碳酸岩松弛表面小于0.003cm/s。

完全饱和水的孔隙系统，T_2用S/V比值度量。大孔隙情形下，因总表面与总孔隙体积比值较小，松弛时间T_2加长。相反，小孔道岩石，有较大的总孔隙表面积与岩石总体积比值，因而T_2数值减小。岩石孔道大小谱与对应松弛时间T_2谱关系如图4-2所示，参考文献[5]，图上T_2截止值在后面解释。

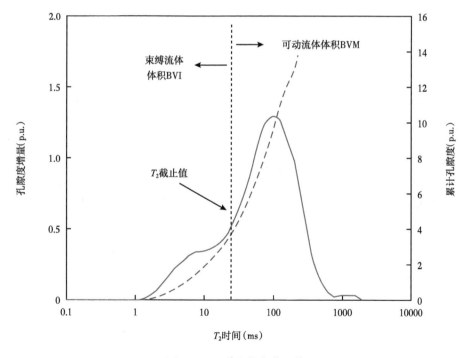

图 4-2　T_2谱和指定截止值

因T_2谱与孔隙大小分布有关，故测得的回声数据可换成T_2谱。在饱和单相流体时，前后对应密切有关。由回声导出的T_2谱，可度量孔隙度，为无量纲量，用小数表示。T_2 谱整体（T_2 时刻对应的孔隙度之和），即 NMR 孔隙度；但是，实际上由 NMR 所测得的，还不只如此，除此之外，还能将其区分为快衰变流体部分（束缚水 BVI）和自由流体部分 [6]。通常黏土束缚水松弛，在几个毫秒以下 [7]，如此看来，若用足够短的时间（TE=0.6ms），且认真记录了早期的回声（0~4ms 间），集成结果将是黏土束缚水的度量。碎屑岩石，TE 在 4~32ms 间，T_2 集总及其余部分如图 4-2 所示，例如 32ms 到无穷毫秒之间，划分为可流动及不可流动流体部分，截断值 $T_{2\text{cutoff}}$。

碎屑岩石系统内，NMR 的 T_2 数据已被成功地应用于估算渗透率（日常应用几种解释模型），由 T_2 谱得出渗透率。文献 [8] 建议，可流动流体与岩石渗透率之间存在如下关系：

$$K = 0.136\ \phi^{4.4}/S_{\text{wir}}^3 \qquad (4-3)$$

文献 [9] 建立了渗透率与 T_2 平均值之间的关系：

$$K_{\text{NMR}} = CT_{2\text{gm}}^2 \phi^4 \qquad (4-4)$$

式中：K_{NMR} 为 NMR 法测量的渗透率；$T_{2\text{gm}}$ 为 T_2 的平均值；C 为常数，需要对不同油藏和油层分别进行调整；ϕ 为孔隙度；S_{wir} 为束缚水饱和度。

文献 [10] 前进了一步，应用可流动流体及不可流动流体饱和度分类，建立了它们与渗透率的关系式，其中隐含 T_2 平均值：

$$K = \left(\frac{100\phi}{C}\right)\left(\frac{S_{\text{movable}}}{S_{\text{wir}}}\right) \qquad (4-5)$$

式中：S_{movable} 是可流动流体饱和度，它等于（$1-S_{\text{wir}}$）；S_{wir} 为体积内不可流动流体饱和度；C 为地层比常数。

当孔隙内有碳氢化合物存在时，文献 [10] 特别有用处，在亲水岩石中含液态碳氢化合物，式（4-3）及式（4-4）就不适应了。因为在此情况下，碳氢化合物与岩石颗粒隔绝，不能经受表面松弛。岩石孔隙内既有油又有水，孔隙空间骨架结构上存在碳氢化合物吸附层，此时就不会呈现与 S/V 相关的 T_2 松弛现象了，并且远比完全被水饱和的岩石平均 T_2 要增大，在含油地段引起偏高渗透率估值。此时，应用式（4-5）将不会受到影响。在使用式（4-5）之前，预先利用 WFT 和 NMR 法两种数据集成法，确定式（4-5）中的常数 C。

二、渗透率校正的 WFT 和 NMR 法

NMR 渗透率得到了岩心渗透率的校正，但是，测井技术的发展淡化了这种念头，因为岩心资料过于昂贵。测井法解释井筒纵向渗透率剖面，已无须赘述。为了对比测井渗透率与 NMR 渗透率，把两种方法解释出的渗透率之间差值，求平方和之后，生成一个与 C 常数有关的函数，见文献 [5] 和图 4-3。纵坐标为误差平方和，横坐标为待估参数 C，图 4-3 显示，当 C=14.5 时总误差最小，完成了两方法之间校正。图 4-3 右半部分是井筒内渗透率剖面解释。

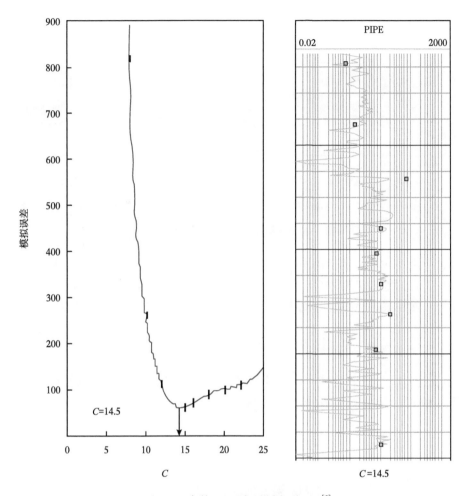

图 4-3 参数 C 识别及纵剖面解释 [5]

第二节 纵向流动单元

一、流动单元划分

为了细化油层物性解释，在单层内部及油层与围岩之间，按照影响流动性质的差别，提出了划分流动单元。在油藏表征中，流动单元的概念广泛使用。划分流动单元的基础，是在获得了渗透率和孔隙度数据可靠纵剖面之后的一项研究内容。文献 [5，11] 利用岩心和测井数据，识别水动力学流动单元，并估计未取心井段（或井）的渗透率。该学者先定义了"油藏质量指数 RQI"，指定用 $RQI = 0.0314\sqrt{\dfrac{K}{\phi}}$ 公式计算。由此公式可知，RQI 其实是岩石平均孔道半径的概念，等同于高才尼公式。

由 RQI 公式绘制出渗透率和 RQI 与孔隙度的关系，如图 4-4 所示。

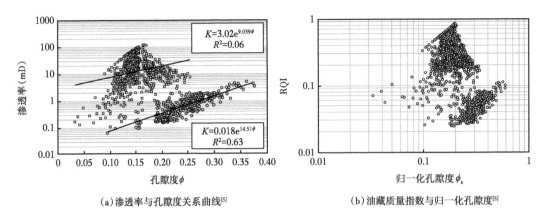

(a) 渗透率与孔隙度关系曲线[5]　　　　(b) 油藏质量指数与归一化孔隙度[5]

图 4-4　渗透率和 RQI 与孔隙度的关系

尽管这类曲线按具体油田情况进行制作，但是其相关性比较差，为此还要进行一系列改进，作相关性的处理。高才尼—卡曼公式，是把孔隙介质简化为细管束，束内各细管半径（r）相等，然后根据毛细管内流体流动规律，由泊耶斯公式推导出的，经整理后得到：

$$K = \frac{1}{8} \phi \frac{r^2}{\tau^2} \qquad (4\text{-}6)$$

式中：τ 为孔道弯曲度。若将式（4-6）中孔道半径用岩石比表面（即单位体积岩石内孔隙内表面积总和）代替，高才尼—卡曼公式则可以改写为：

$$K = \frac{\phi_e^3}{(1-\phi_e)^2} \times \frac{1}{F_s \tau^2 S_{gv}^2} \qquad (4\text{-}7)$$

式中：K 为经 FWT 法校正后的 NMR 渗透率，cm^2；ϕ_e 为 NMR 有效孔隙度；F_s 为形态因子；S_{gv} 为比表面，cm^{-1}。公式（4-7）两端用 ϕ_e 除后、开方、取对数，得：

$$\lg\left(\sqrt{\frac{K}{\phi_e}}\right) = \lg\left(\frac{1}{S_{gv}K_Z^{0.5}}\right) + \lg\left(\frac{\phi_e}{1-\phi_e}\right) \qquad (4\text{-}8)$$

式中：$K_Z = F_s \tau^2$，为高才尼—卡曼常数。

在式（4-8）指引下，视 $\left(\dfrac{\phi_e}{1-\phi_e}\right)$ 为归一化孔隙度，$\lg\left(\dfrac{1}{S_{gv}K_Z^{0.5}}\right) = F_{ZI}$ 称为流动带指数，

并设 $\phi_Z = \dfrac{\phi_e^3}{(1-\phi_e)^2}$。式（4-8）是推理得到的渗透率的对数与孔隙度关系，是复杂的，因此

图 4-4a 的坐标并不适合，实际情况也确实如此，如两者的相关性很差，相关系数只在 0.03~0.06 范围。另外理论公式还指出，油藏质量指数对数与归一化的孔隙度对数之间，坐标选择是正确的，并且回归线的斜角为 45°，这与图 4-4b 互相一致。实际图形上，斜率与理论值相近，但数据依然分散，相关程度仍然很差；尽管如此，数据点之间可分成两个集合，暗示数据总体中存在两个不同的流动单元。但是，用此图还难以说清流动单元的个

数，有待进一步处理。

二、群分类及其敏感度分析

群分析的基本理念是，确定每个数据云的最佳中心，或说用群的识别指标去分割总体数据中的类别，使群内分散变化性减小，让群间距离拉大。在这个理念下，做群分析时，必须引入一个偏差度，因为数据群的个数未知。而这个偏差度，通过流动单元的正确划分与敏感性分析来消除。

在流动单元形成过程中，输入的自变量与已知的不精确性及不确定性相连在一起，因此产生了在流动单元之间，统计学上互相不独立。如果计算中出现的不确定性造成流动单元之间互相覆盖，两个单元之间分界模糊，则难以评判。

敏感性分析中，用 RQI 及 FZI，基于均方根方程去计算误差边界。例如，若 $y=f(x_1, x_2, \cdots, x_m)$ 是均方根方程，$\Delta x_i (i=1, 2, \cdots, n)$ 是变量误差，即各自变量与该自变量真值之间的差值。误差函数 y 对自变量求偏导数之后，可见到由各自变量的误差所引起的因变量误差，用式（4-9）表示：

$$\Delta y = \pm \left\{ \left[\left(\frac{\partial y}{\partial x_1} \right) \Delta x_1 \right]^2 + \cdots + \left[\left(\frac{\partial y}{\partial x_n} \right) \Delta x_n \right]^2 \right\}^{0.5} \tag{4-9}$$

应用式（4-9），可计算出每个群内的误差边界。于是，许多群内数据就合并到各自流动单元之中。如图 4-5 和图 4-6 所示，详见文献 [5]。图 4-5 和图 4-6 中左边标有一些不同颜色等级，FU1 ~ FU6，分别用不同颜色表示不同的群组（分类），即不同的流动单元。

图 4-5 纵坐标为油藏质量指数对数，横坐标为归一化孔隙度对数。图 4-6 纵坐标是渗透率对数；横坐标是孔隙度。两图均表示六个流动单元之间互相区分状况，较图 4-4 有许多改进。

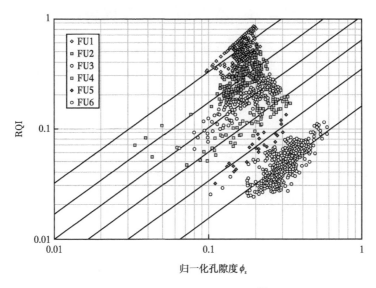

图 4-5 流动单元集群分类[5]

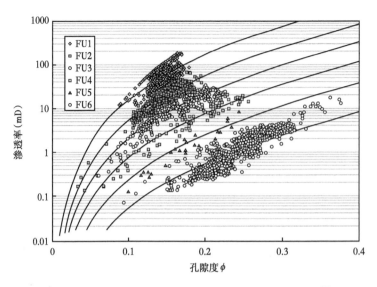

图 4-6　常规坐标下孔隙度与渗透率关系的群组分类 [5]

这里所划分的流动单元，是应用 NMR 与 FWT 法联合导出的渗透率剖面和孔隙度剖面为基础进行的。导出的流动单元，除后面地质研究需要而外，还提供了一个方法，即：用常规测试渗透率、束缚水等变换公式。这些方法和公式还可应用于其他沉积的储层或本储层的邻井上去，得到连续渗透率和束缚水剖面界限。图 4-5 和图 4-6 展示的六种轨迹，它们与压力恢复渗透率和 NMR 渗透率之间，合理的复合、RQI 曲线的整体形状与井段、相剖面一致，但表达的详尽性增加了流动单元、流动系数图像。以上情况也证实，NMR 有效孔隙度和经 WFT 校正过的 NMR 渗透率数据能够提供岩心质量的油藏流动单元研究、施工等现场数据。

第三节　横向流动单元划分

岩相分析用于区分流动单元、辨别孔隙类型，作为巨大油藏横向连续性考查，是有效的。通过彩色截面图绘制，进行岩相分析，描绘沉积序列、自然伽马射线、孔隙度和渗透率，之后再经群分析，用于辨识油藏物性相似性。

一、横向流动单元

油田开发时，对横向延伸的表征和建模研究，第一步，先联系油藏层段，建立地层学分层和分岩相研究。接下来，集孔隙度、渗透率、地层学单元和岩相，将它们融为一体，来定义流动单元。然后再将这些信息与生产情况、测试数据进行校核，取得一致的对相关问题的认识。中间一步，是利用岩相分析，提出关于孔隙类型和饱和度的信息。在分析时，可得到孔隙度与电阻率关系图及所绘制的纵向随深度变化的趋势图：孔隙度、电阻率、水饱和度及水体体积量（BVW）。几千次的分析证明：孔隙类型的变化及毛细作用，对孔隙度的影响是相当大的，已是众所周知的事实；不但如此，以往经验中的有效孔隙度和饱和度是描述油藏的捷径，如今认为，用于描述油藏已是不合适的了。相反，含水饱和度和水体积（BVW）与油藏海拔高度密切相关。建议：在评价横向油藏连续当中，同时对流体连续性、一致性，作为一个辅助内容，增加关于孔隙类型、纵向油藏各方向一致性；岩相分析中，关于流体及油藏连续性信息，使之在流动单元划分中，确保较牢固的建模，是重要内容[12]。

岩石总孔隙空间及其中流体饱和度，由孔隙度测井技术、密度测井、中孔测井，或超声测井及电缆测井计算得到。把孔隙度与电阻率关系绘于双对数坐标图上，孔隙大小和产率的补充信息用模式识别法导出。设 R_o 表示完全含水地带的理论电阻率，用阿尔奇公式（地层因素为 F，R_o 是完全被水饱和的岩石电阻率，R_w 是地层水电阻率，$F=R_o/R_w=a/\phi^m$ ）。某油田地层水电阻率 $R_w=0.04\Omega\cdot m$，阿尔奇参数 $a=1$，$m=1.8$，这些参数表示孔隙几何。含水饱和度不同数值，其轮廓线平行于水体基线。第二个阿尔奇公式，$I=R_t/R_o=1/S_w^n$。不同平衡线间距离，由饱和度幂次 n 确定（完全亲水者，通常 n 的数值为 2），I 为电阻率指数，R_t 是实际岩石的电阻率。平行线也可绘入图中，水体总量 BVW 是总岩石体积中的一部分，适应孔隙内没有油的情况。

文献［13］对几种油藏做过如下研究：将横穿油藏剖面的测井资料进行横向对比，随后把许多资料联系在一起，在双对数坐标下制成孔隙度—电阻率图形。图中，综合含水饱和度、整体水体体积（BVW）等，对孔隙类型和生产能力提供认识线索。生产能力自然应另行通过生产动态资料录取实测得到。这种图幅用于油藏纵横两向岩层分类，全面的情况反映在这种图上。在图幅底部的井，在随钻随测中只产盐水，因而被放弃；多数孔隙度低、含水饱和度高的地带，或许就是残余油区域。通常在油藏边界地带，就同水线相吻合。在岩相分析中，孔隙度—电阻率图是岩相分析的基础依据。数据点随深度变化，建立了岩石物性间的对应关系，这就是地层学和岩石学的单元及构造单元，即是岩相图单元。反过来，这张图又把地质和流体有关的参数联系了起来，描绘不同井之间流体和孔隙中流体的变化。

流动单元的定义，可以细化到包括相似的区域、相关的 BVW 及孔隙类型，在利用岩相分析中使用。经常遇到渗透率数据缺失或仅有它们的平均值（由孔隙度与渗透率回归关系得出的）。遇此情况下，利用岩相分析去估计孔隙类型，可帮助人们在缺失其他实体数据时，对流动单元提供新的约束条件。自然，生产数据和压力恢复曲线及地质化学测试，对进一步约束流动单元的定义也是需要的。

除地质地层学分析之外，还应做四项工作：（1）对每口剖面上的井绘制上述图幅；（2）进行油藏物理数据的群分析，以求定义独立的相似油藏性质；（3）对选好的油藏物理参数，做一系列彩色剖面；（4）利用同地质地层带、孔隙度—电阻率图、彩色测井剖面图、群分析、各井产率进行对比，汇集这些信息于流动单元定义中去。

二、群分析法

群分析详细情况见文献［14］。地质地层学各单元之间的边界，经常是不清晰的，如砂岩与碳酸岩之间，也可能不存在流体流动的隔障，但肯定会产生流动系数的改变。不但如此，就砂岩单元内部变化而言，也可能存在附加非均质，它能阻止流体的流动。群分析法用于研究油藏物性参数间的相似性，提供自动处理数据相容性，帮助区域间和井间大量参数参与比较。其中：Ward 方法作为聚集技术被选用。它包含一系列集群步骤，自第"t"

群开始，每一个群内包含一个实体。群集末端，含有所有实体的一个群。每一步骤内，两个群间的融合，使得方差缩小[14]。

群分析内，油藏物理变数有：伽马射线，深部感应电阻率，光电指数（P_e），含水饱和度（S_w），总水体积（BVW）及视渗透率，视渗透率由下述公式确定：

$$K_a = 10^4 \times \phi^{4.5}/S_w^2 \tag{4-10}$$

这里视渗透率 K_a 是含水饱和度超过束缚水饱和度时的最小估值。孔隙度（ϕ）及含水饱和度（S_w），单位用小数计。计页岩段渗透率为零（当遇到伽马射线超过 60API 单位和中子负密度测试，孔隙度大于 1 时，去掉页岩段的深度）。深度作为邻近者的约束，在群分析中也包括在内，目的是增加空间的连续性。

对每口井，从分析中造出六个分离的组。组群数目的确定准则为：第一，组群数目不宜过大，以免增加油藏建模的困难；第二，绘制每口井群的树枝状图，在此水平以下，组群易于分开；第三，组群数目可以同地震地层学的分层数目相比较，并且组群数目显示出是可用的组群。

赋给的组群由群分析导出，首先要同油藏物理数据和地质地层学区划的深度相比较。地质地层学间段和所估计的群组之间，一般是吻合的，在每个地质地层学段中，聚群工作识别出一个中等数量的、小尺度非均质性。在各地层单元内，其内部变化有同样群组，同时应考察到，相似的砂岩性质或许含超越砂岩层段。然而，通常工作中，每个地层段内，仅有一个或两个预估群组。由图 4-7 可知，作为一个属性，预知的群组与地质地层学单元密切相关。结合上面陈述的环境，群分析促进一致性，可快速规定群组数目，进一步帮助对流动单元的估计。

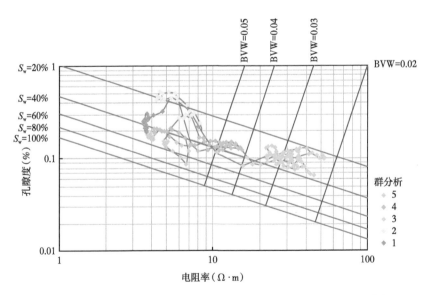

图 4-7　下 Morruwan 砂岩 Santa Fe 22-1 井孔隙度—电阻率关系[12]

地质地层学，再配合岩相分析，是划分油藏内流动单元的合适方法。岩相分析，用图 4-7 类型综合后，描述每个地层学单元（含若干井）油藏性质。群分析提供一种工具，勾画油藏性质进一步的一致性。着色的剖面图作为样图，更加实质性地用于地质地层学划分，明显区分流动单元。着色剖面代表本来数据测井结果，给予地质地层学划分方法，岩相分析应能证明，对于改善水驱提高采收率的评估方案是有用的。

　　图4-7是样版图，油藏中各井均匀绘制连成一体，用于划分各单元间横向连续性、延伸性。自下而上，从底水带、过渡带到纯油（气）带。着色的数据点（及相应的注释符号），指地质地层学序列号。值得注意的是，同一口井，同样的参数，对比经群技术分析前后的序列及集群情况，分别如图4-7和图4-8所示，参见文献[12]，发生了明显的变化，特别是后者组群之间连接情况得到改善，同时也更加集群，甚至红色散点被黄色散点取代，地层序列中第11类消失。各群组的边界，通常是地质地层学划分出的边界。群组分类提供油藏岩石进一步细化分类，能够用于表征更小尺度的非均质情况。前面曾指出，群分析技术是从统计规律中寻找减少原始数据中不确定性及随机性影响的科学方法，这在群分析前后图幅对照中已经显现。

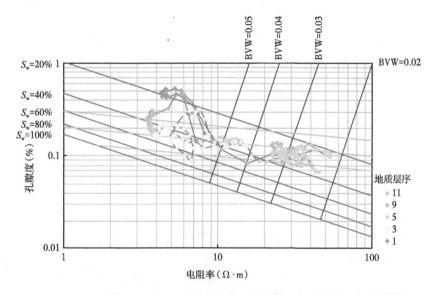

图 4-8　Santa Fe 22-1 井地质地层学横向解释孔隙度—电阻率关系 [12]

第四节　沉积环境及其对开发决策的影响

　　河流—三角洲、潮汐等沉积环境的研究，油藏表征包括非均质性描述和流动单元划分，油藏管理、老油田增储，以及新油田的开发设计，这些都是至关重要的基础性研究工作。目前大量文章报道了有关这些方面的研究成果[13]，其中许多工作都聚焦了地面露头砂岩观察，以及随后与同类环境生成的油藏岩性对照，从中得到许多很有启示性的结论，颇受人们注意。

　　早期工作虽然已对多种模式做出了较为满意的地质模型，但那时只涉及进积或退积沉积物，以及一个脉冲所生成的沉积物。近期研究走向了深入。针对包括邻近地层沉积物在内的地质地层学区间，产生了预测沉积类型变化的模型。

一、关于露头观察

这里引用文献［13］作为实例，对美国犹他州白垩纪的 Ferron 砂岩露头观察证实：（1）在中频（IF）沉积旋回，前进脉冲、切割河流相沉积部分，沉积砂岩狭窄、较深、内部岩性较均匀，这一旋回的后退部分，沉积砂岩则较宽阔，内部岩性非均质较强，并有河床位移现象；（2）以河道为主的三角洲沉积，更多出现在中频旋回的前进脉冲部分，而以波浪型为主的三角洲前缘，一般出现在后退脉冲部分；（3）上述观察还证实，沉积在中频旋回内，河流沉积早期，通常出现几个狭窄、侧向互相切割的河床带。相邻砂层，晚期沉积呈现较单一的、宽阔河床砂岩带，内部岩性非均质性严重。纵剖面观察结果表明，以蓝色页岩为分界，在低频沉积旋回内（总厚度 180m），细分成 5 个中频沉积单元，从 1 至 5。剖面图 4-9 上左起注有 Ferron 层序，接下来标有低频沉积单元，再接下来是中频沉积单元及海侵、海退菱形符号。剖面长 AA′=60km，字母 SubA，A，C，G，I，J 各指 Blue Gate 泥岩分层和低频层序的分界线。低频层序内，从海侵到海退沉积过程中，又划分有子层序（含子层序个数不等），自然形成了"流动单元"的框架。单个低频层序或子层序内，分别用彩色图标列出了土壤学状况，河道支流，配位层序；内分为三角洲前缘及滨海相。滨海部位标有煤层、谷内充填物、泥质谷充填。剖面内图示表现出河谷及河床下切现象。

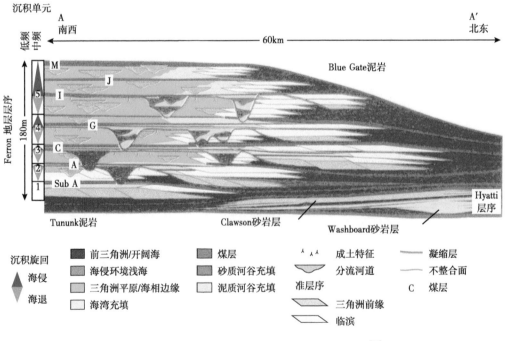

图 4-9　Ferron 砂岩中频旋回地质地层学剖面图 [13]

除此之外，深绿色表示三角洲平原或边缘海相，浅绿色表示海湾充填。剖面右下侧，分别为 Haytti 序列、Washboard 及 Clawson 砂岩层。图 4-9 中单元是个典型的切割河床沉积（在单元 2 及 3 都可见到）。这些河流切割系统，不论岩性或渗透率，都比较均质，带有许多纵向堆积河床沙坝和河床充填地层。河床与河床之间的边缘，渗透率较低，底部河床位置有偏置沉积，周围被泥岩碎屑和分散的黏土包围。河流切割系统狭窄（宽度小于260m），宽厚比约为 7:1。近陆阶地，河流切割沉积（高调节率）在中频单元 5 内（出现在Muddy Creek 地区）是个典型的露头，它与单元 2、单元 3 切割状况不同，后者是含有侧向堆积河床型式的沉积（每个单元 100~300m 宽，7~12m 厚），内含不均匀分布的锂元素，槽形交错层序连续向上，通过由中到高、不同程度的曲流河、波纹典型岩层而构成。详细情况如图 4-10 所示，图 4-10 是一张可视平面及剖面合成图。Ferron 砂岩河流切割系统图上部（图 4-10a）系统，位于 Interstate-70，指单元 1~3（低调节率沉积）；下部（图 4-10b）系统，位于 Muddy Creek 露头，指高调节率单元 5 沉积物。垂直于剖面线 AA'，它们表述的是顺河床走向更细致的岩性变化情景，河床滞后沉积覆盖着侧向累积表面，呈现出由大量泥质和分散的黏土引起的渗透率急剧下降。大量的地层学同时期河流切割堆积，在图 4-10 左部可以看到平面分布，各堆积宽 0.5~1.0km，厚 15~20m，宽厚比高达 40:1，比单元 2、单元 3 宽厚比都大。

上一剖面（图 4-10a）是 Interstate-70 处，低调节能力（单元 2）淤积；下剖面，Muddy Creek 处露头，高调节能力（单元 5）淤积。左侧对应两剖面，上下剖面之间有明显区别。

平面图中均标有朝海方向。剖面图中，上图顶部沉积学旋回 3 号，底剖标有 1 号。锯齿状线表示渗透率高低起伏，实曲线表示河道边界面。粉色表示海侵沉积，浅绿表示潟湖沉积，不再尽述。

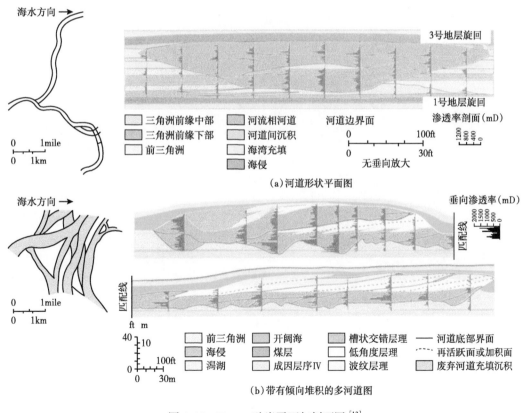

图 4-10　Ferron 砂岩平面与剖面图[13]

二、地下描述

下面转去讨论油藏地下沉积旋回变化。同样在 AA′ 连线（位于南得克萨斯州，河流—三角洲 Frio 砂岩）系统，分为上、中、下，不规则的组成单元，属于低频（LF）旋回，进一步细分指出：由相关的、占主导的、最大泛滥曲面隔开。在此级别的单元内，上述曲面包围着中频单元，跨度长 0.3~1.8×10^6ft，易于用测井法认识。在此基础上，发现了 Scott 油藏和 White-hill 油藏两油藏。其中 White-hill 是这个地区最早的储层砂岩，Scott 是后来的沉积体，两者都属于受河流影响的上三角洲平原环境内的沉积。河流影响着上三角洲平原油藏，它的体系结构、内部非均质情况，以及与此相适应的生产特性、储量增值潜力。其中图 4-11 上部图面表示 Scott，下部表示 White-hill 层段，两者之间调节率不同，前者强，后者弱。两种不同情况下，对应勘探和开发决策各不相同，

图 4-11 上符号 CB 是河床带，可在上下两分图中明显见到它的部位。先从上图看起，图右侧文字：狭窄、内部非均质河道带，泄油区域小，效果差；需要密井距或非传统完井几何方式；在老油田内仍有较高增储潜力。下面分图情况：少数内部均质河道带，泄油区域大，效率高，可采用较大井距开发，有地质地层学的捕集潜力。

颜色标定：浅色表示废弃河道泥岩；中色表示河道砂岩；深黑色表示泄油区域。

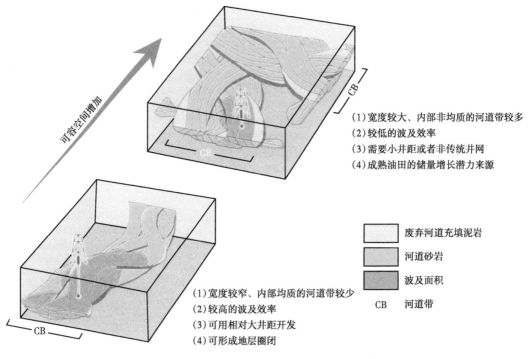

(1) 宽度较大、内部非均质的河道带较多
(2) 较低的波及效率
(3) 需要小井距或者非传统井网
(4) 成熟油田的储量增长潜力来源

(1) 宽度较窄、内部均质的河道带较少
(2) 较高的波及效率
(3) 可用相对大井距开发
(4) 可形成地层圈闭

废弃河道充填泥岩
河道砂岩
波及面积
CB 河道带

图 4-11　河流影响沉积谱及油藏开发决策 [13]

三、露头观察研究的岩性相关距离

在同一个单油层上，若有距离为 d 的两个位置，分别为甲和乙。当已经知道甲位置上

其参数的数值后，利用甲位置上的参数来推测乙位置上的同类参数，这种推测成功与否，关键在于该两点上参数的相关程度（用相关系数表示）。若相关系数很大（即推测成功的概率很高），这种推测是有价值的；反之，若距离 d 两点参数完全不相关，推测结果就没有价值了。显然，距离越远相关性越差，一直差到两点之间参数的相关系数小到可以认为不相关的程度。因此在地质统计学上就定义了一个相关距离，在相关距离以内这种推测方法有应用价值，否则，此推算方法不适用。根据井点录取的已知参数推断井间不同位置的参数，是一个将在后面章节研究的重要课题。

对于露头观察研究，国外学者曾做过一些研究，下面简单看一看具体情况。与 Ferron 砂岩分布特性相似，对 Frio 油藏地下沉积系统，对其构建及非均质性描述，从一个沉积旋回到另一个旋回中的变化，做了类似研究。地下油藏与露头相对应的变化及反映在生产特性上奇迹般的差别发人深省。对如何管理油藏，怎样提供各种增储机会，都有启迪作用。在沉积旋回所在盆地，针对其中具体地质层段的特殊性，在把露头研究的沉积模式应用于地下油藏之前，还要进行具体研究。

在河流—三角洲序列相变中，相变发生于沉积旋回内部，与沉积的位置相对应。虽然，与淤积潜力及调配快慢有关，它们虽是强劲控制因素，但是，沉积物源、气候变化和自然地理学的变化，也对控制和保存沉积量具有重要影响。沉积类型和沉积物，在同一旋回由两者之间的关系也可产生这个与那个盆地间的差别，这个时期或那个时期间的改变。因为海平面升降幅度的差别，河流能量和波浪（潮汐）能量在此盆地内变化，交替平衡关系，不同的气候和沉积物来源也能够改变沉积物卸载和加载，以及盆地能量变化，因此，不同的盆地和陆地地形，沿沉积倾斜的不同位置等，这些因素作用引起人们对采用露头、岩心或其他高分辨率的数据来评估沉积旋回的组织体制的兴趣。这项工作要非常谨慎，永远需要注意发现油藏的潜力，在井间非均质严重的条件下更是如此，这有助于描述更多未曾触及的剩余油，使老油田持续高效开发。

除河流—三角洲沉积环境外，潮汐河道、潮汐三角洲和滨海相也是可储油的一大类型。这些环境下，用多种尺度的样本研究非均质特性。经过对 Almond[16] 研究，引人关注的露头（Wyoming 地区）第一项是关于四种沉积环境储油条件的对比。图 4-12a 中横坐标列出了潮汐三角洲、潮汐河道、冲积坝和海滩等四种环境，以及相应采样数目分别为 144 个、482 个、173 个、172 个。图 4-12 中 N 表示各种分析的样品总数，露头取心样品岩样直径 2.54cm。横向取岩心间距 15cm~16.5m，纵向取样间距 8cm~1.5m，面对堆积体非均质变化有几米到几百米的岩层。纵坐标是各对应样品的渗透率和孔隙度数值。方框内的样品数分别占各自样品总数的 50%，再加上延伸线内的样品数之后，样品数占比达到 95%。图 4-12 中圆圈指剩余部分所占百分数。那就是说，第一种环境平均渗透率是 1000mD，孔隙度为 32%；第二种环境平均渗透率是 150mD，孔隙度 25%；第三种环境平均渗透率约为 150mD，孔隙度约为 24%；第四种环境平均渗透率约 300mD，孔隙度 26%。

把各种样品经分析化验之后，用于认识储层，并为划分储层或储集体提供依据。图 4~12 把前述四种类型归并成两类：潮汐三角洲和其他合并类，显然潮汐三角洲类储层物性好，属好储层。不同种类储层的结构，包括分层性、层理面形成方式、层族等，都是互不相同的，合并后也如此，对流体运动条件具有重要影响。

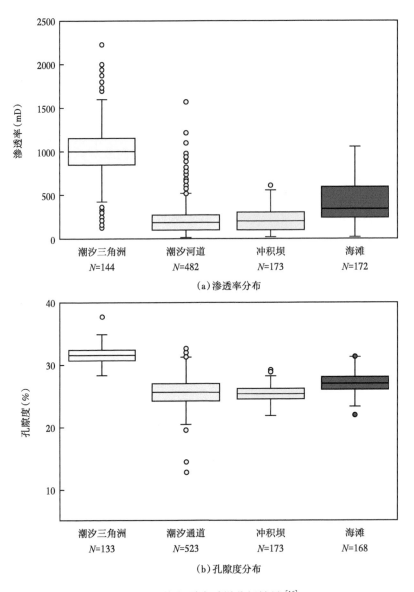

（a）渗透率分布

（b）孔隙度分布

图 4-12　海相露头采样分析结果 [16]

应受到关注的第二个课题是各类环境下沉积岩石的岩性之间有无相关性，相关距离如何。研究结果认为：海滩相横向相关长度小于 0.3m，或 2.1~2.4m。资料采集基本上是平行于沉积走向进行，前滩淤积，忽略成岩效应后，横向相关长度可望增加到 2.4m 以上；海滩镶接的前冲积沙坝，水平方向相关长度约为 2.1m；潮汐河道纵向相关长度约为 1.2m，两个侧向相关长度分别约为 0.6m 和 3.1m。潮汐三角洲沉积地区，数据较分散，但侧向和垂向相关长度大约 1.5m。

利用露头砂岩岩心，还研究了海侵沉积砂岩中的隔障系统，细层之间以及相之间渗透率的分布问题。首要问题是不同的成层类型、层群包裹表面及成岩过程中非均质程度的增长情况。细层及层群的边缘层对渗透率起到重要的控制作用，因包裹面胶结较好、孔隙较

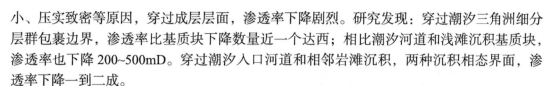

小、压实致密等原因，穿过成层层面，渗透率下降剧烈。研究发现：穿过潮汐三角洲细分层群包裹边界，渗透率比基质块下降数量近一个达西；相比潮汐河道和浅滩沉积基质块，渗透率也下降 200~500mD。穿过潮汐入口河道和相邻岩滩沉积，两种沉积相态界面，渗透率下降一到二成。

校核细分层状况及岩心数据图幅后指出，在细分层族内，平行于层族颗粒的分布方向与穿过一些细分层层面或层族层面，后者渗透度比基质渗透率低一半。绘图还指出，层族的外包边界永远是向上和向下邻近相边界，此外，沉积相彼此还有不同的横向连续范围。潮汐湾沉积，侧向沿走向延伸仅有几十英尺，但潮汐河道相延伸则有几百英尺之多。特别是潮汐三角洲凸起，可追踪到沿走向远及 0.8~1.6km。不论在井与井之间，还是在已知层段之间，遇到分层族包裹后，流体流动和驱替采收率都会下降。

四种数据相关距离分析指出，渗透率侧向周期性的主要影响因素是分层族群包裹边界，这是可以预计的。由分层族包裹边界分布引起的自相似性，在潮汐三角洲沉积环境中，尺度是 6.1m；潮汐河道环境为 3.1m；冲积沙坝沉积是 2.1m。对细分层状况，必须掌握，以便使侧向层族表面分布的周期性预测能力得到提高。利用油藏岩性 CT 扫描解释，比岩心资料尺度减小一倍。对所研究的砂岩层采用大尺度的岩心分析和 CT 细化分析两种资料，两者的砂岩基质图和渗透率相似范围是对应的，由此得出一个重要结论：如果正确地认识了沉积相，并对它的体系结构有所了解，为建立大尺度油藏模型，用小尺度样本，也不是个主要障碍。因此，切割较薄的剖面，或用岩心尺度样本，提供一个近似性好、标记流体在此系统内流动特性的图幅是可行的。或者，经过综合分析后，可将它们用于沉积单元的划分。

四、概念地质模型

将已取得的数据汇总起来，通过概念地质模型构建，借助已有知识，提供约束条件，最后做成三维空间随机参数场的估值。为了建立概念模型并获得实用的整套数据，应采用多步集成法：（1）识别岩石岩相情况；（2）定义及划分沉积单元；（3）导出沉积单元（组成比例，几何形态，定向位置）空间统计学数据和有关资料；（4）构建概念模型。下面简要介绍一下这几个方面的做法。

1. 岩相识别

沉积学测井，样本渗透率数据，油藏岩性数据，岩心显微射像经逐样分析，给出每个岩相构成，其中样品渗透率数据在认识岩相过程中起着至关重要的作用。资料显示，砂岩流动单元中的大多数，其渗透率沿层理上翘（或许这与脱水结构有关）。岩心剖面在识别岩相时比较实用，因为测井技术难以对岩相做细微的表征，只有针对深海页岩等特殊情况，可用热伽马射线反映。

2. 沉积单元的定义

沉积单元是指在几何形态、油藏物性和空间性质上与其他岩体有明显区别的岩体。也可推广为，在同一沉积过程中形成了与其他沉积单元有明显区别的岩相共生体。因此，若已确认，它们是在同一时期，并具有同一或相似的空间性质，沉积单元可以包含几个岩相类型于一体。较为通用的是由岩心分析资料所解释出的六种沉积单元，它们与所沉积过程和沉积物的颗粒大小有关，见表 4-1。

表 4-1　沉积单元描述和解释 [16]

种类	沉积单元描述	解释
河道 砂岩型	洁净砂岩，经常叠合	高密度混浊
	泥质砂岩，经常叠合	低密度混浊
	顶部砂、页混合的洁净砂岩	顶部高密度混浊，有荷载结构塌落物
	底部砂、页混合的洁净砂岩	底部加载页岩和砂岩的高密度混浊物
衰退型	砂、页混合岩石经常含外来物	衰退沉积物和砂岩外来物
页岩型	生物混入泥岩	半深海页岩

空间统计：沉积单元系统代表油藏模型的基础构制模块，因此表述油藏内相关单元的形状，大小和定向性等相当重要，其中：油藏内一定位置上的单元区划是最基础的工作。这一工作需要处理大量数据，一些数据来自岩心，另一些来自测井（如相关单元区划和各单元厚度）。关于油藏大小的区域和定向性，多数也可由区域地质解释得到，也可从邻近油田借鉴。其中测斜数据可提供方位，例如河流沉积单元描述等。

有关流动单元的其他数据，例如各自宽度、近似的长度，仅用露头相似数据就可导出。诚然，找到真的相似，除在就近有特别合适的露头，否则这是非常困难的事，然而，一定程度的测量数据也能部分用于露头与所描述油藏的相似性评估，例如厚度、宽厚比和各单元区划等，可以互相比较。沉积系统整体的规模也可通过露头沉积观察分析建立与地下油藏（岩相）的相似性的。

概念油藏模型：在进行随机参数场地质建模之前，地质概念模型的工作是不可或缺的。为此，了解河道、流动单元内堆积和河道充填物之组成模式，是重要环节。Clark 等 [15] 证实：若已知前面是某种扇形河道充填，则后面就有希望找到不同堆积或河道充填物的模式。但因为随机性和复杂性存在，定量化表征是非常困难的，下一章再讨论简化处理方法。

五、沉积特征对油田开发效果的影响

预测沉积相和储层非均质性的研究工作贯穿于从勘探到开发的全过程。在勘探远景展望工作中，应能重点针对更均匀类型的油藏部署一些探井，预估沉积物非均匀程度，并在实施过程中注意安排资料录取工作，这样有助于降低开发的花费，更有效地控制地质储量，增加可采储量。

初始开发设计时，应注意对沉积相及沉积旋回的认识，这样做能改进有效井距选择工作。三角洲前缘油藏，在开发过程中能够早期预测。波浪为主的沉积类型，能够设计出以河道沉积为主的、比邻近地区非均质性更严重的油藏，使用更稀疏的井距。通过深化认识油藏沉积特征，预测储层非均质，可减少开发油田所需要的总井数。早期开发部署工作更多侧重那些较均质的油藏，可及早回收投资，提高总体经济效益。

面对老油田，更多的是考虑增加早期沉积的上三角洲平原河道带的油藏储量控制程度，虽然它们是较狭窄的，但内部较均匀。在偏峰顶处，地层学上分隔的淤积，寻找增储潜力的机会较大。相反，在此旋回晚期沉积的河道带，虽较宽阔但内部非均质性较强，用通常的井密度增加可采储量潜力有限，造成大量剩余资源残留在地下，这也是近几年特高含水油田提高采收率研究在不断攻关研究中的重要内容。

本章小结

在梳理国外文章的基础上，了解到油藏表征地质综合研究的框架，了解到了此项工作中曾采用的、有实效的先进技术。为后面将要开展的多学科、多技术综合集成专项研究提供了前提条件。先进技术包括以下四个方面。

（1）电缆测井与核磁共振测井综合解释技术，解决了取心井的未取岩心段及未取心井岩段的渗透率解释问题，达到了"与取心化验结果同质量的水平"，并作为常规技术方法采用。

（2）配合地质统计规律分析方法，采用了"敏感度"分析和"群分析"法，在理论结果支持之下，一定程度上摆脱了随机性和不确定性的干扰，取得了良好的效果。

（3）应用露头采样（化验分析）寻找非均质构建、岩性非均质和结构指标，为认识地下提供指导，取得了成效。

（4）应用沉积岩相和地质地层学较普遍。

综合地质分析成果主要包括以下 2 个方面。

（1）定义了流动单元、岩相单元和沉积单元，明确了各单元划分方法。

（2）通过综合分析，提出了多步集成法，构建概念地质模型和实现三维参数场的估值步骤。

本书地质基础研究采纳了大庆油田研究序列，同国外有相近或类似的看法。后面几个章节将通过参考国外、立足国内的方式展开。

参 考 文 献

[1] Arakt Ning U G, et al. Integration of Seismic and Well Log Data in Reservoir Modeling, in B. Linville ed., Reservoir Characterization Ⅲ: Proceedings Third International Reservoir Characterization Technical Conference, Tulsa, Oklahoma, November 3-5, 1991, p.515-554, PennWell Books., 1993.

[2] Yang A P, et al. Reservoir Characterization by Integrating Well Data and Seismic Attributes, SPE 30563, Paper presented at the SPE Annual Technical Conference and Exhibition, Dallas, Texas, October 1995.

[3] Schultz P S, et al. Seismic-Guided Estimation of Reservoir Property, SPE 28386, Paper presented at the SPE Annual Technical Conference and Exhibition, New Orleans, Louisiana, September 1994.

[4] Miller M N, et al. Spin Echo Magnetic Resonance Logging: Porosity and Free Fluid Index Determination, SPE 20561, Paper presented at the SPE Annual Technical Conference and Exhibition, New Orleans, Louisiana, September 1990.

[5] Kasap, E, et al. Flow Units from Integrated WFT and NMR Data, 1999, 1999, in R. Schatzinger and J. Jordan, eds., Reservoir Characterization - Recent Advance, AAPG Memoir 71, p.179-190.

[6] Howard J J, et al. NMR in Partially Saturated Rocks: Laboratory Insights on Free Fluid Index and Comparison With Borehole Logs, The Log Analyst 36 (01), January 1995.

[7] Bouton, J C, et al. Measurements of Clay-Bound Water and Total Porosity by Magnetic Resonance Logging, The Log Analyst 37 (06), November 1996.

[8] Timur, A. Pulsed Nuclear Magnetic Resonance Studies of Porosity, Moveable Fluid, and Permeability of

Sandstone, Journal of Petroleum Technology 21（06）, June 1969.

［9］Kenyon, W E, et al.Three-Part Study of NMR Longitudinal Relaxation Properties of Water-Saturated Sandstones, SPE Form Eval 3（03）: 622–636, September 1988.

［10］Coates G R. et al. The MRIL In Conoco 33-1: An Investigation Of A New Magnetic Resonance Imaging Log, Paper presented at the SPWLA 32nd Annual Logging Symposium, Midland, Texas, June 1991.

［11］Amaefule, J O, et al. Enhanced Reservoir Description: Using Core and Log Data to Identify Hydraulic（Flow）Units and Predict Permeability in Uncored Intervals/Wells, SPE 26436, Paper presented at the SPE Annual Technical Conference and Exhibition, Houston, Texas, October 1993.

［12］Watney, W L, et al. Petrofacies Analysis – A Petrophysical Tool for Geologic/Engineering Reservoir Characterization, 1999, in R. Schatzinger and J. Jordan, eds., Reservoir Characterization-Recent Advance, AAPG Memoir 71, p.73-90.

［13］Knox, P R, et al. Predicting Interwell Heterogeneity in Fluvial-Deltaic Reservoirs: Effects of Progressive Architecture Variation Through a Depositional Cycle from Outcrop and Subsurface Observations, 1999, in R. Schatzinger and J. Jordan, eds., Reservoir Characterization-Recent Advance, AAPG Memoir 71, p.57-72.

［14］Romesburg H C. Cluster Analysis for Researchers, published by Lulu.com, pp.340, March 2004.

［15］Clark, J D, et al.Submarine Channel: Processes and Architecture, Vallis Press, London, PP231, January 1996.

［16］Schatzinger, R A I, Tomutsa. Multiscale heterogeneity characterization of tidal channel, tidal delta, and foreshore facies, Almond Formation Outcrops, Rock Springs Uplift, Wyoming, 1999, in R. Schatzinger and J.Jordan, eds., Reservoir characterization-Recent Advances, AAPG Memoir 71, P, 45-56.

第五章 自组织理论视图下油藏表征定量化途径研究

砂岩沉积体内部的非均匀结构，是"物竞天择"、有组织的分选、沉积过程所留下的印记。岩体、岩层、岩块内，都有自组织结构印记，可以说："自组织结构"是普遍存在的地质现象。不论在平面、纵向、微观尺度和宏观尺度观察，都可以见到它们的表现。

然而，有些资料给了人们一种假象，如从岩样尺度看，岩样内含有多种的粒度（包括泥质）混合、无序地掺和在了一起。如岩样粒度频率分布图就给了人们这个错觉；纵向上岩性的变化，只是大致按韵律性堆积起来，但韵律性堆积规则又很不明朗（甚至若有若无）；在沉积过程中的平面上，有什么有组织的运动，还不为人们所重视。针对这些疑问，经过一番考查，其中确还有另一番学问。本书对以往工作进行了总结与再认识，从室内实验、矿场检查井取岩心分析、见水层含水变化特征，再到矿场动态，通过"按理追踪、总体研究"，形成了一些新看法。概括起来说，就是按综合集成方法论行事。

既然"自组织"结构普遍存在，就可以利用"自组织"理论所给出的相关定理了。自组织系统和他组织系统，是系统科学内两类不同性质的对象，前者是自然界形成的，没有人去支配它；后者是人的智慧创造的系统。按照系统科学中说法，"自组织系统更加微妙"[1]。进入了这个系统之后，对这句话深表称赞，甚至还想，目前是否破译了"砂岩体沉积非均质内部组织结构的密码"？无论答案如何，据笔者所知，至今尚未见到过有人探讨这个课题，看完本篇内容之后，增强了这个信念。

自组织结构与自组织结构的功能，是"孪生兄弟"，自组织结构下对水驱油运动将会产生什么样的与以往认识不同的功能呢？同样在本章内讨论。

第一节 微细层理结构观察

一、水驱油实验的观察

将钻井取出的不同油层段的岩心劈开，磨制成扁平形状，把内含油质清洗干净，烘干后，外表密封制成实验样品，并模仿油层造束缚水，并饱和模拟用油。模型制成之后，用它在室内做水驱油实验。注入水中加入少量的溴化钾，用于吸收 X 光线。水驱油过程中，将展示的图像连续地拍摄下来，便于记录，用于观察内部油水活动遗留情况。此外，肉眼观察也可看到内部的"世界"。同预想情况大不相同，完全是"黑白"相间的条纹形状。白色者是注入水（因吸收了 X 光而呈现白色），黑色（或渐变成灰色）为剩余油分布，是 X

光线未被吸收的色调，不言而喻，注入水进入了较大孔道分布条纹，内部原有的饱和油大部分被驱替了出去；与此相对照的黑色（逐渐变为灰色）条纹，是剩余油的本色。这就形成了一个观点：所谓岩石内部的大孔道及小孔道，从略加微观角度看，并不是互相混杂在一起的，而是按大孔道与小孔道微细层交互叠合成一体的，带周期性微细层理自组织结构的岩样，岩样虽小（5cm左右），但内部则是个以大孔道、小孔道微细层为单元组织起来的复合体。

早在1965年，大庆油田开发研究院流体力学研究室，以秦之铮为代表的研究人员，就发现了这个"秘密"，她们当时定名为"岩石内微细层理结构"，确实是一个新发现，沿此方向，她们又分析了更多采自不同油层的岩样，所见到的现象几乎都是一样的。于是她们又进一步提出了第二个观点："岩石内部孔隙大小分布呈显微细层组织状况，是普遍存在的。"意为，这些现象并不是偶然发现，而是普遍存在形式。

她们当时的研究工作通过进一步深化，去考察由均匀粒度砂粒人工制造的"砂岩"，考察目的在于了解无微细层理"单质结构"岩样内的水驱油状况。于是发现，注入水全岩样普遍均匀分布，没有"黑白"相间条纹存在，且其水驱油特点与以往关于水驱油非活塞性的概念相去明显。如果说带微细层理结构的岩样，水驱油见水之后，含水率上升有一个相对渐变过程（暗指水驱油非活塞式驱替），那么不带微细层理结构的岩样中，水驱油见水之后含水率陡然上升，且无水驱期采收率与最终采收率相近（暗指水驱油活塞性质加强）。可见，应用同样油水黏度比，只因岩样孔隙结构组成不同，竟有这么明显的差别。无可讳言，以往所谈到的水驱油非活塞现象，是微细层理复合体岩样做出的相对渗透率曲线下，引出的定量化概念。有了相对渗透率曲线，再考虑油水黏度比，就得到了驱油过程图像，其中带复合性微细层理结构的因素起着重要作用。新的看法应该是带微细层理复合结构的岩样与油水黏度比双重作用下产生的水驱油非活塞现象，应该承认这个新认识是一个进步。而单纯油水黏度比影响，或不注明微细层理自组织结构对它的影响，则概念是含糊的，抹杀了微观自组织功能作用。

对于岩样微细层理复合结构观察室内实验，曾有许多照片记录，但是，回想起来感到遗憾，再找到它们就困难了。以往没有想到从这里居然"爆发"出了一个生长点，推了一个研究领域，悔亦无用，好在笔者是个亲历者，了解其原委。在此就绘一张仿真图，如图5-1所示，每个微细层内，其粒度都相对均匀；粗粒度细层内，水驱油效率高，且近于水驱油活塞方式；而细粒度微细层内，则无注入水驱油方式，而只有浸润方式。两种不同"驱油"方式，在力学上是有严格区别的，它涉及水驱油理论问题。关于如何区分水驱油及水浸润两种方式，下面做一个理论分析。

二、关于水驱油的理论分析

先绘制一张水驱油运动中的油水分布图形，这是有自身定则的。只要有了油水相对渗透率曲线，有了油水黏度比，在一维空间内水淹的剖面就有了。这种水淹剖面图形，见图5-2及注释，S_w 及 X_D 分别为纵坐标和横坐标；$\bar{V}(t)$ 为累计注水量随时间变化的函数，S_{wf} 为水驱前缘饱和度。从这张图上，注意以下几点。

第一个注意点：水驱油过程中必须有一个水驱前缘饱和度，而前缘饱和度数值的高低是由油水黏度比和岩石内微细层理粗细粒度、微细层间比值大小决定的。同时，它的数值也是注入水驱油与水浸润的分水岭：含水饱和度低于前缘饱和度与高于前缘饱和度，明显地划分为两个作用力不同的分区；前者作用力主要受毛细管力和重力（油水密度差）的影响，后者主要受驱动压差所支配。两个分区情况如图5-2所示。通常人们遇到的多数是在较长的模型内水驱油问题，对于前缘前面注入水浸润段未受关注，因为与模型长度相比，它所占份额甚小，而图5-1所展示的情况，微细层之间距离已经很小，驱替微细层与浸润微细层之间所展示的情况恰是图5-2上两个分区间的情况。在此条件下，区分驱油段（或细层）与浸润段（或细层），就变得非常重要。笔者正遇到了带微细层理结构的模型，较高粒度微细层内注入水驱油与相邻较低粒度微细层内注入水浸润（或浸入）两者"对擂"的局面，这是理所当然的。只要油水黏度比大于"1"，则必然发生。

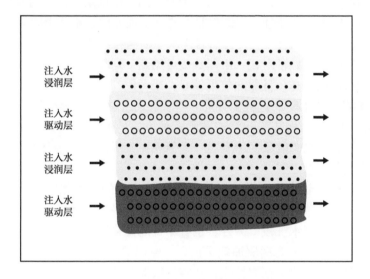

图5-1　注入后微细层内油水分布示意图

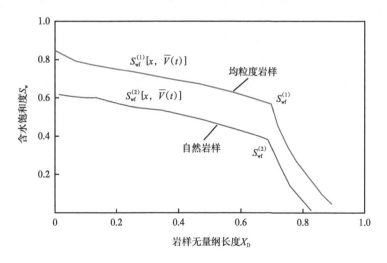

图5-2　岩样内含水饱度分布示意图

于是，就提出两个问题：（1）上述"对擂"情况随着注入水的进一步冲刷，是否能够消失？回答是可以逐渐缓和，但不能完全消失。因为细层之间，对应两点间压力差值因处于同一水力学系统，两点间压力差值还不足以克服相应两点间毛细管力差值，也就是说，前缘饱和度等值线压力进入它的邻近微细层。但是，不论岩石属亲水性质还是属于亲油性质，两者微细层间油水交换运动都是存在的，依靠毛细管力交换可以缓解。（2）若改变注采方向（改为垂直微细层理方向）之后，图5-1展示的情况是否可以改变？回答是稍有缓和，但仍没有根本性转变。表面看来方向改变之后驱动压差似乎已大于毛细管压差了，但事实则不然。秦之铮她们当年也曾这样设想过，可是遇到的现象，可见到的景观基本相同。因为注入水进入高粒度微细层后，注入水迅速把它充满（即把油驱出），然后又在另一薄弱点上，突入下一个高粒度细层。重复上述动作，依次到达出口。宏观看上去，与图5-1之间差别不大。由此可以肯定：图5-1给出的带微细层理结构的岩样内水驱油、浸润周期性的图谱是固有的功能性质。既然是这样，下面专门讨论几个问题。

第一个问题，可以回看图5-2，自然岩样水驱油与粒度均匀岩样水驱油，两者之间有什么差别？专门实验对此做了对比。由图5-2可见到，均粒度岩样水驱前缘含水饱和度比自然岩样前缘含水饱和度高，且驱油效果较好，或者说，在相同的油水黏度比条件下，均粒度岩样比自然岩样的水驱油过程更偏向于"活塞式水驱油"。换句话说，除了油水黏度比之外，岩样微细层理结构是强化活塞式水驱油方式的原因之一。以往人们更多注意到了，渗透率高低是影响水驱效果的因素之一，但现在又提出了另一个影响因素，即粒度相对均匀也是一个重要因素。

以上见解，在大庆油田大量检查井岩心分析见水层的水洗状况时，进一步得到了证实。例如大庆油田有些单油层纵向岩性结构很均匀，近乎等粒度砂岩，从这些单层取出的岩心，其分析结果为全层水洗段；另外，也有不少的见水层，特别是底部层段，厚度仅几十厘米，粒度较均匀，水驱之后驱油效果极佳，驱油效率可以达到80%，甚至接近90%，充分印证了室内实验的结论。在岩性变化非常复杂的单层内，居然也有这类单层或层内相对均质段实际存在，确实开阔了眼界。

第二个注意点：正如前面所述，微细层理结构在自然岩块内普遍存在，是砂粒"分选与沉积"自组织行动的印证，但是，这个观点拿到矿场去，或许会遇到反驳，因为检查井见水层取心中见到了非常均匀的粗砂沉积段，其段厚可达到几十厘米，若以这些岩段内取出岩心来，在它们的内部是否也存在微细层理自组织结构？这确实是个问题。当笔者去调查这类岩段生产井见水和内部驱油效果时，确实见到了，它们内部的驱油效果极佳，整段砂粒已呈白花花色泽，砂粒整整齐齐，见不到杂质，甚至也没有夹层，驱油效果出乎寻常，残余油少之又少。笔者也曾怀疑过在这类岩段内，是否也存在微细层自组织结构？若想把它真正查个"水落石出"，恐怕也难以办到。因为很难取到这类岩样。若不再深究的话，现在也可认为，它们本身就是自组织结构中的一个"微细层"，只是尺寸大了许多，但它仍具有一个元素的角色。若把它们放到单层内，它们则属于自然岩样内较粗粒微细层。若说它们有什么特殊之处的话，它们内部砂粒更粗；若再深究起来，或许它们内部不同粒度微细层之间，其粒径的比值更接近于"1"，唯此而已。过去曾听说过："这白花花的岩段内，残余油居然少到10%左右，不知道已有多少水曾经从此通过！"其实关键还不在注水冲刷倍数上，而在于它的内部结构太单一了，它们就是理想中的"均匀粒度砂岩"。

　　综上所述，应把前面微细层理的概念进行扩展，即应涵盖单一均匀粒度结构的单层，还应包含某些均匀粒度岩段，而不再给微细层内相对均匀粒度细层的尺度加什么限制了，只要它们内部各细层之间粒度比值近于"1"就可。不论它们来自何方，是微细层理组成中的一员，还是来自均匀粒度单层，或来自单层内的粒度相对均匀段，它们统称为自组织结构中的一个单元，并有共同的动态功能性质。

　　拓展后，可分别表达为：以相对均匀粒度细层为单元，单元间经周期性组织了起来的结构，名为"微观自组织结构"；纵向单层内相对岩性均质层段，按韵律性组织了起来的单层纵向自组织结构，叫"中观自组织结构"。不论是哪一种自组结构，它们都是对应级次上的复合体沉积结构。

　　第三个注意点：为什么水驱过程中高粒度微细层和低粒度微细层两端在相同的压差下，两者的水驱油前缘运动规律不是简单地按渗透率比例的渗流特征，而是一类抑制另一类的关系，乃至分化为水驱油微细层与注入水浸润微细层这样极大的反差？回答这个问题，请看下面。在油水黏度比大于"1"的情况下，当注入水已进入粗粒细层之后，粗粒度细层已水驱的部分，从入口到前缘，渗流阻力大幅降低，即从入口到前缘压力降落不多，导致前缘处压力水平较高，邻近细粒度细层内压力也较高，致使相应与入口处压力差值不大，尚不足以克服入口处毛细管力，达不到细粒细层由水驱前缘饱和度运动的条件而造成的。另一个方面，从油层内部看，已进入高粒度细层内的水驱部分，与相邻低粒度细层之间压力差值也较低，也没有足以克服两者之间毛细管压力差值的条件，两者之间的反差如同图 5-2 上所示驱动前缘之前方与水驱区域一方的对擂情况。入口处因受到抑制，前缘前行困难，注入水已驱替部分，前缘饱和度向邻近微细层内运动同时也困难，是因这两个困难所造成的后果。改变这种状况，可能的解决办法只有降低油水黏度比，或把各类微细层之间互相隔离开来，各自成为独立的水力学系统，才能从根本上改观。反之只靠大倍数注入水冲刷，只能缓解，不能根除。

　　第四点注意点：还需说明，"微细层理复合结构"的岩样，它的渗透率是有方向性的。例如，顺细层理方向渗透率高于垂直方向的数值等。故复合体岩样渗透率带有方向性，原因归结为微细层理复合体结构，定名为"微观渗透率方向性"，并指出了产生方向性的原因。渗透率方向性在文献中是公认的，虽对它产生的原因有几种说法，但至今仍然模糊，这里笔者提出一种新解释。本书中把渗透率方向性又细分为岩样尺度（微观）方向性和中观尺度渗透率方向性，是两种互有差异的渗透率方向性。后者是由单油层纵向不同性质的岩段而因具有共同的走向和倾角所引起的，下一节将专门讨论。

三、微细砂岩层段自组织结构讨论

　　在结束本节之时，暂做一个小结。由岩样内部特性观察，引出了本节要说的话，厘清了许多基础概念，还为这个思想体系的形成埋下了伏笔，观察到了岩样内部自组织结构，因此联想到了《自组织理论》[1-3]（第 189~194 页）。笔者的目的是研究油藏表征定量化课题，又想到了"自组织定理"与这个课题有密切联系。至于有什么联系？抄录著作中一段话来作答。自组织是一个演化过程（如沉积物堆积因环境而引起）。书内说 [1]："自组织过程之前，各子系统的状态变量数目很多，无法逐一加以描述，而在自组织过程中，各子系统状态变量之间紧密相连、相互影响，自组织过程，就是各状态变量相互作用、形成一种统一的'力量'，使系统发生质变的过程……哈肯把这种力量定名为'序参量'……为我们描述自组织过程之后，进入到静止稳定阶段的沉积体内自组织结构提出了描述方法。"

接下来该引文还解释了"序参量"概念。通过研究发现，在描述系统状态的众多变量中，有一个或几个变量在系统处于无序状态时，其值为零；随着系统由无序向有序转化，这类变量从零向正有限值变化或从小向大变化，可以用它来描述系统的有序程度，并称其为序参量。"序参量"与其他变量相比，它随时间变化慢，有时也称其为慢变量，而其他状态变量个数众多，又随时间变化快，称其为快变量。

"序参量"不仅可以用来描述系统的有序程度，而且在系统众多变量中，它的个数比较少，系统中绝大多数变量都是快变量。在系统发生非平衡相变时，"序参量"的大小决定了有序程度的高低，它还起着支配其他快变量变化的作用……从这个意义上讲，"序参量"也可以称为命令参量。关于非平衡态开放系统，请见文献 [3]。下面引用了他们的一张附图，如图 5-3 所示，横轴代表控制参量（即环境），纵轴代表系统某序参量。当系统处于近平衡态，即 $\beta_0 < \beta < \beta_1$ 时，可得系统的单一热力学分支解，即图中 a 段；而当 β 的变化达到临界值 β_1 时，系统在 β_1 之后会出现两个分支，三个解：b_1，b_2，b_3，其中 b_1，b_3 稳定而 b_2 不稳定。系统的局部涨落促使系统进入 b_1 或 b_3 分支。当 β 的变化达到新的临界值 β_2 时，系统又会出现新的分支等。系统就这样不断地从低级到高级、从无序到有序地发展着。要想了解定态 C 的性质，就须了解系统从 A 到 B 再到 C 的全过程。这就是耗散结构的"历史性"和"记忆性"。系统的演化既非沿着单一的决定性路径，亦非全部是随机运动，而是一个决定性和随机性过程的结合。

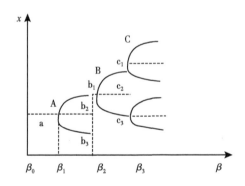

图 5-3　系统演化的多级分支图

系统就这样不断地从低级到高级，从无序到有序发展着。面对这种情况，若要想了解定态 C 的性质，就需要了解系统从 A 到 B 再到 C 的全过程，这就是自组织结构的"历史性"和"记忆性"……所谓非平衡态就指那些"分枝"点 β_1，β_2，β_3……而"分枝"点以外为平衡态。

关于怎样寻找"序参量"，最基本的方法是熟悉实际情况，区别哪个是快变量哪个是慢变量。若因系统比较复杂，难以区分快慢，可采用坐标变换法，经变换之后在新的状态之间能够区分快慢，那就达到了目的，例如动力系统，分子个数多，每个分子活动范围又宽广，分子的姿态又很多，但是，若能转换到它们的统计学效果，像压力、温度和体积，之后就易于辨认快慢。针对不同性质问题，还可寻找其他数学坐标变换。

当序参量确定之后，讨论系统演化时，可以只研究序参量即可，序参量将整个系统的信息集中概括了起来，使系统的未知量个数大幅减少了，另外，序参量对于研究人员来说，它为认识系统提供了一把"钥匙"。然而，确定序参量的过程并不是一件简单的工作。

役使原理：依据前面的表述，已经看到了不少系统的序参量是在自组织过程中形成的。因此可以说在系统自组织形成过程中，众多变量形成某些序参量，反过来序参量又役使其他状态变量的变化。序参量支配、主宰、役使系统状态其他变量。哈肯将相变过程中系统状态变量序参量与其他快变量之间的役使、服从关系称为役使原理。这里，非均质自组织结构是在系统演化过程中非稳定点之后形成的静态稳定阶段所留下的印记，可叫作静态稳定空间结构。对于研究对象中的序参量及它们如何役使其他变量，以及序参量与其他变量间的关系等问题，后面将有具体研究。

上述原理有两个作用：第一，自组织过程中所形成的结构只用甚少的几个变量支配，并集中了该系统中的全部信息，可以认为虽然它本身是个很复杂的系统，但经组织起来之后，就给出了可行的描述它们的办法，由复杂变为简单。第二，一旦找到了本系统的序参量，则描述本系统的入口就贯通了，这正是所渴求的。

四、带微细层理组织结构岩样描述

因为不同粒度的砂粒已经用周期形式分类组织了起来，决定岩样总体形态的未知变量就减少了，组织规则在前面已经明确，起作用的未知量只有四个。它们分别是：（1）相对粗粒微细层厚度 h_D，相对细粒微细层厚度 h_d，以及两者之间的比值 $\overline{h}_{D,d} = h_D / h_d$；（2）粗粒粒度 D、细粒粒度 d 及粒度比 $Sand_{D,d} = D/d$；（3）微细层的走向 Strike 的说明；（4）微细层倾角 Dip 的定量说明。只要有了这少数几个参数之后，岩样的整体性质及其内部水驱油、注入水浸润等情况就可定量了解。若再补充一点逻辑推理，则列举变量还可进一步合并，于是又定义了一个"高粒度微细层主导指数"：

$$\xi = 2\frac{d}{D}h_d / (h_D + h_d) \tag{5-1}$$

其中：$\forall \xi \in (0，1)$，一个参数定"乾坤"。将它用于分类时，有以下特性。

（1）依据 ξ 的值域当 $\xi \to 0$ 时，表示岩样由低粒度微细层转化为不渗透夹层。

（2）当 $\xi \to 1$ 时，该岩样转化为以粗粒度占主导的"隐性"微细层理组织结构，例如大庆长桓葡 I4，较深水沉积下的相对粒度均匀的单层，或纵向粒度相对均匀的某些单层层段。

（3）$0 < \xi < 1$ 范围内，用于区分该岩样在微细层组织结构中以粗粒度微细层占主导的程度，ξ 越接近于 1，说明粗粒度微细层主导作用越强；反之，细粒度微细层在该岩样内主导作用越强。这类岩样来自除前面列举的条件之外的广泛的其他采样地段。

ξ 的作用除对带微细层理结构岩样分类以外，还可应用于研究对应岩样水驱油功能性质，如应用于相对渗透曲线分类及通用化，毛细管压力曲线分类及通用化；岩样水驱油效果与 ξ 的关系等。若再补充上微细层理倾角、走向后，就可用于研究该岩样渗透率张量了，它指出了各个方向的渗透率。需要补充说明的是：参数 ξ 就是研究岩样性质的自组织结构中的那个序参量。

岩样内微细层理组织结构及极限情况下的扩充等有关问题，在此暂告结束，下一节将讨论单层纵向上自组织结构的另一种表现。

第二节　单层纵向非均质组织结构

一、单层纵向单元分析

上一节已经讨论到微细层理概念，这个认识可以在广泛条件下进行扩充，请见检查井取心化验结果，如图 5-4 所示。前面提出过，观察单层内部纵向的组织单元发现，"相对粒度均匀段"是单层纵向非均质组成单元，这可能是一个大胆的说法，其基本观点来自大庆研究院刘于晋，笔者也同意过他的意见。

为了进一步理解，从以下方面进行了分析。

（1）请见大庆一口 2007 年的检查井北 2-323 检 P42 井的综合柱状剖面图（图 5-4）。先看 PI2 层。从渗透率剖面看，它是个典型的正韵律层，底部高，上部低。长期水驱（含聚合物驱）后，底部层段含水饱和度高，驱油效率达到了 70% 左右，而上部层段含水饱和度略低，驱油效率也达到了 55% 左右。再看 PI3 层，粗略看上去可认为它属复合韵律，可以分为上下两段，上段具有正韵律特征，下段岩性剖面呈多段特征，其中含有岩心夹层（薄的物性夹层）。再看 PI4 层，渗透率剖面相对均匀。在笔者的叙述中，把夹层本身也算为一个岩性段（相对均匀段）。相应含水饱和度剖面显示，即使同一小层，不同层段的含水饱和度和驱油效率明显不同，根据水洗程度划分，有强水洗、中水洗和弱水系层段，甚至中间还夹杂这未水洗层段（一般都比较薄）。对于主力油层而言，长达近 50 年的水驱（聚合物驱），很难有单一小层整层未水洗的情况。

在单层纵向单元分析过程中，层内纵向可以划分为一段，也可划为多段，主要着眼点在渗透率总趋势的变化，最后以人们的综合解释为依据。

（2）"单层纵向相对均匀段"内部的岩样是否都有"微细层理自组织周期结构"？回答是"都会有的"，只是组成微细层的单元其性质和概念可以扩充，不限于"微细层单元"。原有的尺度，哪怕是单油层内单一均质段者；单层内，粒度相对均匀者（$d/D \rightarrow 1$）都可视为前面提出的"微组层理"概念下一个单元看待，不受该单元尺度所限。因为，它们本身就是相对均匀粒度段，并且在单油层注入水之后，它们在该单层内所起的作用就同岩样内相对粗粒度微细层所起的作用一样：本身高效驱油，同时还抑制相邻段内水驱前缘前行步伐。虽然该种层段比通常讲的"微细层厚度大得多"，但也叫作相对均匀段单元。

（3）单层内各相对均质段之间的互相接触关系，一般是陡变方式。接触面在平面上可以延伸，这个延伸方向与单层纵向尺度上"中观渗透率"的方向性有关。因为接触面共用相近的走向和倾斜角度，造成了垂直相对均质段方向其整体渗透性差，反之，平行于接触面方向就高。因此提出了"中观渗透率方向性"。渗透率"中观方向性"，也同岩样渗透率方向性，其概念是一致的，只有观察尺度不同、诱因不同，在生产动态中所起作用也不相同。两者都是复合体，但这两个复合体的构成机制不同，影响范围也不同，方向性的方向也普遍不会相同。这两个复合体之间的关系是嵌套关系，从基础复合体，再经过

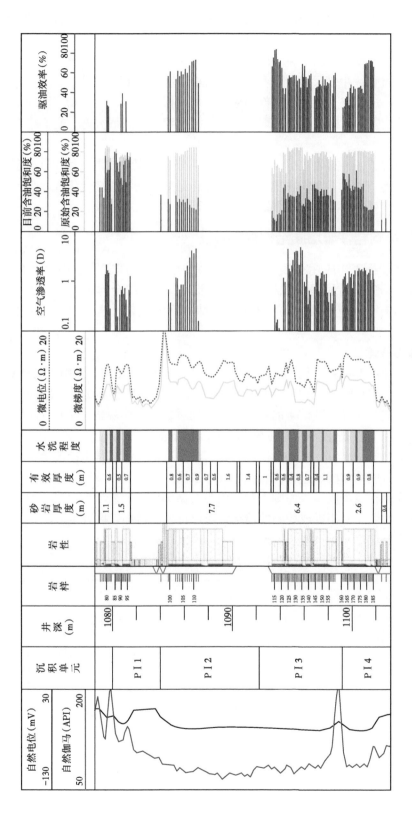

图 5-4　北2-323-检P42井P I 1-P I 4油层水洗状况综合柱状图

了二次复合而成的更复杂的非均质组织结构，简称它为嵌套结构。由此若再发展到单层平面上去之后，平面上因环境不同，又产生了不同的平面（简称为宏观）组织结构，又把中观自组织结构套于宏观结构当中去。后面将仔细分析第三次复合后的整体。微观尺度内的水驱油已经分析过了，中观尺度上作用范围（视野）就更大了，它对水驱油运动特性的影响，本书也做了广泛研究，包括大型剖面纵向非均质模型内水驱油运动；厚薄不一的剖面模型上，注重井位安排原则、检查井取心化验结果的综合集成研究等，它们将在其他篇章内详细讨论。

在井位上取得了一些有效数据，还有关于岩性分布的理性成果，例如沉积态、沉积学等，这里就不去逐一列举了。现在摆在面前的工作是如何把它们综合集成起来，借助前面提到的理论指导，对各层次非均质组织结构认识得更加清楚。

二、单层纵向岩性非均质结构数字表征

下面的数字表征工作应用有效取岩心井、测井解释和与取心井效果相当的精细解释结果。沉积环境研究，特别是沉积相态研究成果，应与之结合起来，同各项测井解释手段一起应用。再有，还应重视和吸收沉积学规律方面的成果。这是一个庞大的课题，应逐步进行。

1. 原始数据整理

设有一个单油层 Layer，已完钻了 N_c 口取心井，令 i 代表这些井的序号（$i=1$，2，…，N_c）。本书内为书写简便，若没有特别声明，在表达记号上就不特别加注 Layer 层名称了。在这些已取岩心或有完善测试结果的数据中，首先对岩心柱作观察，鉴别柱状图的岩性组成。一般情况下，岩柱是由多种岩性相近的岩段组成的，段数记为 $NZ(i)$。下面称它们为"相对均质段"或"粒度相对均匀段"，后一个名字更符合沉积学上的要求，但认为两个名称等价。不同粒度均匀段，包含泥岩沉积夹层段及其他粒度组成相近的，多样粒度相对均匀段在内。当然在每个段里，原则上都是由带有微细层理的岩石所组成，但是，也许会遇到微细层之间粒度比值相近或相同的情况，对此也就需再加以区分了。

整理数据需要填好原始数据表，见表 5-1。

表 5-1 第 i 井第 Layer 层纵向岩性均匀段原始数据

	序号 $j=$	1	2	3	4	5	…	$NZ(i)$
原始数据（自下而上）	均质段厚度（m）	$h_1(i)$	$h_2(i)$	$h_3(i)$	$h_4(i)$	$h_5(i)$	…	$h_{NZ}(i)$
	均质段渗透率（mD）	$K_1(i)$	$K_2(i)$	$K_3(i)$	$K_4(i)$	$K_5(i)$	…	$K_{NZ}(i)$
	归一化厚度	$\overline{h_1}(i)$	$\overline{h_2}(i)$	$\overline{h_3}(i)$	$\overline{h_4}(i)$	$\overline{h_5}(i)$	…	$\overline{h_{NZ}}(i)$
	归一化渗透率	$\overline{K_1}(i)$	$\overline{K_2}(i)$	$\overline{K_3}(i)$	$\overline{K_4}(i)$	$\overline{K_5}(i)$	…	$\overline{K_{NZ}}(i)$

表 5-1 中，设第 i 井第 Layer 层一共有 NZ 个岩性均匀段，但层总厚度为 $H_Z(i)$，岩柱顶部段厚度和渗透率分别为 $h_1(i)$ 和 $K_1(i)$；岩柱底部段厚度和渗透率分别为 $h_{NZ}(i)$ 和 $K_{NZ}(i)$。归一化均质段厚度 $\overline{h}_j(i)=h_j(i)/H_Z(i)$，归一化渗透率为 $\overline{K}_j(i)=K_j(i)/\overline{K}_Z(i)$，

其中 $\bar{K}_Z(i)$ 为应用加权平均法确定的岩柱平均渗透率。总厚度 $H_Z(i)$ 和岩柱平均渗透率分别书写如下：

$$H_Z(i) = \sum_{j=1}^{NZ(i)} h_j(i)$$

$$\bar{K}_Z(i) = \sum_{j=1}^{NZ(i)} K_j(i)h_j(i) / H_Z(i)$$

定义第 j 段之前的累积厚度函数如下：

$$Z_j(i) = \sum_{j=1}^{j} h_j(i)$$

故归一化之后的累积厚度函数为：

$$\bar{Z}_j(i) = Z_j(i) / H_Z(i) \tag{5-2}$$

定义纵剖面自下而上的渗透率趋势函数：

$$\bar{K}[Z_j(i)] = \sum_{j=1}^{j} \bar{K}_j(i)h_j(i) / \sum_{j=1}^{j} h_j(i) \tag{5-3}$$

2. 应用地质统计方法应遵守的原则

（1）样本数要大一些，样本数太小则影响统计结果的可信度。在工作中，应该尽量多应用一些地质知识参与其中，弥补小样本的缺陷。例如利用岩心分析的原始数据；遇到单层段或两个层段时，也可直接估计它们的平均值等办法。

（2）油藏静态数据都带有人为规定成分，例如大庆油田曾规定了空气渗透率 50mD 以下，不计入油层部分。再例如，也存在"外来数据"，指不合物理意义及非本体内误差引起的奇特数值，使用时要预先剔除。

（3）有几个特征参数是引入的，例如：①由单层"顶平下凸特性"引入的"凸度函数"；②把各种韵律特性统一表达的"正韵律度"；③"相似系数"等。有了这些新的补充，就可把问题引向深入。

3. 单层纵向非均质特性参数

（1）变异系数：

$$\hat{S}_Z{}^2(i) = \frac{1}{NZ(i)-1} \sum_{j=1}^{NZ(i)} \left[\bar{K}_j(i) - \bar{K}(Z_j) \right] \tag{5-4}$$

$\hat{S}_Z{}^2(i) = 0$，单井纵向为单一均质段；

$\hat{S}_Z{}^2(i)$ 随单层纵向段数的增加，渐趋于 $\hat{\sigma}_Z^2(i)$（第 i 井单层纵向方差估值）。

（2）纵向渗透率均匀度：

$$\hat{\zeta}_Z(i) = \bar{K}_Z(i) / \underset{1 \leqslant j \leqslant NZ(i)}{\mathrm{Max}} \left\{ K_j(i) \right\} \tag{5-5}$$

式中：$\hat{\zeta}_Z^2(i) \in (0,1]$，经常被引用为"单层内纵向突进系数"。由此可进一步定义不均匀度 $1 - \hat{\zeta}_Z^2(i)$。

（3）自协方差函数：

设单层纵向任意两点之间距离为 $\bar{d}_Z$，两点分别用其序号 j 及 j' 表示，两点之间距离 $\Delta\bar{Z} = \bar{d}_Z = |\bar{Z}_j(i) - \bar{Z}_{j'}(i)|$，协方差函数可写为：

$$R(\bar{d}_Z, i) = E\left\{\left[\bar{K}_j(i) - \bar{K}(\bar{Z}_j)\right]\left[\bar{K}_{j'}(i) - \bar{K}(\bar{Z}_{j'})\right] / |\bar{Z}(j) - \bar{Z}(j')|\right\} \qquad (5\text{-}6)$$

式内 E 为求期望运算符；$|\bar{Z}(j) - \bar{Z}(j')| = \bar{d}_Z(i)$ 表示求期望时应遵守的条件。

（4）相关系数：定义单层纵向岩性相关系数，用于表达单层纵向参数之间相关程度，由式（5-7）表示：

$$\overline{COEFZ}(i) = \bar{R}(1,i) / \hat{S}_Z^2(i) \in [0,1] \qquad (5\text{-}7)$$

4. 单层纵向非均质特性分析步骤

前面为了认识纵向渗透率趋势，做了一些努力，虽然仍不够圆满，但有了一些眉目。式（5-2）所表示的渗透率趋势函数 $\bar{K}(\bar{Z}_j)[j = 1,2,\cdots,NZ(i)]$，有它的可取之处。因为纵向各相对均匀段依次叠合，表达了沉积过程中生成的顺序。又因沉积过程中应该有前后继承性关系，后者出现一定程度上与前者有关联，有关联就是有后效（前者的出现会影响后者的出现）；后者的出现完全与前者的存在情况无关，这叫作无后效过程。既然有韵律规则存在，说明前者的出现对后者的出现与否是有关系的。单层纵向非均质特性分析，不仅应回答前后有无关系，还要把它们之间的相关程度表达出来。

第一步，应用改写的无量纲形式式（5-3）计算不同岩心段的渗透率趋势函数。

第二步，寻找 $\bar{K}[\bar{Z}(j_o, i)]$ 及 j_o。在岩性中的最大值及其对应位置 j_o。

$$\underset{1 \leq j \leq NZ(i)}{\text{Max}} \left\{\bar{K}[\bar{Z}(j,i)]\right\} = \bar{K}[Z(j_o, i)] \qquad (5\text{-}8)$$

通过搜索比较可得 $\bar{K}[\bar{Z}(j_o, i)]$ 及 j_o。已知岩柱内最大渗透率段所在位置 j_o，可作为指示器用于划分韵律类型。

第三步，定义韵律度计算式，记为 $\overline{RHMZ}(i)$。

$$\overline{RHMZ}(i) \overset{\Delta}{=} \left\{\bar{K}[\bar{Z}(j_o, i)] - 1\right\} \qquad (5\text{-}9)$$

$\forall j_o \in [1, NZ(i)]$ 时成立。依据式（5-8）和式（5-9），（半定性）半定量化划分各种类型，并定量表示它们各自的韵律程度。

第四步，确定韵律类型。

因为 $Z[j_{NZ(i)}, i] \equiv 1$，后面将它均匀分割为三部分。分类条件如下：

第一部分，若 j_o 位于区间 $[1, \frac{1}{3}NZ(i)]$ 内，相应累积长度 $\bar{Z}(j_o, i) \in (0, 1/3)$；

第二部分，若 j_o 位于区间 $[\frac{1}{3}NZ(i), \frac{2}{3}NZ(i)]$ 内，相应累积长度 $\bar{Z}(j_o, i) \in (\frac{1}{3}, \frac{2}{3})$；

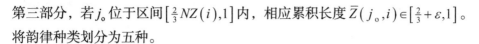

第三部分，若 j_o 位于区间 $[\frac{2}{3}NZ(i),1]$ 内，相应累积长度 $\overline{Z}(j_o,i)\in[\frac{2}{3}+\varepsilon,1]$。

将韵律种类划分为五种。

（1）正韵律，且 $\forall\overline{Z}(j_o,i)\in(0,\frac{1}{3}]$，$\overline{RHMZ}(i)$ 大于零，其正韵律度：

$$\overline{RHMZ}(i)=\left\{\overline{K}\left[\overline{Z}(j_o,i)\right]-1\right\}$$

（2）复合韵律，$\forall\overline{Z}(j_o,i)\in(\frac{1}{3}+\varepsilon,\frac{2}{3}-\varepsilon]$，$\overline{RHMZ}(i)$ 大于零：

$$\overline{RHMZ}(i)=\left\{\overline{K}\left[\overline{Z}(j_o,i)\right]-1\right\}$$

（3）反韵律，$\forall\overline{Z}(j_o,i)\in(\frac{2}{3}+\varepsilon,1]$，$\overline{RHMZ}(i)$ 大于零：

$$\overline{RHMZ}(i)=\left\{\overline{K}\left[\overline{Z}(j_o,i)\right]-1\right\}$$

（4）复合（多）韵律，存在多个 j_o'，j_o''，…，在 $\overline{Z}(j_o',i)$ 有：

$$\left\{\overline{K}\left[\overline{Z}(j_o',i)\right]-1\right\}>0\quad（全部多韵律度）$$

（5）零韵律（均匀单层），$\forall\overline{Z}(j_o,i)\in[0,1]$，$\overline{RHMZ}(i)\approx0$。

纵向变异函数、正韵律度的存在，说明纵向上各岩段之间的叠合，内部有一种机制在掌控行事，但从另一方面去看，韵律性又不完全按规则进行，也有规则破缺的情况，还有随机性干扰。面对如此复杂的现实，若想更深入了解内在的自组织能力强弱，还要说清楚两点之间距离与该掌控能力大小关系，前边定义的自协方差给了那个"掌控能力"的表达。虽然如此，因采样点数太小及其中趋势性变化又受到可能的多种形态影响，因此，至今尚没有确切而实用地把它表达出来。目前流行中的变异函数，也有反映内部组织结构情况的功能。最早的变异函数是平稳随机参数（即其趋势变化为恒定），这当然还不合乎要求，后来理论家们又把它推广到广义平稳参数场（指该场的趋势是线性变化），广义平稳参数场的梯度是平稳场，前进了一步。若韵律性只限于自底部至顶部渗透率由高到低或由低到高，且中间是直线变化，在这一特殊情况下，它是适用的；而现实情况还有其他复杂变化形成，那就不完全符合所用了。近来，尚未见到再次把变异函数适用条件扩大的理论成果。不过，见到了弥补这一缺陷的方法，但限于纵向采样点数很少，故在此也用不上去，对于这补充方法，在本篇最后一章内再去了解它。现在把支撑技术、其中的问题和情况、工作计划都讲明白了，在这个隘口之下，怎样把工作做得更好一些呢？

5. 多井多岩柱归类采样处理

有一个补充方法，在同一韵律类型岩柱中，采纳多个岩柱作为大样本叫归类采样法。例如从河道沉积下凸度相近的区域内采到的岩柱有类似的属性（正韵律度相近，甚至组成岩柱的段数也相近），在此基础上，进行归一化处理，处理之后更加相近。在相同条件下取出几口井，经过合理的合并之后，就变成了不小的子样了。如此观点在河道沉积底面平整域内取几个井柱，又产生了另一种类型的大子样，只要条件相近，就当作对同一母体采样，就可当作一种类型。

　　总之，沉积环境决定了正韵律度，正韵律度又决定了纵向渗透率的变化趋势，变化趋势归一化之后，又在同一类韵律中，各井位趋势性变化数值上接近。这个认识给了研究人员在研究纵向上同类型岩柱的自组织结构提供了足够大的统计样本，为定量化认识自组织程度指标提供了条件。韵律类型很多，这里直观地绘出了四张典型图，表示正韵律、反韵律、复合韵律、零韵律的形状，如图 5-5 所示。纵轴 $\overline{Z}_j(i)$ 表示第 i 井各相对均质段自下而上的位置序列，$j=1, 2, \cdots, NZ(i)$；横轴为各对应段渗透率 $K_j(i)$ 与该井层平均渗透率 $\overline{K}(i)$ 之比值。

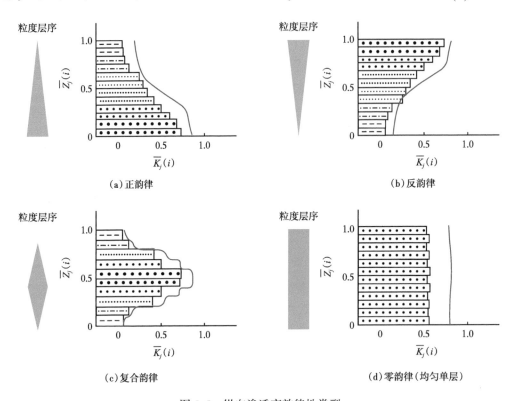

图 5-5　纵向渗透率韵律性类型

　　趋势序列 $\overline{Z}(j,i)$ 隐含韵律性内容，因此，同一种韵律之下，趋势序列相近。假设河道沉积下切区域内若干口井，它们的井号分别记为 $i_1, i_2, i_3, \cdots, i_r$，它们来自同一母体上，各岩柱样品都在内，这个子样足够大。只要合理整理它们，就可以产生所要求的效果。r 口井应用式（5-2）分别计算出 r 个渗透率变化序列，把这 r 个序列完全合并起来，每口井含 $NZ(i)$ 个纵向数据组，r 口井就有 $\sum\limits_{i}^{i_r} NZ(i)$ 个数据组。因各井相对均匀段的段数可能不同，例如第 r 井分为 $NZ(i_r)$ 段，它们的顺序编号为 $j_r=1, 2, \cdots, NZ(j_r)$。为了把多口同类井的多个采样结果合并成一个大样本，先把纵坐标统一起来。定义：

$$
\begin{cases}
\overline{Z}(j_r,i_r) = Z(j_r,i_r) / H_Z(i_r) \\
Z(j_r,i_r) = \sum\limits_{j_r=1}^{j_r} h_{j_r}(i)
\end{cases}
\tag{5-10}
$$

设有 r 口经过选择趋势相近适合合并的井，合并时，以 $\bar{Z}(r)(j_r, i_r) \in [0,1]$ 为纵坐标，以 $K(r)(j_r, i_r)$ 为横坐标，点入直角坐标轴上，形成第 r 口井的无量纲渗透率变化趋势折线，起始于零点（$j_r=0$），终止于"1"〔归一化前为：$\bar{K}_Z^{(r)}(i_r)$ 按层段厚度加权平均渗透率〕。

在这被选用的 r 口井单层岩柱上，由于选用条件规定和归一化处理的方法等原因，这些折线两端都有共同的起点和终点，其他位置上又有韵律类型，乃至程度相近诸多限制条件，因此各井求得的折线不会相离甚远，或者进一步还可以说为岩柱资料合并提供了一个可喜条件。从不利方面来说，合并之后视误差肯定会增大，但是它能够代表一种类型，从类型的角度看，增强了认知的深度。把这 r 口井合并成一个样本后，似乎能够弥补小子样的缺陷，强化采样一致性条件。像下一节将要讨论的，下凸度值的认知、前面划分的正韵律度认知，都需要类似的强化处理措施，通过它们，使所选出的 r 口井岩柱不仅形态相近，而且对应数值上相近。果能如此，接下来就去研究纵向沉积成岩段间的岩性相关程度与自组织结构函数等随距离的变化规律，由此可获得自相关程度（结构自组织程度）的定量认知。回答是否自组织起来的，多大距离之内是充分自组织的，多大距离以上未找到自组织结构的踪迹，多大距离之间属于弱势和中等自组织程度的结构。韵律性是纵向沉积环境变化的历史记录，记录了沉积过程的经历或说变迁，但没有表达前期沉积了什么，必然导致随即沉积什么等内容的条件概率定量关系。后期沉积有无受前期沉积的影响，影响概率多大？这些问题的回答正是岩柱内部自组织结构研究的命题。

三、单层纵向沉积自组织结构

将前面已选定的 r 口井的数据分别列表并汇总，以 $\bar{Z}(j_r)$ 为纵坐标，$\bar{K}(j_r)$ 为横坐标（$r=1，2，\cdots，r_0$），分别以不同颜色的点绘出，如图 5-6 所示。

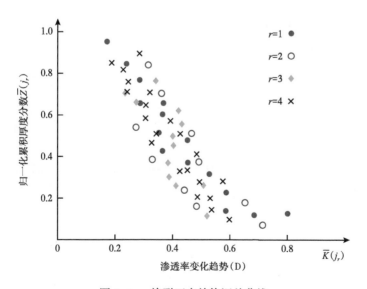

图 5-6　r 族群正态韵律汇总曲线

有了这张图之后，接下来做两件事。

第一件事，以 $\bar{Z}(j_r)$ 为纵坐标，以 $\bar{K}(j_r)$ 为横坐标，将图上的各分散点、具体数据，利用无参数变换一元曲线回归法求出回归曲线：

$$K[Z(i)] = F*[\bar{Z}(j)] \qquad (5-11)$$

F^* 为该曲线的函数，"*"表示最优者。

第二件事，找出此样本统计数字特征。

1. 统计样本特征分析

首先做一些说明，回归曲线从离散数据转化成了连续函数。因此，把 $\bar{Z}(j_r)(r = 1,2,3,\cdots,r_0)$ 视为实数 $\bar{Z} \in (0,1]$，将 $\bar{K}[\bar{Z}(j_r)]$ 也记为实变函数。于是该回归函数连续，并记为：

$$\bar{K}(\bar{Z}) = F^*(\bar{Z}) \qquad (5-12)$$

$\bar{Z}$ 为纵坐标位置，$\bar{K}(\bar{Z})$ 为相应位置上的函数值。这种简化表达方式，表达了原始数据中的变化趋势。

设 $N_t = \sum_{r=1}^{r_0} NZ(i_r)$，$i_r$ 分别是各采样井的编号，一共有 r_0 口井，每口井纵向共取得了 $NZ(i_r)$ 个观测数据，总共有 N_t 个，既然已经知道了其趋势函数 $F^*(\bar{Z})$，这个函数在离散情形下又可表示为 $F*[\bar{Z}(j_r)]$，那么，依据变差函数的定义，就可写出：

$$\hat{S}_Z^2 = \sum_{r=1}^{r_0} \sum_{j_r}^{NZ(i_r)} \left\{ \bar{K}[\bar{Z}(j_r)] - F^*[\bar{Z}(j_r)] \right\}^2 / N_t - 1 \qquad (5-13)$$

变差估值 $\hat{S}_Z^2$ 有定量使用的价值，并当选样 r 组数据正确无误，并且所收集得到的数据点数较多时，$\hat{S}_Z^2$ 近似于方差 σ_Z^2 的估值。

自协方差：按照自协方差的定义，它应该是两点之间距离 d_r 的函数，d_r 名为相关距离，归一化之后改写为 $\bar{d} = d_r / H(i_r) \in (0,1]$。由于归一化，$\bar{d}$ 对于任一 r 值，都是通用的。但留下了一个问号，$\bar{d}$ 是个通用相对距离，是否还可以由它改换为某井层内两点之间真实距离？回答是可以的。从图 5-6 上反查即可。

在以上说明的基础上，就可以讨论自协方差函数。回归线上两点间距离为 $\bar{d}$；回归线上的渗透率记为 $\bar{K}(\bar{Z})$；纵坐标上记为 $\bar{Z}$；线上某点坐标 $(K(\bar{Z}), \bar{Z})$，若 $\bar{d} = |\bar{Z}(j) - \bar{Z}(j')|$，其中 j 及 j' 为两点，$\bar{d}$ 表示两点 j 与 j' 之间相对距离。$\bar{d} \in (0,1]$，单层厚度是有限值。j' 及 j 两点只能在本层纵向内部取值，$\bar{d}$ 的上限必然是"1"，表示一点在底部，另一点在顶部。类似的 $\bar{d} = 0$ 也是一样，目的是研究单层纵向两点之间的相关性质，也就是两点之间多大距离以内，对应两点的参数值是有相关性的？多大距离以上，两点之间各取何种数值是互不相关的？据此划出相关程度不同的区域来，用于表达其内部结构的有组织程度。这个目的有两个途径可以达到：一个是自协相关系数，再一个途径是变异函数的建立，而这两者之间，在有

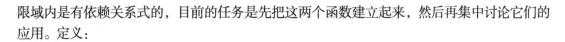

限域内是有依赖关系式的，目前的任务是先把这两个函数建立起来，然后再集中讨论它们的应用。定义：

$$\begin{cases} R^2(\bar{d}) = E\{[K(Z(j)) - \bar{K}(\bar{Z}(j))][K(\bar{Z}(j')) - \bar{K}(\bar{Z}(j'))]\} \\ \text{在条件}\bar{d} = |\bar{Z}(j) - \bar{Z}(j')| \leqslant 1 \text{下的数学期望} \end{cases} \tag{5-14}$$

式中：$R^2(\bar{d})$ 表示自协方差函数。

但是，在离散概念下，式（5-14）只是一个形式上的定义，是无法执行的。只有在 $K(Z(j))$ 及 $K(\bar{Z}(j'))$ 都是 $\bar{Z}$ 的连续函数时才有价值，且当 $j=j'$（$\bar{d} = |\bar{Z}(j) - \bar{Z}(j')| = 0$）时，按定义 $R^2(\bar{d}) = \hat{\sigma}_Z^2$。这个特殊的参量有重要意义。从另外方面，在 $\bar{d} \leqslant 1$ 条件下，定义相关函数：

$$COEFZ(\bar{d}) = \sqrt{R^2(\bar{d})/\hat{\sigma}_Z^2} \leqslant 1 \quad (0 \leqslant \bar{d} \leqslant 1) \tag{5-15}$$

显然，$0 \leqslant COEFZ(\bar{d}) \leqslant 1$。相关函数表示纵向参数变化相关程度。当 $\bar{d} = |\bar{Z}(j) - \bar{Z}(j')| < 0$ 时，相关程度最大，$COEFZ(\bar{d}) \rightarrow 1$，即自身与自身完全相关。但从概念上说，$0 < |\bar{Z}(j) - \bar{Z}(j)| < 1$ 条件下，其相关系数小于1，而相关系数函数值趋近于零，只能发生在 $[K(Z(j)) - \bar{K}(\bar{Z}(j))]$ 于另一项 $[K(Z(j')) - \bar{K}(\bar{Z}(j'))]$ 两项间的"正""负"号不同步，这是经常出现的，求期值后方近于零，表示彼与此之间完全或很少有相关性。

还有一种情况，两项 $K(\bar{Z}(j)) - \bar{K}(\bar{Z}(j))$ 与另一项，其"正""负"号总是或者多数是相对立的，此正彼负（此负彼正），这种情况下相关系数名为负相关系数，即 $|\bar{Z}(j) - \bar{Z}(j)| \leqslant 1$ 时，$COEFZ(\bar{d}) < 0$。负相关系数与正相关系数都名为互相关系数，因此，应把它取绝对值，$|COEFZ(\bar{d})| \leqslant 1$。

总结以上说明之后，现在认识到协相关方差 $COEFZ(\bar{d})$ 的有效值域为：

$$-1 \leqslant COEFZ(\bar{d}) \leqslant 1 \tag{5-16}$$

即是说，相关函数值在 [-1, 1] 域内，当近于零时，名为互不相关；大于零时为正相关；小于零时为负相关，因此绝对值 $|COEFZ(\bar{d})| \leqslant 1$。对于目前讨论的正韵律单层来说，相关函数 $COEFZ(\bar{d})$ 随 $\bar{d}$ 的增加有正相关或负相关，或者有波动。粗略地划分，约在下部 1/3 段内以负相关为主。因此不仅与两点之间距离有关，还与 j 与 j' 所在部位而异。对于其他韵律类型，分段不同相关函数值的符号转变位置，又与正韵律情形不同。

相关函数对于纵向两点间参数变化的描述十分清晰，但是，由实际问题来得到完善的相关函数并不是易事，要求采样过大，单一岩样尚不能满足要求，除此之外，还要求有纵向参考变化趋势的定量描述，这也不容易做到。前面推荐采用了韵律相近多井位岩柱作补充，把样本扩大了，这种额外辅助措施在研究其他类型韵律内部互相关性时也可采用，但是具体情况是有区别的，以后再择机讨论。

单层纵向变异函数：变异函数比相关函数容易得到，但是，其中的缺点是把一些重要情况隐瞒了起来，例如要求随机参数场的变化平稳，但实际问题中则很难遇到；后来，理论家们让了一步，改为要求随机参数场的梯度平稳。平稳随机场相当于前面所讲的参数空间变化趋势为常数，对应于一般变异函数，放宽为梯度平稳条件后，相当于趋势函数为线性函数，对应于广义变异函数，似乎尚不足以满足应用。严格来说，适用于各种韵律的广义变异函数，至今还未出现，然而毕竟广义变异函数前进了一步，对正韵律及反韵律两种类型，与广义的条件接近一些；对于无韵律、多段多韵律，与平稳场条件接近一些；复合韵律情况就难以说明白了，隐晦性就出来了。对这些细微的情况，应该做到心中有数，但执行起来就按广义随机参数场去做，平稳参数场情形也涵盖在广义场条件之中了。至于这样做了之后会产生多少偏差，在下一章内再去做补充，那里会介绍一个较好的"纠偏"方法。现在刚处于入门阶段，先把最基本的概念和方法搞清楚，待条件具备时再谈补偿问题。

仍然以图 5-6 上的数据作为观测数据，由这些原始数据如何建立变异函数的公式，是本段内所讨论的问题，其中包含两项内容。第一项是理论模型的遴选，另一个是关键参数的辨识。先谈遴选变异函数模型，理论家们所认为，无须把模型想得太复杂，直接用基本函数来表达就可以了，还推荐了可供选择的五种模型，见引文 [2]。该文还指出，变异函数不得出现多值，还要既简单又有自己的特性。简明地说，一般的回归公式还不够光滑，求一次导数（更不用说求二次导数了）就更加不光滑了。用了不当的公式后，就出现奇异点，求逆矩阵时出现不可求解等问题。在引文所列五种模型中，结合这些问题（其相关性，实际距离，不大等特点）选用了其中一个：

$$Y_Z(\bar{d}) = \alpha\left[1 - \exp\left(-\beta\bar{d}^2\right)\right] \tag{5-17a}$$

式中：$\alpha > 0$，$\beta > 0$，是两个待估参数；$Y_Z(\bar{d})$ 是变异函数；无量纲距离 $\bar{d} \in [0,1]$。这个公式给出了两个要点：[ ] 内是曲线形态因子；α 是比例因子。就是说，式（5-17a）是一个在有界 $\bar{d}$ 域内变异函数 $Y_Z(\bar{d})$ 的变化公式。依据在无界域内 $Y_Z(\bar{d})$ 的性质，它是个自零开始，随着 $\bar{d}$ 的增大，单调上升以方差 σ^2 为极限的函数，式（5-17）表达的过程，用极限方式可表达为 $\lim\limits_{\bar{d}\to\infty} Y_Z(\bar{d}) = \sigma^2$。

$\bar{d} \to \infty$ 是个无界的概念。若追求实用，也可以这样认为，在此无限的过程中，必有一个近似程度足够用的数值 $\bar{d}^*$，当 $\bar{d} \to \bar{d}^*$ 之时，$Y_Z(\bar{d}^*) \approx \sigma^2 \pm \varepsilon$。$\varepsilon$ 是人为规定的任意小的正实数。但是，目前面对的是个有界问题，即 $\max\bar{d} = 1$。于是就提出问题了，若 $\bar{d}^* \leq 1$，那对实用性要求就可以得到满足了，否则，若该 $\bar{d}^*$ 值大于1，就会出现问题了。在此 $\bar{d}$ 值有界的情形下，将会怎么办？因为只能得到方差的估值 $\hat{\sigma}_Z^2$，于是，先把式（5-17a）改写为：

$$Y_Z(\bar{d}) = \hat{\sigma}_Z^2\left[1 - \exp\left(-\beta\bar{d}^2\right)\right] \tag{5-17b}$$

因为 $\hat{\sigma}_Z^2$ 已知，剩下的问题就只能通过实际计算，寻找到 $\bar{d}^*$，之后再下结论了。事先给定允许误差 ε 常数，然后，通过实验变异函数的数据组，去辨识未知参数 β^*。再利用 β^* 计算出 $\left[1-\exp\left(-\beta^*\bar{d}^2\right)\right]\approx\varepsilon$ 时对应 $\bar{d}^*$ 值。得到 $\bar{d}^*$ 之后，比较 $\bar{d}^*$ 是大于1还是小于1。若 $\bar{d}^*$ 小于1，则可视 $\bar{d}^*$ 为相关域的上界值，并可定义相关域为：

$$\bar{d}\leq\bar{d}^*\leq 1 \tag{5-17c}$$

反之，当 $\bar{d}^*>1$ 时，则已越域。虽然如此，但它充分说明了全域 $\bar{d}\leq 1$ 都是相关域。综合这一段讨论，得到了单层纵向上关于相关区域的划分定理：若 $\bar{d}\in[0,1]$，则是该域内以底面 $\bar{d}=0$，顶面 $\bar{d}=1$ 为上、下界，并以 $\bar{d}$ 为长度的一个有界域，在此域内映射的函数为式（5-17b），则可在允许误差 ε（常数）下，利用式 $\left[1-\exp\left(-\beta^*\bar{d}^2\right)\right]=\varepsilon$ 求出 $\bar{d}^*$（名为相关域分界值）。于是得到结论：当满足不等式条件下，$\bar{d}$ 的所有数值都划分为相关域，此时为相关域的上界值；若相关域边界值 $\bar{d}^*>1$，则区域 $[0，1]$ 内都划归为相关域。

式（5-15）已定义了相关系数：

$$COEF^2Z\left(\bar{d}\right)=R^2\left(\bar{d}\right)/\hat{\sigma}_Z^2 \tag{5-18a}$$

理论家研究，在有界条件下，可对应建立：

$$\frac{Y_Z\left(\bar{d}\right)}{\hat{\sigma}_Z^2}=1-\frac{R^2\left(\bar{d}\right)}{\hat{\sigma}_Z^2}=1-COEF^2Z\left(\bar{d}\right) \tag{5-18b}$$

相关系数函数的物理意义是明确的，当 $\bar{d}$ 趋于 $\bar{d}^*$ 时，相关系数函数 $COEF^2Z\left(\bar{d}\right)$ 趋近于零，即变异函数 $Y_Z\left(\bar{d}\right)$ 趋近于 $\hat{\sigma}_Z^2$（即 $\hat{S}_Z^2$）。同时当 $\bar{d}$ 大于 $\bar{d}^*$，且 $\bar{d}^*\leq 1$ 后，$Y_Z\left(\bar{d}\right)\equiv\hat{\sigma}_Z^2$（或 $\hat{S}_Z^2$），同理，在此条件下，$COEF^2Z\left(\bar{d}\right)\equiv 0$。若 $\bar{d}^*>1$，则在 $\bar{d}$ 的定义域，$[0，1]$ 内有 $Y_Z\left(\bar{d}\right)<\hat{\sigma}_Z^2$（或 $\hat{S}_Z^2$）和相关系数 $COEF^2Z\left(\bar{d}\right)\in[0，1]$。

上述讨论给了两个明确的认识。

（1）变异函数 $Y_Z\left(\bar{d}\right)$ 同方差函数 $R\left(\bar{d}\right)$，以及相关系数函数 $COEF^2Z\left(\bar{d}\right)$ 可以按规则式（5-18a）互相对换，即是：得知一方，便获得了另一方。这在实用当中很有价值，一方面相关系数函数有明确的物理意义，可用于解释变异函数中的几何形态因子所代表的内容；另一方面，通常情况下变异函数是比较容易求得的，对应两方互相补充，更可以使双方的使用价值得到提升。特别是，本段内的着力点是导出单层纵向上沉积岩自组织结构程度的定量表征方法研究上。

（2）有界域问题与无界域问题是有本质区别的，其中关键区别是在有界域问题内部要遴选出从相关区域到超出此区域之后所进入的不相关区域，两区域之间要找到边界值（如前面所用到的 $\bar{d}^*$ 值），超过此边界值之后就会出现质的变化，边界值指出了质变性发生的底线。一旦把 $\bar{d}^*$ 遴选得出后，就要甄别相关区域和非相关区域。从 $\bar{d}^*$ 的定义来说，它是个甄别自组织区域与非自组织区域的指示器，有了这个指示器之后，岩柱内自组织区域和非自组织区域就可圈定了。自组织域内还有更细致的不同自组织程度问题差别，下面转去讨论自组织程度问题。

2. 待估参数 α 与 β 的问题辨识

利用观测结果来辨识这两个参数初看起来并不是一件困难的事，实际上却要求非常细致。求解步骤如下。

第一步在前面介绍的图 5-6 上求得原始数据，设 j 及 j' 为纵轴上两个位置，所对应的高度分别为 $\bar{Z}(j)$ 及 $\bar{Z}(j')$，两点间距离为 $\bar{d}$；两点对应的渗透度为 $K[\bar{Z}(j)]$ 及 $K[Z(j')]$，按照变异函数的定义：

$$\gamma_Z^{(m)}\left(d_{j,j'}\right) = \frac{1}{2}E\left\{K[\bar{Z}(j)] - K[Z(j')]\right\}^2 \tag{5-19}$$

式中：$\gamma_Z^{(m)}(d_{j,j'})$ 为实验变异函数；E 为数字期望符号。因为实验变异函数带有误差，又因为数学期望实际操作上难以执行，故改换它的写法。令 $v_{j,j'}$ 为观测值 $\gamma_Z^{(m)}(d_{j,j'})$ 与估值之间误差，故：

$$\bar{\gamma}_Z^{(m)}\left(d_{j,j'}\right) = \gamma_Z^{(m)}\left(d_{j,j'}\right) + v_{j,j'} \tag{5-20}$$

式中：$v_{j,j'}$ 为数学期望 $E[v_{j,j'}]$；$\gamma_Z^{(m)}(d_{j,j'}) = \frac{1}{2}\left\{K[\bar{Z}(j)] - K[\bar{Z}(j')]\right\}^2$，由实际数据得到，未经数学期值运算，很简便求得单元数值。

第二步，选定变异函数的理论模型，在理论家们指定的五种理论模型当中，根据实际处理的问题性质遴选。为什么只限于这几个类型中挑选？因为对理论变异函数有许多要求，例如光滑性、弯曲程度等。若选定了理论模型：

$$\gamma_Z\left(\bar{d}\right) = \alpha\left[1 - \exp\left(-\beta\bar{d}^2\right)\right] \tag{5-21}$$

将观测到的实验变异函数单元值，$\gamma_Z^{(m)}(d_{j,j'})$（或称为变异函数的实验点）与理论模型之间进行匹配，从中确定两个大于 0 的未知参数 α 和 β。具体做法是：先把实验变异函数得到的各个点绘于直角坐标纸上，横坐标为 $\bar{d}$，纵坐标为 $\gamma_Z(\bar{d})$。绘制这张图时，把横坐标按等间隔划分为若干点，$\bar{d}_l(l = 0,1,\cdots)$，然后考察 $\bar{d}_l$ 间隔内实验点 $\bar{d}_{j,j'}$，不论其中个数有几个，全用 $\bar{d}_{l-\frac{1}{2}} \approx \frac{1}{2}\left(\bar{d}_{l-1} + \bar{d}_l\right)$，间隔内相应的纵坐标都取它们为对应此间隔内变异函数观测点的算术平均值，于是得到了实验变异函数经过初步处理后的序列点坐标 $\left[K\left(\bar{d}_{l-\frac{1}{2}}\right),\bar{d}_{l-\frac{1}{2}}\right]$。然后再应用处理后的点坐标序列同理论模型进行匹配计算。

因为变异函数变化比较微细，实验观测点数要多一些（超过 30 点），规则化区间划分段数也应多一些（15~20 段），匹配方法也要讲究一些，成败在细微之处。匹配所使用的目标函数：

$$J(\alpha,\beta) = \sum_{l=1}^{Nl}\left[\hat{\gamma}_{Z}^{(m)}\left(\overline{d}_{l-\frac{1}{2}}\right) - \gamma_{Z}\left(\overline{d}_{l-\frac{1}{2}}\right)\right]^{2} \qquad (5\text{-}22)$$

目标函数极小化的计算方法，在引文［2］内有详细研究，在此不再重复。这里 Nl 是横坐标细分点总段数。又因理论模型内，曾经分析过参数 α 的物理意义为方差（可用变差近似），形态因子可记为 $\gamma_{Z}^{*}\left(\overline{d},\beta\right)$，故式（5-21）可以利用式（5-23）：

$$\gamma_{Z}(d) = \alpha\gamma_{Z}^{*}\left(\overline{d},\beta\right) \qquad (5\text{-}23)$$

改写后，式（5-22）对 α 而言是个二次函数，因此可以对目标函数求一次导数，然后利用极值条件 $\dfrac{\partial J}{\partial \alpha}=0$，求得估值：

$$\hat{\alpha}_{LS}(\beta) = \sum_{l=1}^{Nl}\hat{\gamma}_{Z}^{(m)}\left(\overline{d}_{l-\frac{1}{2}}\right)\gamma_{Z}^{*}\left(\overline{d}_{l-\frac{1}{2}},\beta\right)\bigg/\sum_{l=1}^{Nl}\left[\gamma_{Z}^{*}\left(\overline{d}_{l-\frac{1}{2}},\beta\right)\right]^{2} \qquad (5\text{-}24)$$

其实前面已经讨论过 α 是方差 σ_{Z}^{2}（或变差 $\hat{S}_{Z}^{2}$），已经由它的定义直接算出来了，所以 $\hat{\alpha}\approx\hat{S}_{Z}^{2}$。下脚标 LS 表示用最小二乘法估值得到。改写后的式（5-22）内，$\hat{\alpha}_{LS}(\beta)$ 是 β 的函数，式（5-24）是对 $\alpha(\beta)$ 的形式解，因此，还必须把式（5-24）代入到目标函数中去，用 $\alpha_{LS}(\beta)$ 代替原有的 α，最后得到与原目标函数 $J(\alpha,\beta)$ 对应的新目标函数 $J^{*}(\beta)$，即 $J^{*}(\beta)=J[\alpha_{LS}(\beta)>\beta]$。一些文献介绍了几个从 $J^{*}(\beta)$ 中求解 β 参数的方法，在此不再重复了，只推荐其中的"近似最大似然法"。这个方法的优点是，把其中误差过滤（超出主体部分的误差值，虽然误差大但个数少，但它们的掺入会受到搅局的部分，因其分布密度很低，而受到忽视）。近似似然法还避免了最大似然法中必须求一个高维逆矩阵的计算，因而得到了重视。近似最大似然法辨识参数的精确度经过统计检验是适用的。

3. 单层纵向沉积自组织结构中自组织程度

以上建立了变异函数、自协方差函数、相关系数函数等基础公式，这三个函数之间存在理论上的关系式。现在到了使用它们的阶段了，这里集中用于自组织程度的评定。因为相关系数函数给了人们一个直觉的印象，因此下面主要应用它来度量自组织程度。虽然各种韵律类型的存在也表示自组织性存在的一种表述，但韵律性是参数场中参数变化趋势性的形态描述，趋势函数是参数场的"内核"，但并不是它的全貌，趋势性再加随机性，方是参数场全貌。参数场趋势性形态仅是实践中引入的韵律性分类。

零韵律描述单层纵向趋势性函数形态是一个垂直顶面的直线，以它作为参数场的内核，再将随机项加入之后，就全面地描述了"零韵律"参数场。在此，随机项是一个平稳过程，因为平衡就可在垂直顶面的直线（作为趋势函数）上加入随机过程 $\varepsilon_{Z}(\overline{d})$，它的期值 $E\left[\varepsilon_{Z}(\overline{d})\right]\equiv 0$，它的方差为 σ_{Z}^{2}，此参数场的随机变量为 $\varepsilon_{Z}(\overline{d})$，又因为平稳，则 $\varepsilon_{Z}(\overline{d})$ 与 $\overline{d}$ 无关；以趋势函数 $f(\overline{d})$［在此 $f(\overline{d})\equiv\overline{d}$］和随机项 $\varepsilon_{Z}(\overline{d})$ 作为随机变量而

建立的自协方差函数 $R^2(\bar{d})=\sigma^2$；相关系数函数 $COEFZ^2(\bar{d})\equiv 1$。因此称这个问题的自组织结构程度为"1"，是完全自组织的。

若更换为其他韵律类型 $f(\bar{d})$，也应先找趋势函数，然后按照前面所建立的计算公式，分不同的趋势函数类型 $[f(\bar{d})]$ 并各自与相应实测观测数据在一起进行计算，分别求得相关系数函数 $COEFZ^2[f(\bar{Z}),Z]$，用于评定自组织程度，关于正韵律类型，在多井同类韵律条件下进行采样，并利用较大的样本确定趋势函数 $f(\bar{d})$ 的详细算法，前面已经讨论过了，至于其他韵律类型的趋势函数计算也可仿照分别进行。

既然对纵向参数随机场可以分别计算出各自的相关系数函数平方 $COEFZ^2[f(\bar{Z}),\bar{Z}]$，那么单层纵向内部自组织与非自组织区域的划分，自组织结构区域内不同自组织程度的定量问题也就迎刃而解了。因为 $COEFZ^2[f(\bar{Z}),Z]\in[0,1]$，则在它们定义范围 $[0，1]$ 内，人为规定几个界限，作为分类标准，则自组织程度分区划分就不是一个困难的事情了。例如在已知其趋势函数 $f(\bar{Z})$ 的条件下，由 $COEFZ^2[f(\bar{Z}),\bar{Z}]\in[0.5,1]$，算出强自组织分布区域的上、下边界，就是可行了。例如若设 $\bar{Z}_s$ 值为强自组织分布区的下界值，则强自组织性分布区为域 $[0.5,\bar{Z}_s]$；由 $COEFZ^2[f(\bar{Z}),\bar{Z}]\in[0.25,0.5]$，解出中等自组织区域上、下界值，划分出了相应中等自组织区域 $(\bar{Z}_s,\bar{Z}_m)$；如此再做下去，又划分出弱自组织区域及非自组织区域。自组织程度等值线可通过求解方程式：

$$COEFZ^2[f(\bar{Z}),\bar{Z}]=自组织赋值 \qquad (5-25)$$

变异函数，过去曾命名为结构函数，可见它是同岩柱非均质结构有关系的，它与相关系数函数有定量关系，可以相互转换。结构函数很直白，相关系数函数也副其实。前面应用了相关系数函数，相关系数函数值越高，则自组织程度越高；变异函数被方差做除之后，与相关系数函数之和，不论距离 $\bar{d}$ 值大或小，总是等于"1"。即是说，相关系数函数值越大，对应变异函数方差越小，直至零值。变异函数同样与参数场的趋势值有关，但一般未把这个内容明确提出来，只限定它仅当趋势函数为常数或趋势函数本身为距离的线性函数时适用，否则理论上讲就不适用了，但在实践问题中，经常被隐晦不提。前面在讨论问题上时，就明明白白地说清楚了，先要找趋势函数，然后再求相关系数函数的平方：$COEFZ^2[f(\bar{Z}),\bar{Z}]$，再用于讨论岩柱内部结构的自组织程度。虽然这种做法有时在求解参数场的趋势函数 $f(\bar{Z})$ 时会遇到困难（由于样本太小而引起，或由于函数 $f(\bar{Z})$ 随 E 值振荡引起），但把情况都摆出来了，努力克服的困难也明白了，反而有好处。

最难处理的问题要属多段多韵律层，其实质是韵律性不强的表现，趋势函数本身变化多端。对这种问题，干脆就把握大趋势，粗放性地去抓主要倾向，不拘细节，大趋势内反映信息的内核。在此，仅给出一种处理问题的原则。与正韵律类型不同，零韵律类型仅当趋势函数近于常数，而随机项的作用又小，经人们综合之后给它定义的，它的趋势函数无动荡之嫌。"零韵律性"表示完全自组织了起来，没有裂痕可究。

第三节 平面沉积自组织结构

下面进展到了单油层平面沉积体系自组织结构研究问题，简称为宏观自组织性研究。先从平面上油层连通较好的单油层谈起，其中最具特色又最难掌握的类别要属河道沉积体系了，它是平面油藏表征定量化的难点所在，本书吸收了沉积学知识开展研究。

把河道沉积砂体作为整体看待，垂直河道走向，任选一个剖面都可看到，单层顶面平整（高度为 Z_τ），底面高低不同，或向下凸出，或向上凸起，或底面平整。若以底部平整面连线为底基面高度 Z_b，并作为坐标横轴线，即 x 轴。垂直底基面，任选一个位置，作垂直线，作为纵坐标轴（Z），并假设向下为正方向，向上为负方向。坐标原点（x_o，z_o）从零点起。平整的顶面，其纵坐标 $Z=Z_\tau$，如图 5-7 所示。

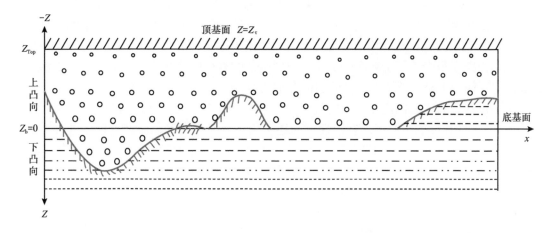

图 5-7 河道沉积单层纵剖面示意图——"顶平下凸"

定义下凸度函数，其数学表达式可以用式（5-26）表示：

$$\Delta \bar{Z}(x) = [Z(x) - Z_b]/(Z_\tau - Z_b) \qquad (5\text{-}26)$$

$$\forall \Delta \bar{Z} = \begin{cases} = 0, & \text{底面平整域} \\ > 0, & \text{底面下切域} \\ < 0, & \text{底面上抬域} \end{cases}$$

式中：$Z(x)$ 为底部不渗透面高度随位置变化的函数，用于表示本剖面上随 x 而变化的"凸度""凹度""平整度"等情况。若凹度用负凸度表示，平台处凸度为零，则下凸程度囊括了上述三种情况，作为下凸程度定义。

但是，若把河道沉积视为一个整体，除了图 5-7 剖面而外，还有顺河道方向的其他剖面，用众多剖面表示整体。假设河流走向沿 $\vec{l}$ 曲线坐标变化，垂直 $\vec{l}$ 曲线的剖面坐标轴仍

沿用已定义的 x 轴和 z 轴，于是描述河道整体的三维坐标，坐标轴应再增加一个 $\bar{l}$ 轴。增加了 $\bar{l}$ 轴之后，河道沉积整体这个空间上某一点坐标就可以表示为 $M(x,z,\bar{l})$。相应地，顺坐标 $\vec{l}$ 各个上剖面，"下凸起程度"的表达公式就可以扩展用于整体的描述形式：

$$\Delta \bar{Z}(x,\bar{l}) = \frac{Z(x,\bar{l}) - Z_b(\bar{l})}{\left| Z_\tau(\bar{l}) - Z_b(\bar{l}) \right|} \tag{5-27}$$

分母 "$|\cdot|$" 表示绝对值。由此就引出了一个三维空间的下凸程度函数，简称其为下凸度函数。

一、下凸度函数及其应用

下凸度函数的含义也已明确，现在重新回到图 5-7。该剖面图表示出了底面凸、凹不平和顶面平整等几何形态，这些形态是有各自生成原因的，河道内主流带由于其流速较高，具有"下切"（切入底基面）功能，且与此主流带相对应的沉积物，只能是粒度较大的砂粒，且沉积物内很少杂质，直观看去，感觉属于纯净砂。又由于主流带在平面上有较强的连续性，且在河道沉积体内有主导作用或支配作用，杂质很少，直观看去，砂粒较大，且沉积物内杂质很少，属于纯净砂。在它邻域内部的岩性则彼此差异很大。图 5-7 示意性地表示出了纵向上越接近顶部，砂粒逐渐变细的特征。

下凸度函数有丰富的内涵，在定量方面，有不同程度上的差别，例如不同程度的"正下凸度"、不同程度的负凸度。在定性方面还可用于对河道内沉积体这一整体进行平面上子区域划分，例如划分为"正凸度"分布域、"负凸度"分布域和"零凸度"分布域等；当条件允许时，还可依据井位处"下凸度函数"已知值，结合河道分布、子区域划分、下凸度函数已知值，结合运算河道分布、子区域划分、沉积微相等地质综合研究来推测"下凸度函数值"分布图。

根据笔者的理解，下凸度函数就是支配、役使其他中观和宏观非均质特性的序参量。自组织理论告诉人们，对于任一复杂系统，存在许多状态变量，其中必有一个或少数几个由状态变量相组织起来而成的序参量，可使未知量的个数大大减少，并为研究定量表征问题指出方向。这正是所企求的。下面还将更具体地讨论相关内容。

二、下凸度函数与其他非均质特性的关系

图 5-7 展示了河道沉积体岩性在平面和纵向上的变化特点，附设的公式也给出了下凸度函数值的计算方法。在大庆油田小层平面图上，已提供了关于下切或上抬情况，各井的原始静态数据可借来使用。下凸度函数的获得，是认识河道沉积体系非均质结构并对此进行定量表征的突破口。它是一个三维空间上定义的函数，是关于河道沉积（连同河岸在内）静态自组织结构的印记。所表达的内容是河道沉积过程演化情况，是自组织行动所遗留下来的结果。关于序参量的概念以及序参量的役使作用，来自《系统科学》[1] 中一般意义的自组织理论。把它们借用过来，用于笔者的研究课题，其中的道理是什么，实践基础如何，应该是一项专门研究任务。下面将讨论对此问题的看法——用事实说话。

先从单层纵向已取得的特征数字开始。若把已完钻的各井所取得的数据汇总起来，作

为河道整体的观测点来考察，并将观察结果绘于图 5-8 上，图中：$\overline{CONVEX}$ 为归一化下凸度函数值；$\overline{HKZ}$ 为单层纵向归一化流动系数；$\overline{S_z}$ 为单层纵向归一化变差；$\overline{KHYMNZ}$ 为单层纵向归一化正韵律度；$\overline{\xi_z}$ 为单层纵向归一化岩性均匀度；$\overline{COEFZ}$ 为单层纵向归一化相关系数。

横坐标 $\overline{CONVEX}$ 代表归一化之后 "下凸度函数" 值。归一化方法是所考察的区域 Ω 内，首先选择有效井点上 "下凸度函数" 最大的数值，记为 $\underset{1 \leqslant j \leqslant NW}{\mathrm{Max}}\left[-CONVEX(j_0)\right]$，其中 j_0 表示该井的编号。然后以此最大值作分母，去除各有效井位上的 "下凸度函数" 值得 $\overline{CONVEX(i)} = CONVEX(i) / \underset{1 \leqslant j \leqslant NW}{\mathrm{Max}}\left[-CONVEX(j_0)\right]$。

以此类推，得到其他归一化参量。对于每个有效井，经归一化之后，"下凸度函数" 不同，以它作横坐标，后以其他归一化后数字表征为纵坐标，把各有效井点上的数据摆放到坐标图上，形成了图 5-8 中的多条曲线。

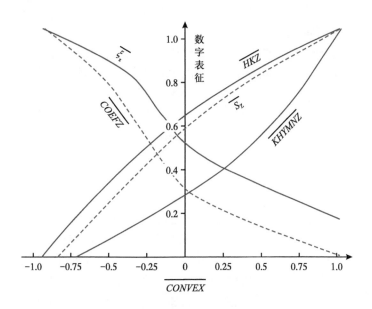

图 5-8　"下凸度函数" 的役使作用示意图

图 5-8 表示出了 "下凸度函数" 与其他非均质参量之间的对应关系。具体包括以下五点。

（1）随着 "下凸度函数" 值的增加，该井位上单层厚度与其平均渗透率乘积（流动系数）增加，从 "下凸度函数" 值负值开始（"上凸度" 值），直到零值和正值，都存在一致性的关系。

（2）类似地，单层纵向非均质变差，经归一化之后，也存在随 "下凸度函数" 值单调递增关系，表示了 "下凸度函数" 值越大，相应渗透率非均质性、变差数值 $\overline{S_z}$ 也越大。

（3）"正韵律度" 经归一化之后，与 "下凸度函数" 值之间，同样存在递增关系。

（4）岩性的均匀程度 ξ_z，经归一化之后，与 "下凸度函数" 值之间关系为："下凸度函数" 值越大，均匀程度越差。

（5）单层纵向参数的相关系数，经归一化之后，其数值随"下凸度函数"值的增大，参数相关性越差。

还有其他特性参数就不一一列举了。正如图 5-8 的名称所表述的那样，这是一张示意图，也就是说，并不是根据实际数据所统计出来的，而是在自组织定理指引下，由人们接触过大量实际数据之后，在人们头脑中留下了对它们关系的印象，再经过人脑的臆测而产生的，定性上正确、定量上基本正确的结果，叫定性半定量的正确成果。有序的概念与有组织概念是一致的。有序并不等同于数学中的绝对正确。有序是从偏序的概念下发展起来的。例如一个学生群体中有两个学生，同行同步地结合在一起，这学生群体中就出现了偏序。出现偏序还未决定群体整体性质，但是，若偏序个数太多，或偏序中涉及的不只两个人，而是涉及较多的人，则群体性质就受到偏序的影响，甚至群体性质发生了质变，这就过渡到了完全有序。序参量是有序程度级次的变量。再补充一句，有序也因随机性或混沌性影响而产生序的破缺，有序与无序并存的情况。经过上述辩证之后，图 5-8 可认为是以有序（或有组织的）为主，有序级次足以达到了"定性正确""定量基本正确"的高度，或把它叫作"科学臆测成果"。感兴趣的同行们可以直接做些统计检验工作，检查这个猜想是否完全正确，或做何修正。

对于图 5-8 表达的"下凸度函数"役使规律，若经过肯定之后，这对后面研究表征定量化问题，可就简化了很多，可从自变量出发认识因变量，也可从因变量出发认识自变量，如此等等。

前面已经谈到，按照河道沉积体"下凸度函数"值的正值区、负值区、零值区划分为三个自组织特性和生产功能性质完全不同的子区域，这三个子区域内岩性组织结构和结构性的注水开发属性分别表达如下。

（1）"下凸度函数"正值区（下切子区域），亦可称为在沉积历史上曾经出现过河道主流域通过的子区域。"下切"是主流域通过的标记，一旦主流域沉积被更迭，紧接着，其他沉积过程开启、接替、转换……单层纵向岩柱沉积，前赴后继，是一个有组织的行动序列。岩柱自下而上的岩性变化是沉积历史变迁的静态记录（EP 迹），它就是纵向自组织结构特性。对纵向自组织结构特性的定性及定量描述方法，已在前面介绍了。这里将着眼点再次放大，即从岩柱之间自组织研究放大到平面位置上各岩柱之间自组织性质与自组织程度上来，也就是扩大到宏观自组织问题上来，即是对河道沉积体系三维空间内自组织结构研究上来。如果说对岩柱内部研究是对沉积历史过程研究的话，现在进入到平面上沉积体自组织结构研究，则是对同一沉积时代内在平面上完成的自组织结构内的研究，或说，在不同平面位置对岩柱与岩柱之间的研究。

从岩柱的视角上看，不论在沉积历史上经历了什么变化，只要在这个岩柱内曾经出现过主河道沉积时期，那么这个岩柱就被称为"下凸度函数"正值分布域 Ω。在这种子区域内，其单层厚度大，纵向平均渗透率高、底部沉积物粒度粗，且均匀、正韵律度高，非均质性严重。这种油层内，经注水之后，一般都有三种不同的剩余油存在方式：注入水驱油水洗层段，注入水浸润层段，原始含油层段。关于三种剩余油类型并存的原因见本章第一节，而它们在开发过程中的演化情况见本书第七章。

（2）河道沉积体系内的"下凸度函数"零值分布区域 Ω_2 与上述 Ω_1 区域相比较，这里各项静态特性的变化都转向平缓，动态功能指标虽然与 Ω_1 域内相似，但也趋于缓和，特别表现在"原始状态"剩余油层段，量级减小；水驱油层段内驱油效果仍然较强，但不及Ω_1域内表现得强烈；注入水浸润层段占该层相对厚度增加。

（3）"下凸度函数"值，负值分布区域为Ω_3。负值分布区一般出现在河道内及其边缘上，散落型分布，甚至以孤立方式存在。它们本身占有储量，与邻近的Ω_2及Ω_1区域内的储量相比，具有少数份额，岩柱内岩性较均匀，厚度及渗透率也较其他子区域低，也就是说在此地质条件下，它们属于弱势。但是，这种位置上的生产功能却不容低估，甚至出乎预料。例如早期在油田上所找出的既高产又稳产的井，都出于此三类区域的交界地区：Ω_1与Ω_3，Ω_1与Ω_2，Ω_2与Ω_3，这就可说明问题了。为认识其中道理，在室内又做了专项研究，证实了上述结论。并把它提升了起来，形成了油藏生产精细管理中指导油水井井位设计部署应与平面非均质条件相适应的指导原则。详见本书第七章和第八章。

河道沉积体系内，对上述三个子区域的划分和对三个子区域内开发动态特点的认识，是对平面上沉积体自组织结构的功能性质所做的评述。可贵的是，上述成绩是对沉积地质研究中带有机制性认识的部分的重要补充。

三、非河道沉积体系内单层平面研究

河道沉积外围还有河漫滩沉积，同属河流沉积类型的还有曲流河沉积等。曲流河沉积体内因规模较小，有效钻井数目较少。但是，其形成机制同前面讨论过的河道沉积没有本质性差别。与河道沉积无关的其他环境下的沉积体系，在此也不做逐一讨论了，只按照大庆油田遇到的类型，做一些类别间对比性质说明。

第一种，为河道沉积（已讨论过了）。

第二种，非河道沉积所形成的厚油层，这种类型在平面上岩性变化比较单一，纵向上岩性变化也较缓和，但变化频率高，其内部级差小。注入水之后，仍然有前述三种不同类型的剩余油存在方式，但驱油水洗段不像河道沉积体内那么强势，抑制其他层段内驱油前缘向前运动的能力也减弱了。注入水未曾进入的未水洗层段规模大幅降低；注入水浸润段的相对厚度增加；与河道沉积体相比，单层总体含水率上升变得缓慢，是高产稳产的支撑类型。利用检查井取心分析资料，并综合其他类型岩柱内注入水水洗或水淹状况，做整体回归研究，可得到统一的规律。

第三种，单层内单一相对均匀段类，这类油层在大庆油田是存在的，它很像室内特制的由均匀粒度组成的那种理想模型。用这类岩心开发水驱油实验，即使在油水黏度比大于1的条件下，也接近于"活塞式"水驱油的驱替方式，无水期驱油效率高，见水后含水率陡升，最终驱油效率也比较高。大庆长垣，越靠南部地区，这种类型油层数目还越多，这是一类很个性的油层，其独有的特征颇受重视。把它们单独划归一类，除了独具特性而外，在生产管理中，它们见水之后对其他同采油层的生产井，处理不当时，还会降低其他油层的有效动用能力。

第四种，曲流（分流）河道沉积类型，河道窄，支流多，在它们内部其驱油情况与河道沉积体类似，但是，由于它们狭窄，且流经方向多变，因此，设法提高注采井网对这类河道砂的水驱控制程度是主要对策。连同曲流河以外的分布范围较小、个数多的油砂体一起，统归一类。表面看来，它们应属无组织的那部分，但从它们的总体来看，整体统计规律性质是可循的，如本书所得到的井网密度注水方式与这类油层相适应的规律那样。其实

小油砂体内部非均质情况并不复杂，只要经过井网控制之后，它们的水驱开发效果还是比较好的。

第五种，低渗透率薄层类，它们平面延展广泛，纵向岩性变化也较缓和。开发这类油层还要适度缩小注采井距，加以分层改造措施。这类油层注水开发效果并不差。

本章小结

本章提出了微观自组织性的论点，即：岩样内砂粒并不是把粗粒、细粒互相掺和好了之后一起沉积而成，而是有组织性地分为粗粒度均一微细层沉积，细粒度均一微细层沉积，周期性的沉积叠合而成。还研究了与其自组织结构相对应的、不同水驱油过程中的水洗功能差别，提出了非活塞水驱油产生的原因，分析了水驱油效率影响因素和岩样渗透率方向性产生原因。

微观自组织沉积结构，是在某沉积大环境相对稳定时期内，由于细微环境振荡而形成的。大环境更替变化，跨越微细环境振荡期，又造成了由多个相对均质层段集成的单油层，名为"中观"自组织静态结构。分析了注水开发过程中各种剩余油存在方式的演化研究，提出了三种不同类型水洗层段的存在条件及规模大小、发展远景的深度认识。还介绍静态自组织结构的自组织程度定性区划、定量计算方法研究，得到了与韵律性鉴别方法相结合得更加定量化的描述自组织程度的整套方法。

"下凸度函数"是河道沉积整体的"序参量"，它既是表达平面上自组织结构的"工具"，又是通过各位置上的函数值掌握该位置上纵向非均质岩柱自组织性各项特征的"桥梁"。

参 考 文 献

[1] 许国志，顾基发，车宏安．等，系统科学［M］．上海：上海科技教育出版社，2000.
[2] Bastin G．根据离散资料进行随机场识别和最优估计［M］．李励，译．北京：石油工业出版社，1990.
[3] 姚德民，梁俊国．研究复杂系统的新方法——自组织理论的应用［J］//决策科学与系统工程［M］．天津：海军出版社，1990.

第六章　单油层沉积建造及模拟

地质研究已经提供了沉积单元的油水井砂岩数据，下一步就是依据这些数据绘制参数等值图。此项工作自 20 世纪 50 年代开始，克里金（Krige）就提出了井间位置上参数内插方法，名为 Kriging 技术。至今为止，经历了 70 年，仍没有圆满地解决。在众多的相关研究中，法国 Matheron 因连续出版的几本专题论著而备受关注，其中，1965 年出版的《区域变数理论和它们的估值》[1]，在成功应用克里金技术解决此类问题方面迈出了重要一步，并形成了一个理论体系和方法体系。其中，应该强调两个要点，一是区域变数理论的概念；二是关于利用井数据进行井间插值，所得结果合理与否应满足的条件，即当且仅当该参数场属于平稳场或广义平稳场时，区域变数技术才能得到唯一正确的结果。关于平稳和广义平稳参数场的概念，在上一章内已经介绍过，在此不去重复。但是这项技术仍有不足，即是在一般情况下插值结果是多解的（不唯一）。

再回到现实问题中来，上一章内，把油层划分为五种，在这五种当中，哪一种类型是符合 Matheron 所指出的可能得到唯一正确结果所要求的条件呢？笔者以为，只有其中的两种类型：（1）单层内纵向岩性均匀，且平面上延展广泛，岩性变化又不大的那种类型，它可近似被视为平稳参数场；（2）非河道沉积体系的油层，它们在平面上变化是连续分布形态，且有效井点数据较多的单层，井点位置经过纵向上参数平均之后，其平面参数场近似于广义平稳参数场，即对应参数场的随机递变场近似属于平稳参数场。除列举的两种而外，其他类型的单油层，恐怕都离所要求的条件甚远。

以下两点读者也特别需要注意。（1）经常遇到的河道沉积体系，虽然分布面积可以宽阔，但河道沉积体内部稍经细分之后，可见其内部间断性很强的子区域之间存在不连续性，看起来同样也得不到唯一正确估值场的结果。虽然，克里金系列研究至今未断，甚至千方百计试图挽救它，但是至今尚未弥补。（2）运用多种观测参数，所谓联合克里金技术，也可提出可质疑之处，因可观测到的井点多参数之间，其中许多是彼此相关的，也就是说，运用了多参数未必能增加新的信息。

最后提出一个疑点，利用观测的井点数据去推测井间三维空间上的参数场，这也是不可行的，起码要补充足够的纵向上带有共性的信息。由此可得，从地质条件分析，只有其中一部分单层是可以利用插值技术得到良好结果的，换句话说，不分地质条件讨论一种统一适用的方法是不能成功的。以上就是绘制地质参数场的适用条件、近似适用条件和不适用地质条件的地质上的规定性。

第一节　通常使用的克里金技术

常用克里金技术在许多论文及有关专著中已给予了详细介绍，本书不再重复介绍，只给出引文。一篇很标准的文章，见李励 1990 年译文 [2]，此文是将 Bastin G、Gevers M 在 Automatic（1985 年第 121 卷第 2 期）发表的文章翻译过来的，名为《根据离散点资料进行随机场的识别和最优估计》。该书对于变异函数建模、参数场估值方法及使用效果都介绍得很详细，下面，只介绍后来在不同方面的发展。

第二节　相关性与相似性

相关性是个抽象的数学语言，通俗地讲，同一参数场内，一位置参数与另一位置参数是否相关，相关程度如何（自相关）；或这个参数场与那个参数场相关性如何（不限于是否在同一油藏），这是个整体相关性研究方法。

不确定性存在是通向成功的最大障碍。不确定性程度高低显然与建立油藏模型中所用到的知识、经验、资料、数据等的数量和质量是密切相关的。油田开发的各阶段对提供地质模型的描述精度要求不同，必须分阶段分级次提出精确性要求，使之适应特定阶段开发决策要求。研究不确定性与取资料的关系，大庆油田的做法"认识一步前进一步"，就是表达这个意思。建立上述关系就是需要有一个不确定性评估办法及明确降低不确定性的有效措施。这种工作几乎尚未见有关报道，仅文献 [3] 提出了一个简便易行方法。该方法的使用步骤如下。（1）先引用一套随机模型作标准，模型内随机或均匀设置了多个井位。把模型空间区域用网格剖分之后，将每一口井的井数据及参数相关关系输入计算机内，用于建立模型参数场，便于开展生产动态预测。因不同开发阶段，决策对各自提出的目标和精度要求不同，相应地对不同阶段所需资料要求也不同，故要得当。（2）从所引用的随机地质模型上，以采样的方式抽取出一部分井来，作为仿真井场地质建模之用。（3）用随机地质建模方法建立地质模型，采用不同井数的抽样井，其模型必然存在差异，尽管建模所采用的插值方法、约束条件等是相同的。利用全部井资料所建立的地质模型，使用的资料最多，因此，所建立的地质模型仿真程度最高，不确定性较小。而利用抽取出的部分井的资料，所建的模型存在更大的不确定性，因此这类模型输出的地质图件叫仿制图。前者称为原图。（4）明确动态预测项目后，利用原型和仿制地质模型分别进行油藏数值模拟，得到不确定性程度不同的两套或两套以上的生产动态数据。（5）将两套（或多套）生产数据进行比较。若设原地质模型所得动态结果为真，则以仿制地质模型为基础的模拟动态结果中含有不确定性，为了评价地质模型中的不确定性程度，在文献 [3] 内定义了一个"视相似因子"。设网格总数为 N_{net}，其编号为 $i=1$, 2, $\cdots$, N_{net}。设 Z_i 和 Y_i 分别是原地质模型和仿真地质模型上各网格节点上的静态数值（或动态数值），则"视相似因子"定义为：

$$\Gamma = \frac{\sum_i (Z_i - \bar{Z})(Y_i - \bar{Y})}{\sqrt{\sum_i (Z_i - \bar{Z})^2 \sum_i (Y_i - \bar{Y})^2}} \qquad (6\text{-}1)$$

$\bar{Z}$ 和 $\bar{Y}$ 分别是序列 Z_i 及 Y_i 的平均值。公式（6-1）定义的相似因子就是序列 Z_i 与 Y_i 之间的相关系数。关于相关系数定义，在一般数理统计教科书上都可以找到。按照相关系数的定义，当 $\Gamma=1$ 时，指两者间完全相关，在这里可以理解为仿制地质模型与原型地质模型完全相同。式（6-1）中的分子项是两序列间的相关矩。分母中的两个累加项分别为两序列各自的方差。当对应两个序列完全不相关时 $\Gamma=0$；不同的相关程度下 $\Gamma\in[0,1]$，也有人称它为空间内相似性系数。本书建模问题把 Γ 视为相对不确定性（程度），即：若把原地质参数场视为统计特性上的"真值"场，那么仿制的随机场必含有失真之处，失真程度就是不确定程度，或称不确定性。其实所谓原参数场也不是某油藏某单层的真值参数场。严格来说单油层纯粹真值场永远是得不到的，只能说利用所有井资料估算出的原参数场比井点抽稀仿制的场更接近于真实情况而已。

第三节　相似性（因子）的应用

相似性程度是指两个物理量或参数场存在一定的相关关系，若得其中一方，则另一方就应该在一定程度上得知；若完全相似时，另一方就可完全得知；若相似性不足为 1，则对另一方的认识就带有风险性了。因此（$1-\Gamma$）就是根据相关关系由一方认识另一方的风险率。这类课题很多，例如研究某个问题，应取什么资料？是取"甲"资料认识程度更高，还是取"乙"资料认识程度提高得更多？下面举三个例子加以说明。

一、例一：风险性评价

设下角标 i 为估计参数场时所使用的有效井数；上角标 j 是指选用什么方法估计参数场（其中方法很多，有生产历史模拟方法和克里金技术系列方法等）。再设 RF'_{opt} 为乐观估计结果，RF'_{pess} 为悲观估计结果，RF'_{base} 是基础估值结果，又以 URP' 代表风险率。其中 i 及 j 都是参数场估值条件，即是应用井数 i 口，借助第 j 种方法，得到了某个参数场估值结果。然后人们就可以利用这些预估参数场，再借助于油藏数值模拟商业软件，计算相应场上的油田开发生产指标了，例如"二次采油"阶段的采收率等。由于利用了乐观和悲观两种参数场估值结果，再加上人们对该问题的判断因素影响，对生产动态估值结果同样有乐观与悲观之别。设乐观与悲观采收率估值结果分别为 RF_{opt}，RF_{pess}（去掉上述静态场估值结果参量的撇号），于是得到了采收率估值结果的风险率为：

$$URP_i^{(j)} = \frac{\left(RF_{opt} - RF_{pess}\right)_i^{(j)}}{RF_{base}} \tag{6-2}$$

式中：RF_{base} 表示一种准确性很高的方法的估值结果，它所利用的有效井数及资料较多，或有其他原因支持。RF_{base} 是不容易获得的，它不受"乐观"与"悲观"估值的影响，因此，人们总想设法替代它，于是，建议在不同的条件井数 i 之下，仍采用共同的 j 估值方法，找最大的那个风险率 $URP_{max}^{(j)}$，于是：

$$URP_{max}^{(j)} = \frac{\max_i \left(RF_{opt} - RF_{pess}\right)_i^{(j)}}{RF_{base}} \tag{6-3}$$

然后再从式（6-2）和式（6-3）两式中消去 RF_{base}，得到：

$$\frac{URP_i^{(j)}}{URP_{max}^{(j)}} = \frac{\left(RF_{opt} - RF_{pess}\right)_i^{(j)}}{\max_i \left(RF_{opt} - RF_{pess}\right)_i^{(j)}} \tag{6-4}$$

其中 $URP_i\in[0,1]$，对任何 i 及 j 都成立，如果以采收率作为物理量，于是得到了采收率指标的不确定性。

二、例二：取资料中的对策

增加参数场估值录取资料的有效条件井数及增加压力恢复曲线测试覆盖井数，两种途径都能有效提高对油层的认识程度。1990 年 P.C. Fermando 根据不同的有效条件井数和某油层的认识程度 Γ，建立了两者的统计关系，得到了面积为 1372.5km^2 油藏的相似因子与井数的关系曲线，如图 6-1 所示。油藏认识程度与条件井数的对数呈线性关系，有效条件井数越多，认识程度也越高。除改变井数而外，如果还对所增加的资料录取井都追加压力恢复曲线测试，则油藏认识程度会得到进一步提高。对于面积为 1372.5km^2 的油藏实例，当条件井数增多到 20 口，油藏认识程度才可能到 60% 左右。这就表明，要精细地认识油藏，资料录取是极其重要的。

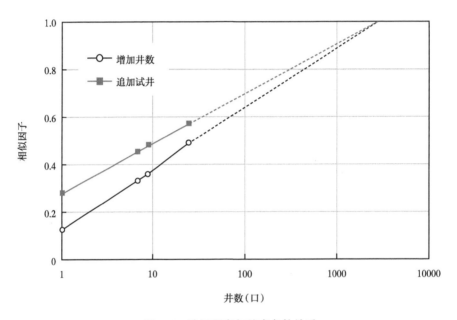

图 6-1　认识程度与约束条件关系

三、例三：采收率的不确定性与给出的条件之间关系

设 Γ 代表动态指标的确定性，（$1-\Gamma$）代表标定采收率结果的不确定性。经过参数场估值及数值模拟计算之后，得到采收率在两种条件下的不确定性，结果如图 6-2 所示。由关系曲线可见，对于同一油层，随着参数场估值使用的资料井井数增多，采收率估值结果的不确定性减少。当井数增加到 20 口以上，采收率不确定性的数值就会低于 5%，这说明录取足够的井资料是准确预测开发指标的前提条件。而当录取资料井数少于 10 口时，追加试井测试资料能够大大降低采收率预测结果的不确定性。关于相关性或相似性概念的使用，下面还将进一步介绍。

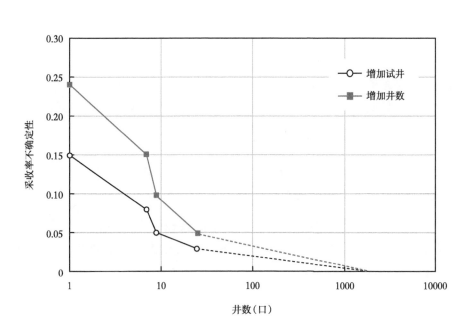

图 6-2 采收率估值不确定性与条件井数关系

第四节 实验变异函数的确定方法

变异函数（Variogram）的概念上章已经介绍过了。迄今为止，平面参数场许多地质建模问题都未离开变异函数。建立实验变异函数是研究平面参数场最基础的工作，然而，这是一项比较困难的工作，原因来自两方面，一方面建立函数要求尽可能取得丰富、齐全的能反映参数场特征的资料，另一方面，又缺乏能够提供如此详实的原始数据的场所。

通常的做法是，利用现井网密度下的井数据，从中抽取适合建模应用的参数对子，利用这些对子给出的两点间距离与对应参数差值平方，整理出实验变异函数。但是，一般井间距离较大，在变异函数随距离变化最剧烈的层段内难以找到距离较小的对子，因此，仅依靠井资料建立变异函数的方法存在较大的局限性。一段时间以来，国外学者特别强调利用地面露头近距离采样弥补井资料缺陷，也有报道这方面内容的不少文章。

1999 年 Anna Pizarro [4] 指出：若无关于参数场空间上连续变化的知识，也无露头数据，一般井间距离又远大于层内参数实际相关距离时，所造成的后果是显而易见的。既然如此，该文作者提出了一种简单易行的建议。因单层纵向上参数变化的变差与平面上参数变差都是比较容易得到的，利用纵向变差和平面变差两者间的比值，建立该比值与井间参数相关程度函数间的关系，找寻变异函数。笔者通过应用许多油田实际资料来验证他的这种建立变异函数的新思路是可取的。下一节，详细讨论这一方法。

第五节 建立变异函数的统计推断法

首先从具体数据整理入手，设某油田已有几口取心井，每一口取心井在纵向上各单元上的渗透率已知，平面上各井距离已知，通过计算就可以得到纵向变差及平面变差。Anna Pizarro[4]通过统计分析发现，水平和垂直方向参数的自相关程度与水平变差同垂向变差两数值的比值密切相关。依据这两条统计规律，就可以分别计算水平方向和垂直方向的自相关程度了。自相关程度是两点间距离的函数，前一章已经介绍过，自相关程度函数又与变异函数互为对应关系，于是就可找到变异函数了。下面讨论具体执行步骤。

假设许多井钻遇了同一油藏，图6-3列出了各井纵剖面储层物性，i（$i=1$，2，$\cdots$，N_w）为各井序号，$j=1$，2，$\cdots$，N_z表示层号，详见引文[4]。将各井纵剖面上数据取对数，$\overline{\ln(K)_i}$表示i井（分层参数取对数后）纵向平均值；$\delta^2(V/D)$表示第i井纵向变差；S_areal^2为水平方向关于$\overline{\ln(K)_i}$的变差；S_vert^2代表各井纵向变差的算术平均值。图6-3上半图表示各单元岩石物性分布情况，下半图表示中间计算结果。设研究区域为Ω，域内各井均匀分布，根据数理统计学，分井纵向变差δ^2（V/D）可用公式（6-5）表示：

$$S_i^2 = \frac{1}{N_\mathrm{wi}-1}\sum_{j=1}^{N_\mathrm{wi}}\left[\ln\left(K_{j,i}\right) - \overline{\ln\left(K\right)_i}\right]^2 \tag{6-5}$$

N_wi表示第i井分段总数。其中分母（$N_\mathrm{wi}-1$）是使用小子样计算变差时的规定，即无偏估值的要求。关于平面上变差的计算，与此类似，有：

$$S_\mathrm{areal}^2 = \frac{1}{N_\mathrm{w}-1}\sum_{i=1}^{N_\mathrm{w}}\left[\overline{\ln\left(k\right)i} - \overline{\ln\left(k\right)}\right]^2 \tag{6-6}$$

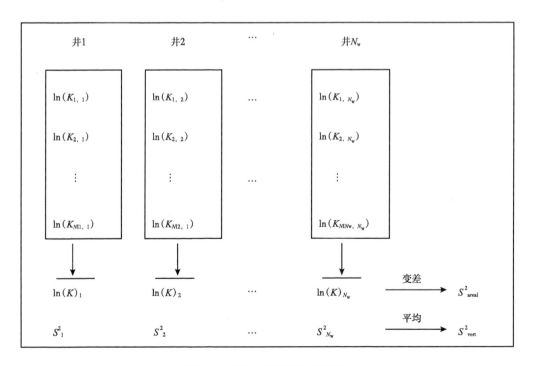

图6-3 渗透率变差算法示意图

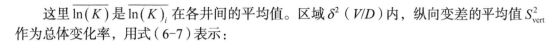

这里 $\overline{\ln(K)}$ 是 $\ln(K)_i$ 在各井间的平均值。区域 δ^2（V/D）内，纵向变差的平均值 S_{vert}^2 作为总体变化率，用式（6-7）表示：

$$S_{\mathrm{vert}}^2 = \frac{1}{N_{\mathrm{w}}} \sum_{i=1}^{N_{\mathrm{w}}} S_i^2 \tag{6-7}$$

变差是对方差的近似估值，随着样本增大，变差逐渐趋于方差，方差一般记为 $\sigma_{\mathrm{areal}}^2$ 及 σ_{vert}^2。

在典型情况下，可以推导出理论变异函数，经常被使用的有球型、指数型和幂律型（即截断分式型），其中：球型理论模型见公式（6-8），式中 h 表示相间距离，λ 为相关距离界限，即超过 λ 之后，两点之间参数互不相关。对于垂直方向，有 $\lambda=\lambda_z$，水平方向亦然。

$$\gamma(h) = \mathrm{cov}(0) \begin{cases} \dfrac{3}{2}\left(\dfrac{h}{\lambda}\right) - \dfrac{1}{2}\left(\dfrac{h}{\lambda}\right)^2, 当\ 0 \leqslant h \leqslant \lambda \\ 1 \qquad\qquad\qquad 当\ h \geqslant \lambda \end{cases} \tag{6-8}$$

指数型理论模型：

$$\gamma(h) = \mathrm{cov}(0)\mathrm{e}^{-\frac{h}{\lambda}} \tag{6-9}$$

幂律型理论公式：

$$\gamma(h) = \mathrm{cov}(0) \begin{cases} h^{2H}, 当\ 0 \leqslant h \leqslant \lambda \\ 1, 当\ h \geqslant \lambda \end{cases} \tag{6-10}$$

以上各式中 cov（0）为两点间距离为零时，变异函数的极限估值（俗称金块效应）。H 及 λ 均为待定常数。以上三个理论公式，经无量纲化之后绘成标准图，如图 6-4—图 6-6 所示。每张图上，$\lambda_{\mathrm{ZD}} = \overline{\gamma}_{\mathrm{ZD}}(\overline{h}) = \gamma_Z(\overline{h})/\mathrm{cov}(0)$，$\overline{h} = h/\lambda$。同理也可得 $\lambda_{\mathrm{XD}} = \overline{\gamma}_{\mathrm{XD}}(\overline{h})$。

这三张典型理论图分别是 $S_{\mathrm{areal}}^2/S_{\mathrm{vert}}^2$、$\lambda_{\mathrm{XD}}$ 与 $\overline{h}$ 之间的关系。但特别声明：因幂律式特点，图 6-6 在无量纲化时改用：

$$\lambda_{\mathrm{XD}} = \gamma_X(\overline{h})/\left[\mathrm{cov}(0)(\lambda_X)^{2H}\right]$$

$$\lambda_{\mathrm{ZD}} = \gamma_Z(\overline{h})/\left[\mathrm{cov}(0)(\lambda_z)^{2H}\right]$$

图 6-4 至图 6-6 三张图 [4] 上，纵坐标是比值 $S_{\mathrm{areal}}^2/S_{\mathrm{vert}}^2$，横坐标为 $\overline{h}$，曲线图标统一用 λ_{ZD}。

关于 λ_{XD}，也可利用与上述相同方法得到。X 和 Z 可以选定为直角坐标的两个正交方向，还可以因问题的需要，选用另外方向。

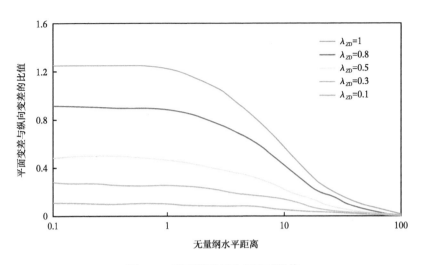

图 6-4　球型模型理论变异函数值

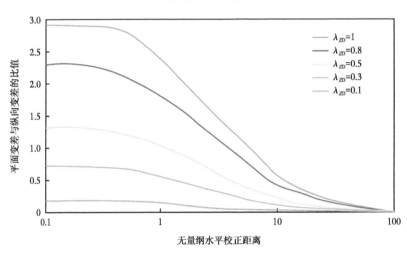

图 6-5　指数型模型理论变异函数值

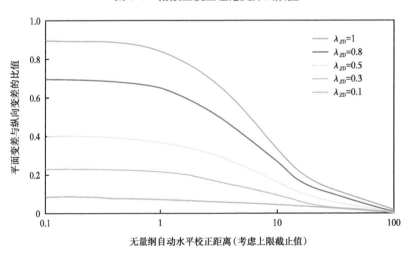

图 6-6　幂律型模型理论变异函数值

上述三张图所表达的纵向参数与横向参数之间的关系（例如相关函数或变异函数），虽说是从统计规律中产生，但是也有着一定的沉积学依据，即横向变迁与纵向变迁有关。这三张图虽引自理论家们研究工作成果，简称三种理论模型，但是代表性极强。至今为止，像建立变异函数这样的工作有诸多要求，真正能够实用的模型只有少数几种，这里是其中的三种。更详细情况请见 Kitanidis 等人[5] 的文章。所提供的统计规律，还可用其他理论模型表达，这是不言而喻的。表面看来，这段叙述仅限于提供了寻找变异函数的捷径，实际上它的意义远非如此，如同原创者所言："这个方法源自许多学者做了大量矿场统计工作之后产生的一个统计规律"，"一旦形成之后，就有了一般使用价值"。还需强调的是，"在使用之时，样本要大一些，以便减少统计误差。"

这个统计方法在 EI Mar 油田应用中得到了良好结果。参加统计的有油藏内的某个层，且在统计过程中选用了南北向的连井剖面，又选取了东西向连井剖面，两组剖面独立进行。统计结果见表 6-1。对比两个不同剖面各井点不同层段纵向相关程度，南北向剖面与东西向剖面的差别不大。利用三种典型公式，结果皆如此。但是，指数公式表达出的相关距离，其表达能力要差一些。其他两个典型公式的评价结果比较接近。

表 6-1　EI Mar 油藏两种剖面统计结果[4]

参数	东西剖面				南北剖面						
	1514 井	1513 井	1512 井	均值	1574 井	1524 井	1534 井	1532 井	1814 井	1824 井	均值
纵向 ln（K）均值	1.15	2.25	2.17	1.86	1.15	1.60	2.30	1.85	1.85	1.58	1.87
纵向 ln（K）变差	1.96	2.44	2.81	2.46	1.96	1.47	0.41	4.00	4.00	1.71	1.95
纵向相关距（球型）	0.21	0.18	0.17	0.19	0.21	0.20	0.23	0.23	0.22	0.24	0.22
纵向相关距（指数）	0.09	0.07	0.08	0.08	0.09	0.08	0.12	0.12	0.11	0.11	0.10
纵向相关距（幂律）	0.35	0.26	0.34	0.32	0.35	0.28	0.31	0.30	0.48	0.30	0.35

EI Mar 油藏，试采阶段主要生产 "A" 砂体及其下面的 "B" 砂体。因 "B" 砂体取心资料较少，故下面主要分析 "A" 砂体。Dutton[6] 讨论了 "A" 层及其他层的沉积环境，"A" 砂岩体为浊积砂岩，呈北北东方向分布。也就是说，从沉积环境来看，该砂岩体的平面走势是有方向性的。利用原始资料计算出的 S_{areal}^2 和 S_{vert}^2，分别用前述三种典型公式予以试算，其结果[4] 指出，幂律公式在 $H=0.15$ 情况下较适用；其次是球型公式。为此重新制作了一张图，如图 6-7 所示。

图 6-7 是经过 50 次实现而得到的。该图考虑统计误差 δ^2（V/D）后，分析了误差对结果的影响。图上的阴影区域是考虑误差 δ^2（V/D）之后 λ_{ZD} 的可能数值。$\lambda_{ZD}=0.5$ 及 $\lambda_{ZD}=0.1$ 是南北剖面和东西剖面两个子区域的中值，具体数据见表 6-2。对比表 6-1 与表 6-2 中的数据可以看出，横向（即平面）相关距离远比纵向要大，尤其是幂律情况。还可看出，南北方向剖面相关距离比东西向要大，这与该油藏沉积环境分析结果是一致的。

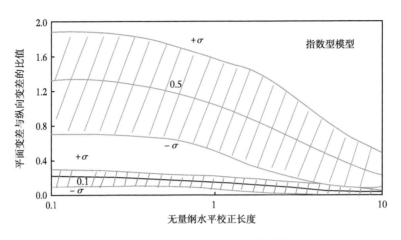

图 6-7　考虑 $\lambda_{ZD}\pm\sigma$ 后引起的变化

表 6-2　EI Mar 油藏内岩石物性相关性分析

剖面	南北剖面	东西剖面
平面变差	0.25	0.37
纵向变差	0.46	0.46
平面变差 / 纵向变差	0.12	0.15
λ_{XD}（球型）	4.0	1.2
λ_{XD}（指数）	2.0	1.0
λ_{XD}（幂律）	6.0	3.0

　　EI Mar 油藏纵向自相关距在 0.1~0.3 之间，南北剖面方向 2~6 倍于水平方向平均值，几乎两倍于东西方向（图 6-8）。这一结果与所提出的该地区自相关性估值以及岩体分布走势都是一致的。通常，只考虑平面上的井点数据，而忽视井点各方向差别，笼统地去寻找

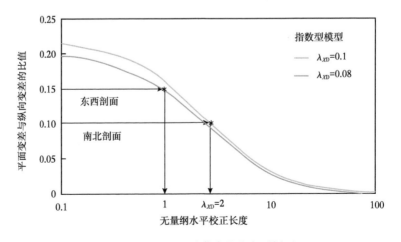

图 6-8　EI Mar 油藏南北和东西剖面

自相关性或寻找变异函数的做法，是不够严格的，甚至导致错误。还要强调，不论采用什么方法，都应与不同沉积环境下形成的含油砂体分布形态及其沉积物源方向的定向特性结合起来。

前面所讨论的三种理论模型，它们都是在未计砂体形态特性的条件下推导出来的，是否还适用于广泛条件？回答是否定的。因此，应配套进行参数场分布一定程度的定向性研究，甚至要把它们引入到随机场参数纵横向模拟估值方法中去。地质建模随机场模拟所采用的统计处理方法，应广泛适用。

分析不同测试方法所得参数结果的不同尺度性质，做到尺度性质统一，是准备原始已知参数中一项重要内容。一般所谓随机参数场模拟，是在综合利用有效井点参数的基础上展开的。而井点参数的来源有岩心分析、试井、测井……各种方式获得的原始数据所代表的尺度不同，数值上差别还很大，怎样预先处理好这种问题，成为基础性内容之一。例如包括 Neuman[7] 提出的《关于通用渗透率尺度和尺度所起的作用》一文在内，诸多学者曾研究过这类问题。他们一个强烈的观点是重视代表性尺度参数的获得；重视随着尺度的增大，平均性变差缩小规律研究，使之更适合克里金技术的应用。若把矿藏（D）划分为块状（V），分块岩石因带有平均性质，它的方差就视为岩块方差，可化为 $\sigma^2(V/D)$。岩样内部点级的尺度又属于"点量级"尺度，它的方差可记为 $\sigma^2(O/V)$（O 指点量级，V 指岩块量级）。经过推导，得到了一个两者方差彼此间的关系式。

$$\sigma^2(V/D) = \sigma^2(O/D) - \sigma^2(O/V) \tag{6-11}$$

在人们的概念中，"块"代表一口"井"，"点级"代表"井级"内的某一块岩样，油藏分块后，方差 $\sigma^2(V/D)$ 使用上面的对应关系，前面讨论过的克里金关系，处于以下对应关系：

$$\sigma^2 = S_{areal}^2 + S_{vert}^2 \tag{6-12}$$

图 6-9 表示 λ_{XD} 从 0.1 到 100 变化过程中，各种方差（变差）的变化情况。横坐标 λ_{XD} 是无量纲水平方向相关长度，纵坐标指变差 σ^2，图中虚线表示解析计算结果，实线表示数值法计算结果。由图 6-9 可见，当 $\sigma^2=1$ 时，指数公式计算出的 $S_{areal}^2+S_{vert}^2$ 保持不变[4]，并等于克里金关系 $\sigma^2=S_{areal}^2+S_{vert}^2$ 与对应的关系，一方面是用解析法得到，另一方面由数值解得到，引文 Yang[8] 依据生成油藏渗透率场的方法，开发出了一套程序。

几点注意事项：（1）前面三个理论变异函数与自相关程度有关。为了具体说明这些关系，要单独绘一张图[4]，如图 6-10 所示。Hurst 系数代表数据之间自相关程度。在此图上，令 $\lambda_{XD}=1$。某油藏，若水平方向自相关性很强（例如 $\lambda_{XD}=100$），则 Hurst 数值越大，比值 S_{areal}^2/S_{vert}^2 就越小。然而，经改变纵向变差后，Hurst 数值增加时，比值 S_{areal}^2/S_{vert}^2 也增加。

（2）当 $\lambda_{ZD} > 0.1$ 之后，随着比值 S_{areal}^2/S_{vert}^2 增加，水平向无量纲自相关长度缓慢增加，直至 $\bar{h}_{XD}$ 到达 1.0 之后，下降情况渐趋缓和。这种性质对于前面讨论的三个理论变异函数图幅也都存在。究其原因，当 $\bar{h}_{XD} \geqslant 1.0$ 之后，它们之间的性质与此前不同，因为它的自相关距离本来就很小，甚至比井距还小，公式已超出了它正常适用的范围。注意，$\bar{h}_{XD}=1.0$ 正是它的边界值，超出这个适用区域的边界就该当如此。

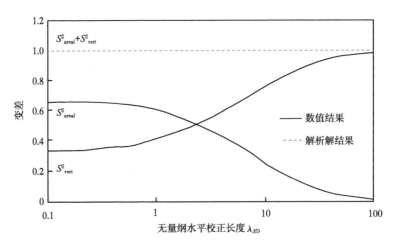

图 6-9 指数型，$\lambda_{ZD}=0.8$ 时的解析效果（利用 50 次实现获得）

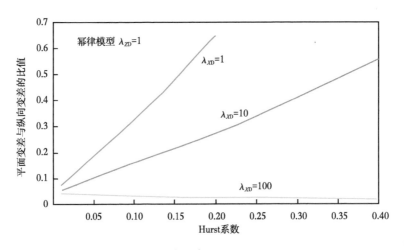

图 6-10 比值 S^2_{areal}/S^2_{vert} 与 Hurst 敏感度关系

（3）还应注意到另一个限制条件，在确定比值 S^2_{areal}/S^2_{vert} 时，能否把只应用了 50 次实现（对参数场采样）所得结论推广到广泛适用的程度？回答是可以的，不过还应注意，变差比值内含误差巨大的层段或井点数据，以及横向岩层其自相关有效距离很小时，上述工作就不适用了。具体情况，如图 6-7 所示。若给一个方差根 $\sigma > 0$，并将它加在 λ_{ZD} 上去，根据该图显示：当比值 S^2_{areal}/S^2_{vert} 比较小时，$\lambda_{ZD}\pm\sigma$ 对正常结果影响不大；但当该比值较大时，情况却不同，$\pm\sigma$ 值的作用就十分重要。

总之，为认识油藏某单元内部组织结构，建立该单元的变异函数是至关重要的。多方面的证据使笔者认识到，只利用井网上各井点上的数据来完成此事是不能胜任的。除特殊沉积环境和沉积体系而外，都只能应用本章介绍的方法，对于浅水沉积体及河道沉积体尤为如此。可能的选项，或利用地下数据及与其极为相似的地面露头采样数据，否则是极不现实的。本书推荐以统计规律推断法为主，其他方法为辅，因为所介绍的统计规律其基础是牢固的。获得实验变异函数曲线之后，不得直接使用，还必须将它同所选定的理论模型进行匹配，正确地辨识出该模型中的两个待定参数，确定适应的理论模型。

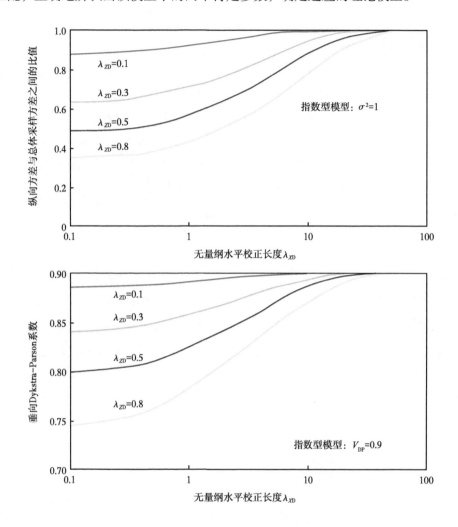

图 6-11　垂向 Dykstra-Parson 系数导向图

（4）最后应注意，前面所引入的参数 λ_{ZD}、比值 S^2_{areal}/S^2_{vert} 和三种理论变异函数之间关系，应该与油藏工程中经常使用的、用于表示非均质性质的特征量，例如 Dykstra-Parson 系数（记为 V_{DP}）相互校验。为了具体说明它们之间对应关系，专门制作了图 6-11。图 6-11 分上下两幅[4]，它们都是采用指数型理论模型制作的。两图横坐标是相同的，都是无量纲水平相关长度；上图纵坐标是纵向方差与总体采样方差之间的比值，下图纵坐标为总体采样 Dykstra-Parson（人名）系数。上图假设总体方差为 $\sigma^2=1$，随纵向方差与总体采样方差之间的比值降低，纵向相关性质变好，对应纵向变异函数值 λ_{ZD} 增加。下图假设 $V_{DP}=0.9$（总体的参数），该系数增加（即非均质性严重），相应地质单元纵向变异函数值变小，反之，当非均质性减小时，纵向变异函数值增加。

第六节　变异函数泛函

一、变异函数的方向性

上一节定义的变异函数是关于两点间参数相关性质与距离之间的函数，而更加现实的情况则是两类间参数，不仅与两点距离有关，还与两点间连线的方向有关，这就是说，变异函数是从空间向量映射到一维实空间的泛函。前面把两点间距离用一个实变量 h 表示，如果推广到矢量实空间，则两点间的位移是带有方向性的，就应记为 $\bar{h}$，而变异函数泛函记为 $\lambda(\bar{h})$。下面就需再声明两点之间距离 h 是指横向距离或纵向距离之区分了。

向量定义应用极坐标时，水平方向和垂直方向的距离分别为：

$$\begin{cases} h_x = \| \bar{h} \| \cos\phi \\ h_y = \| \bar{h} \| \sin\phi \end{cases} \tag{6-13}$$

范数 $\| \bar{h} \|$ 是向量 $\bar{h}$ 的长度，ϕ 是该向量的极角，也是个未知变量。若采用直角坐标，设平面上两点坐标为 $A(x_1, y_1)$ 和 $B(x_2, y_2)$，两点间连线的线段长度定义为向量 $\overrightarrow{AB}$ 的范数 $\| \overrightarrow{AB} \| = \sqrt{(x_1 - x_2)^2 + (y_1 - y_2)^2}$，线段的极角仍然用 ϕ 表示，$\cos\phi = (x_2 - x_1) / \| \overrightarrow{AB} \|$。有些问题需要在三维空间中用向量描述两点间的位移、距离等，详细情况见数学手册。

把变异函数表达为泛函是有客观要求的，因为沉积砂体在空间上的分布形态是带有方向性的。对于河道沉积砂体而言是不言而喻的，三角洲沉积、海滨沉积、湖滨沉积等沉积砂体形态都带有方向性。这类砂岩沉积体，顺它的物源方向（形态主轴方向），延展性好，有效相关距离也长，而其他方向延展性变差，有效相关距离变小，因此，用两点距离需要注意体现方向性。就大庆油田而论，也有许多单层，其各向延展性的差别并不明显，对于这种油层，仍应用一般变异函数即可。

近三十多年来，国内外在应用变异泛函定量认识油层的研究方面都有成果出现，相比而言，姜德全、赵永胜[9] 刊登在《油气田开发系统工程方法专辑（二）》内的文章值得推荐，该文阐述了利用井资料预测油砂体的方法，概念清楚且效果较好，当时在国外文章中尚未见到。下面先从分析这篇文章开始。

文内研究对象是大庆油田北二区西部萨 II $_{15+16}$ 层，砂体以低弯曲分流河道为主，砂体呈条带状分布，宽度一般在 500~1500m 之间。研究区面积为 28.7km²，井网 250m×250m，总井数 445 口。利用井点上取得该层砂岩厚度和有效厚度，依 x（EW）轴、y（NS）轴以及分别与 x 轴、y 轴成 45° 角的 4 个方向，得到了该地区萨 II $_{15+16}$ 层在几个指定方向上的变异函数实验曲线，包括北东向 NE=45°、北西向 NW=45°、北南向 NS、东西向 EW 等四个不同方向，如图 6-12 所示。该图横坐标轴表示距离，记为 h，单位为 m；纵坐标轴表示实验变异函数 $\gamma(h)$。理论曲线是利用环形公式计算得到的，其他曲线由实际数据点连接而成。图的上部 $(\sigma^*)^2 = 2.56$，相当于方差，即：当 $\gamma(h^*) = (\sigma^*)^2$ 时，存在一个关于距离 h 的上界 h^*，当 $h > h^*$ 之后，该变异函数失去了使用价值。图 6-12 上从原点起，没有"金块"效应，这是合理的，表示 $\gamma(0) = 0$。利用井数据得到实验变异函数 $\gamma(h)$ 一

般是困难的，原作者的工作应该被肯定，可称赞。他们第二个成绩是利用实际统计结果得出了该油层各个方向上实验变异函数的差别，不仅提出了两点间距离影响函数的变异性，而且两点连线的方向同样是改变实验变异函数的重要因素之一。拿出了实际数据，并将萨 II_{15+16} 层的变异函数在几何各向异性的椭圆上定义（图 6-13），即是 $\gamma(\vec{h}^*) = (\sigma^*)^2$ 时向量 $\vec{h}^* = \|\vec{h}^*\|\cos\phi$ ，其中范数 $\max\|\vec{h}^*\| = b$（椭圆长轴半径）； $\min\|\vec{h}^*\| = a$（椭圆短轴半径）。图 6-13 中， $a=1000$m， $b=2000$m。极角 ϕ 为从短轴起逆时针方向旋转角度。所得实验变异泛函，原文内选用球型模型处理，应用效果较为满意。

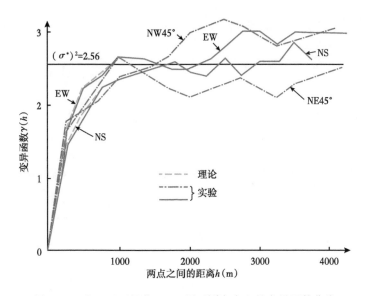

图 6-12　北二区西部萨 II_{15+16} 层不同方向上的变异函数曲线

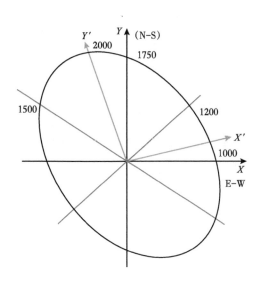

图 6-13　萨 II_{15+16} 层几何各向异性椭圆

二、各向异性域

已知球型模型，它的自变量 $\vec{h}$ 为向量，$\gamma\left(\dfrac{\vec{h}^{*}}{\lambda}\right)=\left(\sigma^{*}\right)^{2}$，或记为 $\mathrm{cov}\left(0\right)$，该球型公式：

$$r\left(\frac{\vec{h}^{*}}{\lambda_0}\right)/\mathrm{cov}(0)=\frac{3}{2}\left(\frac{\vec{h}^{*}}{\lambda_0}\right)-\frac{1}{2}\left(\frac{\vec{h}^{*}}{\lambda_0}\right)^2=1 \qquad (6\text{-}14)$$

式中 $\gamma\left[\dfrac{\vec{h}^{*}(\phi)}{\lambda_0}\right]=\left(\sigma^{*}\right)^{2}$ 是有效域外边界，即 $\left(\sigma^{*}\right)=\mathrm{cov}(0)$；$\vec{h}^{*}(\phi)$ 为外缘迹线，服从以下关系：

$$\gamma\left[\frac{\vec{h}(\phi)}{\lambda_0}\right]/\mathrm{cov}(0)=\frac{3}{2}\left[\frac{\vec{h}^{*}(\phi)}{\lambda_0}\right]-\frac{1}{2}\left[\frac{\vec{h}^{*}(\phi)}{\lambda_0}\right]^2=1 \qquad (6\text{-}15)$$

式内 $\left[\dfrac{\vec{h}^{*}(\phi)}{\lambda_0}\right]^2=\dfrac{1}{\lambda_0^2}\|\vec{h}^{*}(\phi)\|$；$\vec{h}^{*}(\phi)=\|\vec{h}^{*}(\phi)\|\vec{a}_0^{*}(\phi)$；$\vec{a}_0^{*}(\phi)$ 是边缘上单位向量，展开后 $\vec{a}_0^{*}(\phi)=(i\cos\phi+j\sin\phi)$，$\|\vec{i}\|=\|\vec{j}\|=1$，$\vec{i}$、$\vec{j}$ 分别是 X 方向和 Y 方向的单位向量，符号一般简写为 i 和 j。代入式（6-15）后得：

$$-\frac{1}{2\lambda_0^2}\|\vec{h}^{*}(\phi)\|^2+\frac{3}{2}\frac{\|\vec{h}^{*}(\phi)\|}{\lambda_0}\vec{a}_0^{*}(\phi)-1=0 \qquad (6\text{-}16a)$$

有效域内部：

$$\gamma\left[\frac{\vec{h}(\phi)}{\lambda_0}\right]/\mathrm{cov}(0)=-\frac{1}{2\lambda_0^2}\|\vec{h}(\phi)\|^2+\frac{3}{2}\frac{\|\vec{h}(\phi)\|}{\lambda_0}\vec{a}_0^{*}(\phi)<1 \qquad (6\text{-}16b)$$

$\gamma\left[\dfrac{\vec{h}(\phi)}{\lambda_0}\right]/\mathrm{cov}(0)$ 代表无量纲变异函数的级次，简记为 $\bar{\gamma}\left[\dfrac{\vec{h}(\phi)}{\lambda_0}\right]\in(0,1)$，是个封闭形级次线族。$\lambda_0$ 为已知常实数，由实验变异泛函与理论模型之间经匹配工作确定。到此为止，变异泛函在其定义域 Ω 内的解析公式就完备了。域 Ω 之外的区域称为无效区域，无效区域内的变异泛函值是全随机性的，未含有相关性与否的信息。工作中超出有效域使用，有害无益。

接下来讨论解析公式的求解。先讨论边界线 $\vec{h}^{*}(\phi)$ 的图形。公式（6-16a）内带有单位向量 $\vec{a}_0^{*}(\phi)$ 参数，其他未知变量都是实数，因此是个二次代数方程，利用求解公式，可得：

$$\|\vec{h}^{*}(\phi)\|=\frac{3}{2}\lambda_0\vec{a}_0^{*}(\phi)\mp\lambda_0\sqrt{\frac{9}{4}\left[\vec{a}_0^{*}(\phi),\vec{a}_0^{*}(\phi)\right]-2}$$

其中向量积 $\left[\vec{a}_0^*(\phi), \vec{a}_0^*(\phi)\right]=1$。代入上式得：

$$\|\vec{h}^*(\phi)\|=\frac{3}{2}\lambda_0 \vec{a}_0^*(\phi) \mp 0.475\lambda_0$$

其中极角在第一象限内，即：$\phi \in [0, \frac{\pi}{2})$，其他象限是对称性循环，所以只研究第一象限内图形即可。当 $\phi=0$ 时，$\|\vec{h}^*(0)\|=1.975\lambda_0$ 或 $\|\vec{h}^*(0)\|=1.025\lambda_0$。因周期性关系，$\phi=\frac{\pi}{2}$ 时同样是这两个根。这就看 ϕ 这个角度的起始位置了。一般习惯于从横坐标轴起算，逆时针方向 ϕ 为正向。设横半轴长度为 a，并令其为短半轴长，而令 b 为长半轴长度。按这个规定，应选用 $a=1.025\lambda_0$，$b=1.975\lambda_0$，从解析公式还可看出，在区间 $\phi \in [0, \frac{\pi}{2})$ 之内，按规律：

$$\|\vec{h}^*(\phi)\|=\left[1.5\left(\vec{i}\cos\phi + \vec{j}\sin\phi\right) \mp 0.475\right]\lambda_0 \qquad (6\text{-}16c)$$

ϕ 从 0 到 $\pi/2$ 连续增加，如果认识了第一象限内边界曲线 $\|\vec{h}^*(\phi)\|$ 的整体形态，则根据对称性原理，也就认识了其他象限内的边界曲线图形。式（6-16c）表示边缘的形状。又因 $\vec{i}\cos 0$ 与 $\vec{h}^*(\phi)$ 间夹角为 $\left(i\cos 0, \vec{h}^*(\phi)\right)=\|\vec{h}^*(\phi)\|\cos\phi$ 和 $\|\vec{h}^*(\phi)\|\cos\phi=a$，故知 $\|\vec{h}^*(\phi)\|=a/\cos\phi$。转换到直角坐标系之后，有：

$$x^* - x_0 = \left\|\vec{h}^*(\phi)\right\|\cos\phi$$

$$y^* - y_0 = \left\|\vec{h}^*(\phi)\right\|\sin\phi$$

代入椭圆公式：

$$\frac{\left(x^* - x_0\right)^2}{a^2} + \frac{\left(y^* - y_0\right)^2}{b^2} = 1 \qquad (6\text{-}17)$$

式（6-16c）若以短轴方向为起点定义极角 ϕ，此时该式中应取"–"号，因此 $\|\vec{h}^*(\phi)\|=a/\cos\varphi$。既然如此定义 ϕ 角，则式（6-16c）就可改写如下：

$$\|\vec{h}^*(\phi)\|=\lambda_0\left[1.5\left(\vec{i}\cos\phi + \vec{j}\sin\phi\right) - 0.475\right] \qquad (6\text{-}18)$$

于是得到了求解范数 $\|\vec{h}^*(\phi)\|$ 的通解公式。把前边定义的极坐标与直角坐标换算式代入式（6-17）后，经整理得直角坐标椭圆公式：

$$\left(\frac{b}{a}\right)^2\cos^2\phi + \sin^2\phi = \frac{b^2}{\|\vec{h}^*(\phi)\|^2} \qquad (6\text{-}19)$$

再利用关系式 $\|\vec{h}^*(\phi)\| = a / \cos\phi$，消去式（6-19）中的 $\|\vec{h}^*(\phi)\|^2$ 之后，就可得到确定角度 ϕ 的通解公式：

$$\left(\frac{b}{a}\right)^2 \cos^2\phi + \sin^2\phi = \left(\frac{b}{a}\right)^2 / \cos^2\phi \qquad (6\text{-}20)$$

将式（6-18）与式（6-20）联立求解就可得到向量 $\vec{h}^*(\phi)$ 的通解公式。注意 $\forall\phi\in[0，\pi/2]$，其他象限对称。关于球型模型，前面已经给出长半径与短半径的数值：$a=1.025$，$b=1.975$，比值 $\frac{b}{a}=1.93$。

三、有效域内无量纲等值线分布

域内情况，可通过求解以下不等式获得：

$$-\frac{1}{2\lambda_0^2}\|\vec{h}(\phi)\|^2 + \frac{3}{2}\cdot\frac{1}{\lambda_0}\|\vec{h}(\phi)\|\,\vec{a}_0(\phi) < 1 \qquad (6\text{-}21)$$

前面已定义了无量纲变异泛函等值线，$\forall\overline{\gamma}[h(\phi)/\lambda_0]\in[0,1)$，在值域内任意给它一个数值，$\overline{\gamma}_l(\cdot)(l=1,2,\cdots)$，并认为它已知，于是：

$$\overline{\gamma}_l(\cdot) = -\frac{1}{2\lambda_0^2}\|\vec{h}_l(\phi)\|^2 + \frac{3}{2}\cdot\frac{1}{\lambda_0}\|\vec{h}_l(\phi)\|\,\vec{a}_0(\phi) \qquad (6\text{-}22)$$

这个等式的求解就表述了所要的内容，而且求解式（6-22）遇到的难点，在前面都已解决了，只不过这里是个曲线簇，各等值线的曲线情况完全表达了出来。设这些等值线经过短半轴上 a_1，长半轴上 b_1。在极坐标系统内求解式（6-22），可以得到第 1 条等值线，其范数为 $\|\vec{h}_l(\phi)\|$。利用二次方程求解公式，得：

$$\|\vec{h}_l(\phi)\| = \lambda_0\left[\frac{3}{2}\vec{a}_0(\phi) \pm \sqrt{\frac{9}{4} - 2\overline{\gamma}_l(\cdot)}\right] \qquad (6\text{-}23)$$

$$a_l = \lambda_0\left[\frac{3}{2} - \sqrt{\frac{9}{4} - 2\overline{\gamma}_l(\cdot)}\right]$$

$$b_l = \lambda_0\left[\frac{3}{2} + \sqrt{\frac{9}{4} - 2\overline{\gamma}_l(\cdot)}\right]$$

单位向量：$\vec{a}_0(\phi) = \|\vec{a}_0(\phi)\|(\vec{i}\cos\phi + \vec{j}\sin\phi)$，其中范数 $\|\vec{a}_0(\phi)\| \equiv 1$。向量 $(\vec{i}\cos\phi + \vec{j}\sin\phi)$ 应用向量几何加法求和。

关于 ϕ 的求解方法，仿照式（6-17）和式（6-19）在第 l 条等值线上，任一点 $(x_l，y_l)$ 椭圆方程：

$$\frac{(x_l - x_0)^2}{a_l^2} + \frac{(y_l - y_0)^2}{b_l^2} = 1 \qquad (6\text{-}24)$$

由于

$$\| \vec{h}_l(\phi) \| = a_l / \cos\phi$$

$$\| \vec{h}_l(\phi) \| = b_l / \sin\phi$$

$$x_l - x_0 = \| \vec{h}_l(\phi) \| \cos\phi$$

$$y_l - y_0 = \| \vec{h}_l(\phi) \| \sin\phi$$

代入式（6-24）后，重复式（6-20）的推导过程，得到第 l 条等值线上求解 ϕ 的公式：

$$\left(\frac{b_l}{a_l}\right)^2 \cos^2\phi + \sin^2\phi = \left(\frac{b_l}{a_l}\right)^2 / \cos^2\phi \qquad （6-25）$$

$$\left(\frac{b_l}{a_l}\right)^2 = \left[\frac{3}{2} + \sqrt{\frac{9}{4} - 2\overline{\gamma_l}(\cdot)}\right]^2 \bigg/ \left[\frac{3}{2} - \sqrt{\frac{9}{4} - 2\overline{\gamma_l}(\cdot)}\right]^2$$

利用式（6-24）求解 ϕ，用式（6-22）求解 $\| \vec{h}_l(\phi) \|$，于是就得到了 $\overline{\gamma_l}\left(\dfrac{\vec{h}_l(\phi)}{\lambda_0}\right)$ 各级次上等值线求解式。又由于角度 ϕ 的特殊定义，角度从横轴起，对应的范数 $\| \vec{h}_l(\phi) \|$ 同样也从这个定义计算。

汇总此项研究，得到了球型模型下变异泛函定义域内部，有效域值边界线、边界内部该泛函等值线不同级次上几何分布情况的定量解析，从中得到以下认识。

（1）边界长、短半轴长度比为：

$$\frac{b}{a} = \left(\frac{3}{2} + \sqrt{\frac{9}{4} - 2}\right) \bigg/ \left(\frac{3}{2} - \sqrt{\frac{9}{4} - 2}\right) \qquad （6-26）$$

与球型公式中待估参数 λ_0 的大小无关，并且为固定常数 1.93，即各向异性程度因所选的模型而定；换句话说，实际问题中遇到了其几何形态长、宽比大于 2 之后，应改用其他模型。

（2）在无量纲变异泛函不同级次，$l=1$，2，$\cdots$上，长半轴 b_l 与短半轴 a_l 均给出了随该级次而变化的计算公式，分别为：

$$b_l = \lambda_0 \left[\frac{3}{2} + \sqrt{\frac{9}{4} - 2\overline{\gamma_l}(\cdot)}\right]$$

$$a_l = \lambda_0 \left[\frac{3}{2} - \sqrt{\frac{9}{4} - 2\overline{\gamma_l}(\cdot)}\right]$$

$$\left(\frac{b_l}{a_l}\right) = \left[\frac{3}{2} + \sqrt{\frac{9}{4} - 2\overline{\gamma_l}(\cdot)}\right] \bigg/ \left[\frac{3}{2} - \sqrt{\frac{9}{4} - 2\overline{\gamma_l}(\cdot)}\right]$$

式中：$\vec{h}_l(\phi)=\left\|\vec{h}_l(\phi)\right\|\vec{a}_l(\phi)$，$\vec{a}_l(\phi)=\vec{i}\cos\phi+\vec{j}\sin\phi$，$\left\|\vec{a}_l(\phi)\right\|=1$。$l=0$ 时，$\bar{\gamma}\left[\dfrac{\vec{h}^*(\phi)}{\lambda_0}\right]=$

$\bar{\gamma}_0\left[\dfrac{\vec{h}_0(\phi)}{\lambda_0}\right]$，$b_0=b$，$a_0=a$。

由此可见：$\bar{\gamma}_l(\cdot)\to 0$；当 $l=1$，2，…时，并且，$a_l\to 0$，$b_l=3\lambda_0$，也就是说，越接近原点处，比值 b_l/a_l 随级次增大，该级次等值线越表现出更大的各向异性几何图形。各级次上极坐标向量 $\bar{h}_l(\varphi)=a_l/\cos(\varphi)$，$\varphi$ 值定义在 $[0,\pi/2]$ 区间内。

（3）前面应用球形模型对相关域内等值线形状做了解析。关于其他模型的解析性质，可沿用前面方法进行分析。从理论上有所了解之后，有助于正确选择模型。实际工作中，选用模型要依据实际砂体分布的几何形态和长宽比的要求进行，应尽量做到不受选用的理论模型所束缚。

（4）自动相关域的存在和域内等值线的存在，是平面自组织结构的表现，寻找它们的"序参量"，有助于选择表征对象。

四、区域变数理论

现在研究对象是平面参数场 Ω，经常把它抽象为二维随机参数场。若参数场是渗透率 $K(x,y)$，则按参数藏的定义，$K(x,y)=K^*(x,y)+\xi(x,y)$，右边项中的 $K^*(x,y)$ 是真值，$\xi(x,y)$ 是随机项。随机项的数学期望值为 $\mathrm{E}[\xi(x,y)]\equiv 0$。但把参数随机场概念应用到现实中来，要同观测到的参数相对应。无论哪个观测法，被观测量都有尺度概念，而它们的尺度又不是数学点上的结果，而是在点 (x,y) 周围以某种尺度的子域 ω 上的结果，例如试井得到的是以井点为中心，以一定距离为半径，两半径内环形区域内的平均值；测井法得到的参数是以井点为中心，扣去钻井液影响环形带之后，井周围参数平均；钻井取心化验得到的是岩块尺度内的物性参数平均值。因随机场的模式应用到实际中来都应把点 (x,y) 为中心的邻域 $\omega(x,y)$（与观测的尺度对应）内对随机场做个局部平均，如记为 $\mathrm{E}[K(x,y)/\omega(x,y)]$，为它另外起个名字就叫区域变数，暂记为 $\bar{K}(x,y)$，声明它是个区域变数。区域变数 $\bar{K}(x,y)$ 与该位值上的真值 $\mathrm{E}[K(x,y)]$ 之间仍然是有差别的，并且在各个位置上，它们各自的差别还不相同，因此区域变数仍然带有随机性，但改名为随机变数理论（仍然是关于参数场的理论）。这是基本观点。

面对区域变数理论，仍然坚持区域变数场还是个连续场。它的特性是：在该场内任一点，本点在其邻近区域内，存在相关性为内容的自动相关域，该域形态一般有长轴向与短轴向之别，本点与邻点位置上的参数之间存在相关性质，不仅对应两点连线线段的长度与相关程度有关，而且该线段的指向也影响两点间参数的相关性，且不论把本点 (x_0,y_0) 在域内移动到哪个位置上，上述性质依然存在，但各位置上自动相关域形状未必相同，完全由自然属性所定。

面对区域变数定义的、现在流行的文献，存在三种不同的研究方向，第一种是原定义下的研究工作；第二种是在原定义之下，但取消区域变数场仍带有随机性的内容；第三种做法是把区域变数概念中的区域放大，平面上把油层划分为几个大区，各区内钻有多口井，大区内参数取平均，各向异性性质仍保持。后两种都属于不同的简化区域参数场条件下展开的研究工作，也有较成熟的报道。原概念下的研究工作国外也还在进行中。本书不打算再重复介绍已经成熟的方法，而将专注于新展开的研究报道 。

本章小结

（1）本章介绍了预测参数场的相关性与相似性，以及相似因子的定义。由于油层物理参数的真值场是得不到的，而利用所有井资料估算出的原参数场比井点抽稀仿制的场更接近于真实情况，因此，原参数场可以近似认为是真值场。统计研究表明，增加参数场估值录取资料的有效条件井数及增加录取资料的种类，如：压力恢复曲线等，都能有效提高油层认识程度，降低开发指标预测的不确定性。

（2）针对井间距离大于层内参数平面实际相关距离的普遍情况，单层纵向上参数变化的变差与平面上参数变差都是比较容易得到的参数，利用纵向变差和平面变差两者间的比值，建立该比值与井间参数相关程度间的函数关系，寻找平面变异函数。还介绍了变异函数的统计推断法及其执行步骤。

（3）变异函数是从空间向量映射到一维实空间的泛函，如果推广到矢量实空间，则变异函数泛函不仅与两点距离有关，还与两点间连线的方向有关。应用变异函数泛函能够定量确定油层不同方向上的变异函数曲线，为井间油层厚度及有效厚度等参数场确定奠定基础。

参 考 文 献

［1］Matheron G. Les variables régionalisées et leur estimation：une application de la théorie de fonctions aléatoires aux sciences de la nature, Paris, Masson et Cie, 1965.

［2］李励 . 根据离散点资料进行随机场的识别和最优估计 // 油气田开发系统工程方法专辑（一）[M]. 北京：石油工业出版社，1990.

［3］Campozana F P. How Incorporating More Data to Reduces Uncertainty in Recovery Predictions, 1999, in R. Schatzinger and J. Jordan, eds., Reservoir Characterization-Recent Advance, AAPG Memoir 71, p.359-368.

［4］de Sant' Anna Pizarro J O, et al. A Simple Method to Estimate Interwell Autocorrelation, 1999, in R. Schatzinger and J. Jordan, eds., Reservoir Characterization-Recent Advance, AAPG Memoir 71, p.369-380.

［5］Cramer H, Leadbetter M R. Stationary and Related Stochastic Processes：Sample Function Properties and Their Applications, John Wiley & Sons Inc, New York , 1967.

［6］Dutton S P, et al. Application of Advanced Reservoir Characterization, Simulation , and Production Optimization Strategies to Maximize Recovery in Slope and Basin Clastic Reservoirs, West Texas（Delaware Basin）, DOE report under contract No.DE-FC22-95BC14936, 1998.

［7］Neuman S P. Generalized scaling of Permeabilities：Validation and Effect of Support Scale, Geophysical Research letters, V.21, No.5, p.349-352, March 1994.

［8］Yang A P. Stochastic Heterogeneity Dispersion, Ph.D, Dissertation, The University of Texas at Austin, pp.242, 1990.

［9］姜德全，赵永胜 . BLUE 方法在砂体预测研究中应用 // 油气田开发系统工程方法专辑（二）[M]. 北京：石油工业出版社，1991.

第七章 油藏参数场表征研究

油藏表征就是对油藏各种特征进行三维空间的定量描述和表征以至预测。油藏表征过程中，第一，需要用到探井和评价井的取心分析资料，包括对不同油层或层段的岩心进行描述和实验分析，确定不同油层或层段的岩性、厚度、孔隙度、渗透率和含油饱和度等；第二，需要取心井的数据、流体样品等确定测井解释模型的参数；第三，利用确定的测井解释模型，对未取心井和开发井钻遇的油水层进行解释分析；第四，选择数学方法预测井间不同位置的各类参数，定量描述油藏参数场。如果要表征油藏构造，则还需要综合引用地震处理与解释成果。

由于不同油藏的沉积年代和环境等不同，其相应的沉积特征和储层物性也不同。采用数学方法预测不同类型储层井间参数场是一件很困难的工作，幸运的是，傅里叶变换基础上的通用克里金问题计算方法为解决这一难题提供了有效手段，本章将重点介绍傅里叶变换基础上的克里金技术以及快速傅里叶变换（FFT）为基础算法的扩充内容等。

第一节 油藏表征的基本方法及适应性分析

油藏表征问题日渐向定量化方向发展，所需要的支撑技术很多，其中研究历史最长、书籍文章最集中的，就属"克里金技术"了。在具体利用观测数据建立模型过程中，还需要应用变异函数。本节简要介绍克里金技术、变异函数及这些方法用于油藏参数场表征的适应性。

一、克里金技术

克里金技术起源于 20 世纪 70 年代，用于整体金属储量计算。从采样点观测数据出发，推测采样点以外情况，油藏表征问题，日渐向定量化方向发展，其中所需要的支撑技术很多，本章只对讨论其中研究历史最长，书籍文章最集中的"克里金技术。""克里金技术"，出在 20 世纪 70 年代，用于整体金属储量计算。从采样点观测数据出发，推测采样点以外情况，并汇总起来评价整体性质。后来地质统计学理论家发现了这个实际问题，对它进行了理论研究，也在 70 年代，出版了两部理论和方法著作，这是法国 Matheron 的贡献，他在国际上影响很大，在此之后"克里金技术"风起云涌般得到了推广。由井位已观测值推算井间平面甚至三维空间参数场分布是最被看重的支撑技术。时至今日，它还在不停地发展当中。中间被采用的名称，有随机参数场理论、区域变数理论、恢复参数场理论与方法等，不胜枚举。

克里金技术所依托的"物理"基础，名为"区域变数与点之间距离的函数关系式"（等价于该两点参数互相相关的程度）。若点与点的参数彼此毫不相关，这样的参数场利用多点观测数来支撑去寻找场际参数分布图，那就完全不可能了。寄予很大希望的"变异函数统计构建研究"确实花费了很大力气。但是利用矿场井径观测参数试图建立这个公式的工作，基本都未得到所希望的回报。另一拨努力又投向了"地面露头分距离采样"，利用其中的两点各自参数之间相关性分析的结论，也没有令人满意且相关距离甚短。以上这些情况在本书内已经展示过了，同时还展示过单井纵向逐点参数之间相关性与平面上两点之间参数相关性，两个变异函数之间有正比关系，指出了另一个构建变异函数的新作为。有鉴于此，笔者比较看重后一个方向，并认为他们的道理是，本能性地利用了"自组织岩石非均质结构的学说"。纵向变异函数与横向变异函数之间是有序（关联性）的。

二、变异函数

构建变异函数是一件细致的工作，一方面观测的点数要多，另一方面还要不同距离之下分组内的观测量也不能少，没有一定观测量的小组内无法做出统计推断；各小组内决断之后方便把小组内的统计决断联系起来进行变异函数的推断，选择回归函数模型时，只能使用被指定的那几种公式，二项可微分、单调、两端取值还要符合变异函数特性的物理意义。从彼此相关到更大距离后超越了相关域的最大距离，超越之后的变异函数值无效。统计推断工作对它的外边界要有明确和无误的决断，假设这个相关距离用 dBA 表示，克里金技术只能在 $e(0, dBA)$ 内展开工作。一般的做法只是使用回归分析法去反求，模型中待确定的常参数，用于满足变异函数充分光滑、单调，直至导数都如此的地步。上述看起来很细微的事情，但它们又是决定其应用前途的重要环节。离开变异函数这个"物理"基础，其他工作都是无价值的。。

变异函数在定义区域内，它是同构的还是异构的，这个问题在前一章内已讨论过了，可以说在一般情况下它是异构的，即在某个特定方向上相关域是它的长轴，而垂直于长轴的方向是短轴方向。这符合实际，因为沉积砂体的核心部位的发育都带有方向性，它与变异函数定义域的方向性是同步的，这种定义域异构的情况，国外文献当中也有报道，如东西方向相关域长于南北方向等。变异函数定义域同构或异构对于后边的克里金技术处理来说，也没有增加多少难度，关于变异函数的有关情况大体如此。

三、油层类型及克里金方法表征油藏参数场的适应性

第五章已经把大庆喇萨杏油田的油层按沉积环境留下的"印迹"划对油层做了分类说明，下面简要讨论一下克里金方法表征主要类型油层参数场的适应性。

1. 单层内相对均匀分布油层

自然界的沉积行动是很微妙的，居然还有高度自组织起来的"均匀"油层，在同一个单油层内，它在平面上和单层纵向上出乎预料地"均匀"，而且同构。若把它们算作一类，应为相对"均匀"类。这种油层可以说，逐点之间参数间的相关系数高达"1"，这种油层在各井位上的单层参数几乎是相同的，可见"天工造物"之神奇。对于这类油层，在数学抽象假设中，就叫平稳随机参数场。这里加上一个"随机"二字甚至表达得更深刻，以排除实际存在的"波动均匀"。平稳随机场是经常被引用的一个假设。若将它与其原型相对照，这种油层采用克里金技术进行井间参数场预测，精度很高。

2. 主力油层

油层分布广泛、内部非均质组织结构"细腻"，占有储量份额也较大。对于这类油层，

抽象观点看去，属于国外文献中的"本征特征"那类，"本征类"也可以说就是"原型保持类"，它有克里金技术的文章可作。针对这一类油层利用克里金技术去做场际内的参数定量化工作（也被称为等值图绘制），预计是可以成功的。做好这种类型油层定量化工作，需要有相当高的井网密度，而且，井位分布相对均匀更能保证预测精度。此外，国外对于场际内参数定量化研究，很重视"地震法"的作用，这对于厚度较大的主力油层来说是有帮助的，但要预测多层状油藏的薄互层油层厚度及其他物性分布，地震解释的分辨率还难以达到。

3. 分流河道发育的油层

这类油层储量多、产量高，经常被称为主力油层之一。然而，这类油层在平面上变化大、纵向上差别大，被国内外称为最难以认识的一类。它的特点是其内部沟沟坎坎、深深浅浅。在有关克里金技术研究中，它不是平稳随机参数场那类，甚至也不会是"广义平稳"随机参数场一类。其出路之一，一般还得要增加其他"物理"知识或约束条件。

4. 薄差油层

这类油层叫作差油层集合体，简称为"薄、多、差"类，它也有自己的市场。这类油层在平面上具有一定范围的延展性，由于层数众多，它的总体储量在总储量中所占份额也并非少到可忽略的程度，若给它们创造了条件的话，其水驱效果也差不了多少。预测这类油层的厚度及物性参数场是极其困难的，难于达到高精度的预测结果，需要建立这些油层整体分布的概念。

历经五十多年来的研究，目前已有的发展水平，达到了足以解决"平稳随机参数场"问题，"广义平稳随机参数场"问题和"本征类随机参数场"问题等三类问题的克里金技术水平也都很高了，在前面分类记述的实际油层类别中，挑选合适的油层，应该会成功的。

第二节　在傅里叶变换基础上的克里金技术介绍

设油藏面积为 Ω，将它使用均匀网格划分开来，共有 n 个节点，其顺序记为 $i=1, 2, \cdots, n+1$，域 Ω 内有井数 m，每口井已取得了观测参数值 $Z(x_i)$ 和 $Z(x_i+d)$（两个不同位置上的参数）。其中 d 为两井点间的距离，定义一个线性估值：

$$\hat{Z}(x) = \sum_{i=1}^{m} \lambda_i Z(x_i) \qquad (7\text{-}1a)$$

式中：λ_i 为权参数；$Z(x_i)$ 为已观测的第 i 个井位数据；$\hat{Z}(x)$ 为某位置 x 处该参数的估值。要求满足约束条件：

$$\sum_{i=1}^{m} \lambda_i = 1 \qquad (7\text{-}1b)$$

若使式（7-1a）为线性无偏估计，必然满足真值 $Z(x)$ 与估值 $\hat{Z}(x)$ 之间两点平方差的数学期望达到极小，即：

$$E\left[Z(x) - \hat{Z}(x) \right]^2 \Rightarrow \min \qquad (7\text{-}2)$$

线性无偏估值器要求求解的问题可以用以下数学模型表示：

$$\begin{cases} \mathrm{Min}\left[Z(x) - \hat{Z}(x) \right]^2 \\ \displaystyle\sum_{j=1}^{N} \lambda_i = 1 \end{cases} \quad (7\text{-}3)$$

怎样求解问题（7-3）呢？那就要把式（7-1a）代入式（7-3），并在约束条件下，解这个有约束的极小值问题，当然就需要应用拉格朗日法求解。设 μ 为拉格朗日乘子，拉格朗日函数为：

$$E[Z - \hat{Z}(x)]^2 + \mu\left[\sum_{i=1}^{m} \lambda_i - 1 \right]^2 \quad (7\text{-}4)$$

然后将拉格朗日函数分别对 λ_i 和 μ 求偏导数，并置该导数为零。于是便得到了（$n+1$）维方程组：

$$\begin{cases} \displaystyle\sum_{i=1}^{m} \lambda_i \bar{\gamma}\left(d_{j,i} \right) + \mu = \bar{\gamma}\left(d_{j,i} \right), j = 1, 2, \cdots, \bar{m} \\ \displaystyle\sum_{i=1}^{m} \lambda_i = 1 \end{cases} \quad (7\text{-}5a)$$

方程组（7-5）中含有（$n+1$）个未知数，即：n 个权系数 λ_i 和拉格朗日参数 μ。该方程组名为克里金方程组，用半变异函数 $\bar{\gamma}(d_{j,i})$ 表示：

$$\bar{\gamma}\left(d_{j,i} \right) = \frac{1}{2} E\left[Z(x_i) - \hat{Z}(x_j) \right]^2 \quad (7\text{-}5b)$$

在平稳随机参数场条件下，该场参数的数学期值为常数 $\bar{m}$：

$$E\left[Z(x) \right] = \bar{m} = \mathrm{CONST} \quad (7\text{-}5c)$$

其空间协方差函数矩阵：

$$R(i,j) = E\left\{ -\left[Z(x_i) - \bar{m} \right]\left[Z(x_j) - \bar{m} \right] \right\} \quad (7\text{-}5d)$$

两类随机参数场如下。

（1）弱平稳随机参数场。

在平稳随机参数场的数学期望为 $\bar{m}$ 条件下：

$$R(i,j) = R\left(d_{i,j} \right) \quad (7\text{-}5e)$$

这样，随机函数方差有界，且平稳：

$$\sigma^2 = R\left(d_{i,j} \right) \quad (7\text{-}5f)$$

由定义可知，变异函数也是平稳的，它与协方差函数存在以下关系：

$$\frac{1}{2}\gamma(d) = \sigma^2 - R(d) = \sigma^2\left[1 - \bar{R}(d)\right]$$

且 $\gamma(i,j) = \gamma(d_{i,j})$，$\bar{R}(d) \in (0,1)$，名为相关系数。

$$\lim_{d\to\infty}\bar{R}(d) = 0, \lim_{d\to\infty}\gamma(d) = 0 \qquad (7\text{-}5g)$$

（2）广义平稳参数场（随机梯度平稳场）。

数学期望是距离的函数 $\bar{m}(d)$，但变异函数各向同性且平稳，在这条件下：

$$\gamma(n,j) = \gamma(d_{i,j})$$

以上铺垫见文献 [1-2]，下面讨论更加宽泛的问题，见文献 [3]。

一、走向通用克里金技术的拓展

首先从 Nowak 和 Cirpka 的文章 [4] 谈起。通用克里金技术，其内涵有三个方面。一个是把所使用的滤波系数扩展到先验性知识支撑上去，把它安放在薄弱细节；其二，则是引入快速傅里叶变换（FFT）加速和减缓储存；其三，是把本征参数场分解为平稳场与回归类补充两部分，分别解决。

设 S 是 $[N\times1]$ 维的高斯型未知向量（并可叫作回归问题的靶点数据），它的数学期望 $E[S|\beta] = X\beta$，并且有二阶平稳的互相关矩阵 $\text{cov}[S|\beta] = Q_{ss}$，其中 X 记 $[N\times p]$ 维离散矩阵，且与 $[p\times1]$ 维漂移系数向量相匹配。Q_{ss} 和 X 必须是已知的、先验的和地质统计选定的，通过对 X 的适当选定，所有本征参数场都可以设计，并可被分解为一个平稳参数场部分，再加一个回归分析型的漂移问题，见 Kitanidis [5] 的文献。

扩展型的情况下，β 仍然是 Gauss 型，带有先验的平均值 β^* 和协方差阵，不再是全然不知晓的未知量。在特殊情况下，未知漂移数据可以通过设置的 $Q_{\beta\beta}^{-1} = 0$ 来恢复。对于不确定性的 β 下所得到的 S，协方差可以表示为：$G_{ss} = Q_{ss} + XQ_{\beta\beta}X^T$。对于未知系数多项式趋势分析而言，$G_{ss}$ 称为广义的协方差阵 [6]。进一步考虑 Y 为一个 $[m\times1]$ 维观测向量（在回归类问题中观测点值）。相应的互相关和自相关矩阵分别记为 Q_{sy} 和 Q_{yy}，它们的维数分别是 $[n\times m]$ 和 $[m\times n]$。当测量值受到误差影响，误差协相关矩阵 R 累计到 Q_{yy}，并假设它是有同方差性质的，则可得到一个典型的标量矩阵（即，对角上为常数的对角矩阵），在上述情形下，克里金估值 $\hat{S}$ 如下：

$$\hat{S} = \begin{bmatrix} Q_{ys} \\ X^T \end{bmatrix}^T \begin{pmatrix} \xi \\ \beta \end{pmatrix} \qquad (7\text{-}6)$$

其中 $[m\times1]$ 维向量克里金权重 ξ 及 $[p\times1]$ 维向量趋势系数 $\hat{\beta}$，都可以从下列公式解出：

$$\begin{bmatrix} Q_{yy} & X \\ X^T & -Q_{\beta\beta}^{-1} \end{bmatrix} \begin{pmatrix} \xi \\ \hat{\beta} \end{pmatrix} = \begin{bmatrix} y \\ -Q_{\beta\beta}^{-1}\beta^* \end{bmatrix} \qquad (7\text{-}7)$$

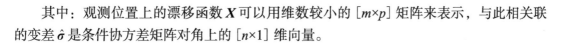

其中：观测位置上的漂移函数 X 可以用维数较小的 $[m×p]$ 矩阵来表示，与此相关联的变差 $\hat{\sigma}$ 是条件协方差矩阵对角上的 $[n×1]$ 维向量。

$$Q_{ss|y} = Q_{ss} - \begin{bmatrix} Q_{ys} \\ X^{\mathrm{T}} \end{bmatrix}^{\mathrm{T}} \begin{bmatrix} Q_{yy}, x \\ x^{\mathrm{T}}, -Q_{\beta\beta}^{-1} \end{bmatrix}^{-1} \begin{pmatrix} Q_{ys} \\ X^{\mathrm{T}} \end{pmatrix} \tag{7-8}$$

β 的条件分布仍保持其 Gaussie 类型，其中的平均值 $\mathrm{E}[\beta|S] = \hat{\beta}$；其中的协相关矩阵，见 Fritz 和 Neuweiler 等文献［3］第（15）式。

$$P_{\beta\beta} = \left[X^{\mathrm{T}}E + Q_{\beta\beta}^{-1} \right]^{-1} = -Q_{\beta\beta|S} \tag{7-9}$$

此前式（7-6）和式（7-7）两式，构成了一个最好的线性无偏估计法，并且早先就已从贝叶斯原理推得到，Q_{ss} 可被视为回归误差的协相关矩阵，并且 $Q_{ss|y}$ 被视为克里金误差。昂贵的任务是求解式（7-7）。为得到克里金权重，式（7-6）内叠加计算 Q_{sy}，评价待估值，还评价 $[m+p]$ 个方程式，使用式（7-6）和式（7-7），从式（7-8）对角矩阵中得到估值变差。

后一个事实，由式（7-8）内稍稍直观重新安排就可被证实：

$$Q_{ss|y} = Q_{ss} - \underbrace{\begin{bmatrix} Q_{ys} \\ X^{\mathrm{T}} \end{bmatrix}^{\mathrm{T}} \overbrace{\begin{bmatrix} Q_{yy} & x \\ x^{\mathrm{T}} & -Q_{\beta\beta}^{-1} \end{bmatrix}^{-1} I_{(m+p)}}^{\Xi} \begin{bmatrix} Q_{ys} \\ X^{\mathrm{T}} \end{bmatrix}}_{S} \tag{7-10}$$

在此插入了一个 $[m+p]×[m+p]$ 单位矩阵 $I_{(m+p)}$，而对式（7-8）没有做什么变更。与式（7-7）类似，式（7-10）Ξ 部分可被视为一套 $[m+p]$ 维克里金权重向量 $[\xi_j; \beta_j]$，它们由 $I[m+p]$ 选派得到。利用式（7-6）时对应选派，使得图标 S 部分就是一套关于克里金的估值 S_j。到此被择录的名为通用克里金问题已经给出了。

线性无偏最优参数场估计中的克里金问题式（7-5）与式（7-6）至式（7-9）提出的通用克里金问题，可以相互比较，后者在适用条件上从平稳（广义平稳）参数场提高到了"本征参数场"的更加接近实际的（更加广泛适用的）情形。推广的办法是，把本征场分解为两部分，一部分用平稳（含广义平稳）场的原有办法解决，另一部分（剩余部分）用回归分类办法再加以补充。两者之间，前者未计观测向量内含有的误差，后者补充了进来，因而扩展到了本征参数适用的高变差。后者，在求解克里金方程中，准备使用傅里叶变换法加速，即在傅氏变换基础上的预处理共轭梯度法进一步加速，还使用了"先验知识"，预防因远离系数矩阵不能对角占优而引起的不适定缺陷等。后者所用的这些支撑技术，其中许多内容更适用于大型复杂问题的求解当中，这已经是公认的。因而这套技术组合方案是正确的，并且也是先进的。下面就支撑技术问题进行讨论。

二、以快速傅里叶变换（FFT）为基础的界面

采用以 FFT 为基础方法处理 Q_{ss} 和 Q_{yy} 在计算存储量和计算效果方面都非常有效，但

前提条件要求 $\boldsymbol{Q}_{ss}$ 是平稳的。当确保 $\boldsymbol{Q}_{ss}$ 平稳时，如何掌握本征随机参数，这个问题在前面已经说明过了。现在的工作是建立 $\boldsymbol{Q}_{ss}$ 与所涉及的与其他项之间的联系，并且在每一操作步骤当中，将回归项与平稳项分开。为了建立一个计数框架，定义一个 $[m \times N]$ 维采样矩阵 $\boldsymbol{H}$：

$$H_{ij} = \begin{cases} 1, & \text{当} x_i = x_j \text{时} \\ 0, & \text{当} x_i \neq x_j \text{时} \end{cases} \qquad (7\text{-}11)$$

x_i 是第 i 个观测位置坐标，x_j 是第 j 个估值点上的坐标。$\boldsymbol{H}$ 矩阵就像约束算子一样被 Program 应用，有的文章还作为缺失数据指示器应用。这两种方法都基于规则网格，并且要求缺失数据也很少。拟线性地质参数估计与联合克里金方法类似。$\boldsymbol{H}$ 矩阵曾广泛被用作敏感矩阵。实际上，将 $\boldsymbol{H}$ 定义为指示器、离散采样数组，或者敏感矩阵，都是完全一样的。

下面写出了两个任意向量 $\boldsymbol{a}_{m \times 1}$ 和 $\boldsymbol{A}_{N \times 1}$，作为矩阵运算过程中使用，它们各自的维数见右下脚标，一个用于采样，另一个用于注入（即逆运算），它们分别是：

采样：

$$\boldsymbol{a}_{m \times 1} = \boldsymbol{H} \boldsymbol{A}_{N \times 1} \qquad (7\text{-}12a)$$

注入：

$$\boldsymbol{A}_{N \times 1} = \boldsymbol{H}^{\mathrm{T}} \boldsymbol{a}_{m \times 1} \qquad (7\text{-}12b)$$

它们的实际内容是，采样是从较大的向量 $\boldsymbol{A}$ 中取出特定的元素。有个例子：$\boldsymbol{x}$ 在形式上由 $\boldsymbol{HX}$ 中给出，即使两者并不是这样被估值的。"注入"的意思则是把 $\boldsymbol{a}$ 写入另一个较大的初始全零向量 $\boldsymbol{A}$ 中去，占据 $\boldsymbol{H}$ 所定义的采样点的位置。当 $\boldsymbol{H}$ 为敏感矩阵时，对于线性误差增值的情况，下面性质成立 [8]：

$$\boldsymbol{Q}_{ys} = \boldsymbol{H} \boldsymbol{Q}_{ss} \qquad (7\text{-}13a)$$

$$\boldsymbol{Q}_{sy} = \boldsymbol{Q}_{ss} \boldsymbol{H}^{\mathrm{T}} \qquad (7\text{-}13b)$$

$$\boldsymbol{Q}_{yy} = \boldsymbol{H} \boldsymbol{Q}_{ss} \boldsymbol{H}^{\mathrm{T}} + \boldsymbol{R} \qquad (7\text{-}13c)$$

这三个关系式通过 $\boldsymbol{Q}_{ss}$ 表达了上面所讨论的各个协方差，这个表达方法在线性化的地质统计反演研究中是通用的。需要注意的是，出现在公式中的 $\boldsymbol{Q}_{ss}$，只是推导中的必要条件。在实际问题中，采样 / 注入运算适用于各种向量，无论什么时候，只要该向量与 $\boldsymbol{H}$ 矩阵相邻即可。当 $\boldsymbol{H}$ 挨着 $\boldsymbol{Q}_{ss}$，这表示仅仅需要评价 $\boldsymbol{Q}_{ss}$ 中的某一列。正如下一节所解释的那样，$\boldsymbol{Q}_{ss}$ 中的各列永远可以由它们的第一列导出。

三、估值器的评价

众所周知，式（7-6）内的 $\boldsymbol{Q}_{sy}\boldsymbol{\xi}$ 是 $\boldsymbol{\xi}$ 与协方差函数之间的叠加，现行的表述方法如下：

$$Q_{sy}\xi = Q_{ss}H^{T}\xi = Q_{ss}\left(H^{T}\xi\right) \tag{7-14}$$

若注 $[m\times1]$ 维向量 ξ 到 $[N\times1]$ 维向量 $H^{T}\xi$ 中去，则其余的矩阵向量乘积 $Q_{ss}(H^{T}\xi)$，与向量 $q_{ss,e}$ 和 $(H^{T}\xi)$ 的卷积相似 [7]，并且可以容易地通过 FFT 评价，运算量级 $O(N\log N)$ 取代 $O(m\times N)$。后面还将展示即使在小数据量下其计算优势。

若 Q_{yy} 是一个 Toeplitz 矩阵，由于它们的观测位置规则，式（7-13a）不需要用，但以 FFT 为基础的技术可直接应用到 Q_{yy}。然而对于不规则的离散网格，式（7-13a）可用于提供（ICD）算法的基础，见于 Pegram 的文献 [7]。对于加速的 FFT 为基础的共轭梯度（PCG）算法，对于不规则网格数据分析，后面将会介绍。

暂时假设解决带有 Q_{yy} 的系统是快速的，它仍然需要从式（7-7）的剩余块中分解。先介绍两个辅助变量：

$$\begin{cases} y = Q_{yy}^{-1}Y \\ z = Q_{yy}^{-1}X \end{cases} \tag{7-15}$$

请注意，两式与 Davio 和 Griver 为与此相似的目的所做工作是等价的。将式（7-7）内克里金矩阵的逆阵分割为：

$$\begin{bmatrix} Q_{yy} & HX \\ X^{T}H^{T} & -Q_{\beta\beta}^{-1} \end{bmatrix}^{-1} = \begin{bmatrix} P_{yy} & P_{y\beta} \\ P_{\beta y} & P_{\beta\beta} \end{bmatrix} \tag{7-16}$$

P 为子矩阵，参见 Kitanidis[9] 以及 Nowak 和 Cirpka [4]，并且利用式（7-15）定义的两个辅助变量，各子矩阵 P 可得到化简：

$$P_{\beta\beta} = -(X^{T}Z + Q_{\beta\beta}^{-1})^{-1} = -Q_{\beta\beta|s} \tag{7-17a}$$

$$P_{\beta y} = P_{y\beta}^{T} = -P_{\beta\beta}Z^{T} \tag{7-17b}$$

$$P_{yy} = Q_{yy}^{-1} + ZP_{\beta\beta}Z^{T} \tag{7-17c}$$

由式（7-17）产生了一个系数向量分割形式，它们与 Nowak 等 [4] 曾使用过的公式相似。

$$\hat{\beta} = -P_{\beta\beta}(Z^{T}\bar{Y} + Q_{\beta\beta}^{-1}\beta) \tag{7-18a}$$

$$\xi = Y - Z\hat{\beta} \tag{7-18b}$$

式（7-18）前者从耦合形式被解开，成为后者式（7-18b）平稳形式。

在这个解耦形式中，全部估值器都需要下列条件支撑。

（1）利用式（7-15）上、下两式计算 y 和 z，用最合适的求解器进行。

（2）评估被分割后式（7-18a）中的解向量。

（3）通过 FFT 式（7-14），利用叠加器评估式（7-6），按以下步骤。

①第一步，需要利用 $\boldsymbol{Q}_{yy}$ 得到 $1+p$ 个解案，计算量低至量级 $O(m\log m)$ 或 $O(N\log N)$，视观测位置均匀与否而定。

②第二步，投入较少的计量，量级为 $O(mp)$ 和 $O(p^3)$，去处理克里金技术中有关矩阵的 p 维秩的摄动问题。

③第三步，通过 FFT 和 $(N{\times}p)$ 次简单乘积计算，求得叠加计算结果，计算量低至 $O(N\log N+N{\times}p)$。

四、估计偏差的评估

定义一个秩级为 m 操作矩阵，用两矩阵乘积 $\boldsymbol{AB}$ 表示，其中 $\boldsymbol{A}$ 和 $\boldsymbol{B}$ 矩阵维数都是 $(N{\times}m)$ 维，它们的主对角上的数据可以利用式（7-19）来评估：

$$\mathrm{diag}\left[\boldsymbol{A}(n{\times}m){\times}\boldsymbol{B}^{\mathrm{T}}(n{\times}m)\right]=\sum_{i=1}^{m}(\boldsymbol{a}_i\cdot\boldsymbol{b}_i) \qquad（7\text{-}19）$$

式中：$\boldsymbol{a}_i$ 和 $\boldsymbol{b}_i$ 分别是 $\boldsymbol{A}$ 和 $\boldsymbol{B}$ 矩阵中的第 i 列；$[\boldsymbol{a}_i\boldsymbol{b}_i]$ 表示该两列向量元素的乘积，由于在式（7-10）内含有这样一个二元乘积，存在一个有效评估估值方差 $\hat{\sigma}^2$ 的方法：

$$\hat{\sigma}^2=\mathrm{diag}\left(\boldsymbol{Q}_{ss|y}\right)=\hat{\sigma}^2-\sum_{i=1}^{m+p}s_i\,o\left[\boldsymbol{Q}_{sy},\boldsymbol{X}\right]_i \qquad（7\text{-}20）$$

遵从以下步骤操作。

（1）初始化 $\hat{\sigma}^2=\sigma^2$，右端 $\sigma^2=\sigma^2\boldsymbol{I}$，$\sigma^2$ 是 $\boldsymbol{S}$ 场的变差，位于 $\boldsymbol{Q}_{ss}$ 的对角上。

（2）利用 $(m+p)$ 个单元向量 $\boldsymbol{e}_i$ 充当克里金数据向量，完成 $(m+p)$ 个单元估值器 $\boldsymbol{S}_i$ 工作。

（3）对于每个单元估值器 $\boldsymbol{S}_i$，用 $[\boldsymbol{Q}_{sy},\boldsymbol{Z}]$ 中第 i 列的 Hadamard 乘积运算，将结果从 $\hat{\sigma}^2$ 中减去。

总体而言，上述计算复杂性取决于观测是否以规则网格为基础。

第三节　FRT 为基础算法回顾与扩充

为了研究 Toeplitz 型矩阵以 FFT 为基础的算法，把它们搜集起来并用该算法的求解器扩充它们，旨在对不规则节点数据上进行应用。为了精细解答在更大范围内克里金问题，未知数通常在规则和等距网格上离散化。等距网格离散化和二阶平稳参数场，形成一个对称的 Toeplitz 矩阵 $\boldsymbol{Q}_{ss}$ 条件是充分的，在 d 维情形下，它的结构被称为对称的 d 级块状 Toeplitz，在 Toeplitz 矩阵内，各块相同，形成了"网块结构"，以下对称级次 d 块状结构一直以隐式形式存在。

不论维数 d 的大小如何，Toeplitz 矩阵 $\boldsymbol{Q}_{ss}$ 的第一列 $\boldsymbol{q}_{ss}$ 永远含有各列内存在的数据，使得减少储存量，从 $N{\times}N$ 量级到 N 量级。随后许多在 $\boldsymbol{q}_{ss}$ 上工作的算法出现了。一个重要性质是，Toeplitz 矩阵与向量的乘积是个离散的卷积，由该向量同矩阵的第一行（在对称情况下或为列）生成。而且，任一 Toeplitz 矩阵 $\boldsymbol{q}_{ss}$ 都可以被嵌入到循环矩阵，同样又可扩展到层次 d 块状结构。循环矩阵带有周期性序列。例如它们行呈现了像周期领域内

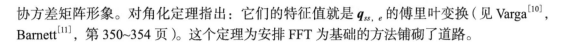

协方差矩阵形象。对角化定理指出：它们的特征值就是 $q_{ss,e}$ 的傅里叶变换（见 Varga[10]，Barnett[11]，第 350~354 页）。这个定理为安排 FFT 为基础的方法铺砌了道路。

一、嵌入和取出

最容易的嵌入技术是把 q_{ss} 的众多元素逐一地从第 2 个到最末一个，逆向附加到 q_{ss} 的末尾。对于 d 维网格块情形，必须整块进行操作。直觉表明，补一个区域协相关函数到另外一个更大周期性的区域协相关函数上去，以周期长度为一整体操作，像 Kozintsey[12] 和 Wowak 等所说明的那样。简要说来，FFT 基础上的矩阵分解需要在正定循环矩阵条件下进行，FFT 基础上 PCG（共轭梯度）求解器需要在非负定条件，并且卷积通过 FFT 进行，是柔性的。

下面应用一个矩阵注解，在 $N_e \times N$ 维绘图矩阵 M 上，用于嵌入和取出：

$$M = \begin{bmatrix} I_{N \times N} \\ O(N_e - N) \times N \end{bmatrix} \tag{7-21}$$

嵌入一个 $N \times 1$ 维向量，记为 $X_e = MX$；从一个 $N_e \times 1$ 维向量中取出，记为 $X = M^T X_e$。从一个嵌入循环矩阵当中取出一个 Toeplitz 矩阵，记为：

$$Q_{ss} = M^T Q_{ss,e} M \tag{7-22}$$

实际上，这些操作是通过无缝充填，且不计相邻向量内的元素是否过剩和同 $Q_{ss,e}$ 乘积仅是一个简单卷积，而此卷积只需储存第一行（或列 q_{ss}）等条件下完成的，上述文字中 e 指嵌入向量或矩阵。

二、FFT 基础上的卷积和叠加

假设 a 是一个维数 $N \times 1$ 任意向量；还设 Q_{ss} 是 $N \times N$ 维的 Toeplitz 矩阵，假设 $q_{ss,e}$ 是嵌入循环矩阵中的第一列，还令 $F[\cdot]$ 和 $F^{-1}[\cdot]$ 分别代表傅里叶变换及傅里叶逆变换。在通行的注解之下，按照 Van Loan[13]：

$$Q_{ss}a = M^T Q_{ss,e} Ma = M^T F^{-1}\{F[q_{ss,e}] F[Ma]\} \tag{7-23}$$

傅里叶变换用 FFT 或 FFTW 来评估，它可以扩展到任意的向量长度去，它大幅压缩了合成计算量，从 $O(N^2)$ 到了 $O(M\log N)$，储存需求量从 $O(N^2)$ 到 $O(N)$。

公式（7-14）轨迹叠加退回到了卷积，再与式（7-23）结合后：

$$Q_{sy}\xi = M^T F^{-1}\left[F[q_{ss,e}] F[(MH^T)\xi]\right] \tag{7-24}$$

在此注入（H^T）和嵌入（M）形成了一个链接运算（MH^T）。储存需求 $O(N)$ 替代了原有的 $O(Nm)$ 量级。在 $O(M\log N)$ 量级的复杂性方面，此方案显然比直接叠加要快了许多（当 $m > \log N$ 时）。下面紧接的性态分析将会展示，在非常小的数据集内出现的危机突破点。

Toeplitz 系统内以 FFT 为基础的 PCG（共轭梯度）求解器，式（7-7）和式（7-8）需要求解 $m \times m$ 维矩阵 Q_{ss}。对于规则网格数据来说，Q_{yy} 与 Q_{ss} 一样，同属于 Toeplitz 矩阵，并且建议用预处理共轭梯度法（PCG），下面分析这个方法。而其他 Toeplitz 求解器，与通行的以 FFT 为基础的框架的兼容性差，而且计算速度几乎相同，包括具有前瞻性的 Schur 算法和广义移动结构的算法在内，见 Van Barel[14]。

预外理共轭梯度（PCG）算法是一种线性系统 $AX=b$ 迭代求解器，它的收敛性能与矩阵 A 内相异的秩有关。若给出一个预处理器，它聚结 $V^{-1}A$ 的特征值，使它们都围绕 1，此后 PCG 法仅需几次迭代便成功，在此 FFTPCG 算法中，矩阵 $A=Q_{yy}$ 是 Toeplitz 型，而 V 是循环矩阵。依照对角化定理，应用此循环预处理矩阵 V 是个经过 FFT 解开卷积的处理器。因为所有矩阵运算都已通过 FFT 完成了预处理，其中 FFT-PCG 法仅需 $O(MogN)$ 量级运算，储存量为 $O(2N)$ 矩阵单元。预处理共轭梯度在求解大型线性代数方程中已被成功地应用，然而结合 FFT 的算法，建议应用扩充版 Strang 算法[15]，他提出应用 $V=Q_{yy,e}$ 是很好的做法，用于叠加计算，存储量降至 $O(N)$。

（1）条件不良克里金系统的改善问题。

Ababou 等对精细网格系统上取样的协相关矩阵的不良条件数做了深入的研究。弱定解条件，在克里金估值中导致一些技术层面的问题，产生人造物。许多研究者提出了不同的使 Q_{yy} 规范化方法，例如应用 Q_{yy} 矩阵奇异分解法来抑制人工造物，得到了成功。对于条件数较差的 Toeplitz 系统，仅应用预处理矩阵 V^{-1} 有丢失信息的危险，因此建议在预处理矩阵的对角线上加入规范化项，得到了成功，成了一个正式建议。

（2）FFT-PCG 方法向不规则网格的扩充。

面对不规则散落数据，矩阵 Q_{yy} 不再具有前面所提到的那些特殊结构。在此情况下，Pegram[7] 在求解式（7-7）时，改用了有约束的重叠合法（ICD）。ICD 法与最陡下降（50）法相似，带有 $\xi_{i+1}=\xi_i+\alpha(Y-Q_{yy}\xi_i)$ 和一个启发式的步骤性的系数 α，$Q_{yy}\xi_i$ 用采样和注入表示。在公式内，$Q_{ss}H^T\xi_i$ 通过 FFT 靠叠加法求出。从基本角度而言，连接 Q_{yy} 到 Toeplitz 型矩阵 Q_{ss}，通过式（7-13a）然后把它同嵌入循环矩阵 $Q_{ss,e}$ 连接起来。

$$Q_{yy}\xi_i = H\left[Q_{ss}\left(H^T\xi_i\right)\right] \tag{7-25}$$

$$Q_{yy} = \left(HM^T\right)\left(Q_{ss,e}+R_e\right)\left(MH^T\right) \tag{7-26}$$

R_e 是具有相同方差的观测误差的对角矩阵，与 Q_{ss} 的维数相匹配。再次强调，仅仅储存矩阵（$Q_{ss,e}+R_e$）中的第一列并加以处理即可。

笔者抓住这一思想并把它放入在 FFT-PCG 框架之内。这就导致了 FFT-PCG 求解器适用于不规则问题的方法的诞生。后边对其性态分析工作中将会证实，它比 ICD 法更加有效。与 Fuentes[17] 提出的频谱技术相比，就不规则空间上数据集合似然性近似程度来说，前面提出的 FFT-PCG 求解器是精确求解器。

三、性能测试

以 FFT 为基础的各种算法的性态，通过应用实例在相同标准算法的比较中进行。计算对比工作在当代台式计算机上完成，使用的程序为 C 或 C++。软件中设有几个特别子程序，包括 FFTW（1988 版）[18] 基本线性代数子程序等。所有重要运算都是用这些文件（程序）计算。求解通常的稠密系统时，使用 Gauss 消去法，为了保证 FFTW 算法在任意规模区域内有效，笔者实施了一个"小程序"，它们选择嵌入规模，只用基本因子 2、3、5 和 7。迭代求解器，限定剩余误差界限定在 $1.0e^{-10}$。

在性态测试工作中，使用了随机场观测数据，不论被估点数 N 还是观测点 m，它们都是变化的。假设有一个未确定的常数的均值，这样一来趋势分析系数的个数 p 就是 1，并且 Z 也是一个以 1 为元素的 $N×1$ 维向量。单个测试共有 N 个，$N=2^K$，$K=2$，3，$\cdots$，24 个估值点，并且它与观测点 m 个的比值 $N/m=2^l$（$l=2$，3，$\cdots$），总计算时间 10^5s（约为 1d）。

1. 单项运算

在说明克里金技术总体性态之前（用以 FFT 为基础的算法所得到的），提出了一个以 FFT 为基础的各单个算法性态汇总概念。单项算法性态曾发表过的，例如 Nowak 等[4, 19]，再加上原文作者发表的有关"不规格网络数"使用扩展 FFT-PCG 方法[3] 所做的性态测试在内，通过 FFT 求卷积解式（7-23），结果如图 7-1 的实线所示，比通常求解 $\boldsymbol{Q}_{ss}\boldsymbol{X}$ 快得多（见图 7-1 的虚线）。在大批量 N 情形下，常规法需要 N^2 个储存单元，还易导致过早内存溢出。当只存储由 $\boldsymbol{q}_{ss, e}$ 表示的整体核时，然后移动并连续相加 N 次就可把储存量压缩到 $O(N)$ 量级。这项技术解决了大容量储存困难问题，但是留下了计算上的复杂性 $O(N^2)$，由图上标准算法延伸线所表示出来（见实线）。

在不同 N/m 比值下，以 FFT 为基础的叠加，同常规叠加算法做了比较，结果如图 7-1 所示。尽管计算费用高并且与 m 的大小无关，以 FFT 为基础的算法在全领域内比标准算法快得多，最多加速接近三个量级。

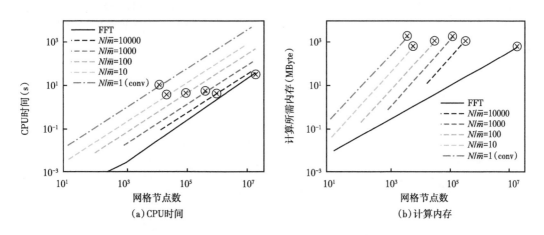

图 7-1　以 FFT 为基础不同 $N/\bar{m}$ 条件下的计算结果[3]

对于规则测量网格，Gauss 消去法同 FFT-PCG 的 Toeplitz 系统，两者结果[3] 比较如图 7-2 所示，在 $m≈300$ 出现了盈亏平衡点。然而，当 m 低于 1000 时，FFT-PCG 算法速度仍比较快，快一个量级。在 $m=10000$ 时，标准算法就出现了存储量超限，然而 FFT-PCG 算法可持续至 $m=1.6×10^7$，并能在 10min 之内完成工作。除了文献上已经发表的性态分析而外，还应用了其他的求解器，旨在应用以 FFT 为基础的卷积去掌握 Toeplitz 子矩阵，仍见图 7-2。Pegram 提出的 ICD 算法[7]，若步长因子选得好，可以达到最速下降。最大加速还是非预处理工作莫属，它在每次选代中需要更多的付出，但是，能够奇迹般地减少选代次数, 即每次一迭代步之梯度计算量增多了, 但每迭代一次的实效则占优。

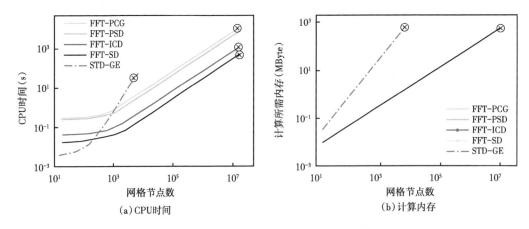

图 7-2 规则网格下求解性能指标对比[3]

关于 FFT-PCG 法在不规则网格上使用新的扩展后性能的测试, 对不同规模问题(包括 m 和加密网格后的 N)都已进行过了测试分析, 结果表明: 利用比较细密的基础网格, 会带来很大的开销(运算费)(图 7-3)。因此, 标准求解器在大多数情形下比 FFT-PCG 法要快。这种后果对方法应用有很大影响, 特别是期望在细密网格上做精细的观测, 而在规则网格上填满数据又显得不那么重要的时候。扩展的 FFT-PCG 法, 其压倒性的优势在于求解大批量的方程组时, 减小了所需存储量的要求。在前面声明过的台式计算机上, 基础规则网格上适用规模的上限可达到 1.6×10^7。而扩展的 FFT-PCG 求解器性能优于 ICD 算法, 可处理的网格数提高约 10 倍。

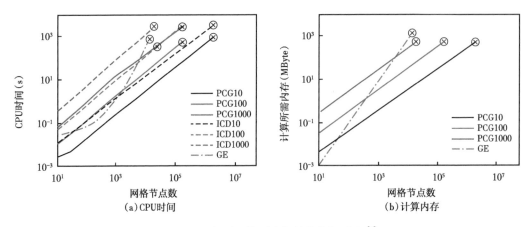

图 7-3 不规则网格下求解性能指标对比[3]

2. 带常规求解器的克里金技术

下面对比工作的基础都是在规则的估值网上、带有不规则散落已观测值条件下进行, 见图 7-4 上实线。参与对比的方法中包括求解式(7-7)的 Gauss 消去法, 连续求和计算 $Q_{sy}\xi$ 的常规叠加法和精确估计方差法等。克里金矩阵(主要是 Q_{yy})存储量 $O(m^2)$ 限制了求解问题的极限, 在此条件下, 计算 CPU 时间未出现超过一天的情况。

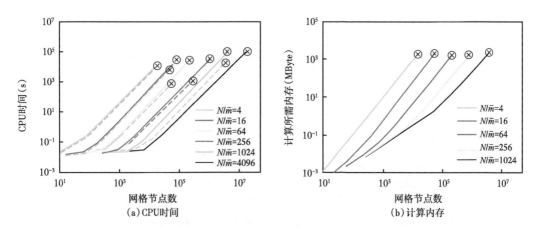

图 7-4　不同规模问题带常规求解器的克里金技术计算性能[3]

　　偏差估计的单点逼近可以近似降低 CPU 计算时间约 m 倍。当引入以 FFT 为基础的叠加计算后，问题复杂性级次，仍然要克里金系统的支配，但是对于 m 较大时会出现加速因子高达 50 的情况。连续求和的叠加计算，其矩阵 $\boldsymbol{Q}_{sy}$ 存储量量级仅需 $O(n)$，因此，存储需求量与基本计算是相符的。对于卷积强力计算，存储需求 $O(mn)$，求得问题将主要面临内存极限的挑战。

3. 带 FFT 求解器的克里金技术

　　用 FFT-PCG 求解器取代 Gauss 消去法，结合通过 FFT 的卷积计算，可以从根本上解除涉及量级 $O(m^2)$ 的占用内存的限制，如图 7-5 上的实线所示。根据在前面所说明过的台式计算机上，仅剩网格规模 $n \leqslant 1.6 \times 10^7$ 限制了研究关注的复杂问题。对于 m 较小的情形，使用常规 Gauss 消去法是更加有效的，见图 7-4 上虚线。近似估计变差可奇异地减少总计算量的约为 m 倍，如图 7-5 上的虚线单点近似结果所示。对于大规模观测（在比值 $N/\bar{m}$ 较小时）加速到五个量级。若观测值分布在规则网格上（见图 7-6 实线），计算能够获得最大的优势，因为 FFT-PCG 求解器对于规则网格数据，在任何规模问题中都优于 Gauss 消去法，并且可在大规模观测量下使用，CPU 计算时间在大规模问题运行时，从未超过一天。

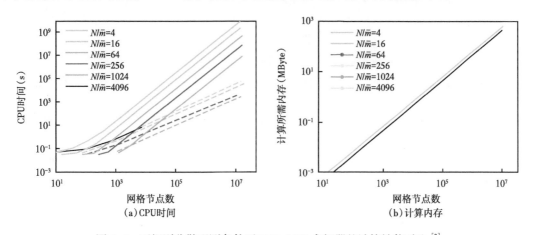

图 7-5　不规则分散观测条件下 FFT-PCG 求解器的计算性能对比[3]

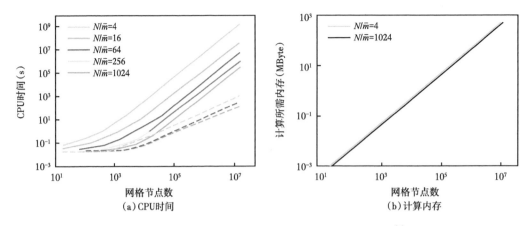

图 7-6　规则网格 FFT-PCG 求解器的计算性能对比 [3]

本章小结

油层参数场际定量化的克里金问题研究已经有五十多年了，特别是，见到了 Fritz[3] 的文章《傅里叶变换基础上大型通用克里金问题计算方法》之后，深感如今地质统计学科与技术研究，已走上了成熟和令人鼓舞的地步，在此加以推荐。

一、Fritz 等人的贡献

（1）把复杂的本征型油层参数场成功地劈分为两部分，一部分为已研究成熟的"平稳参数场部分"，另一部分为剩余的可做回归分析的部分（笔者的理解就是一个低阶次滤波部分），两者结合写成通用克里金问题。

（2）全方位引入了快速"傅里叶变换"，一方面用于加速求解，另一方面又解决了 Toeplitz 型矩阵仅存储其中第一列的快速傅里叶变换简捷方法，大幅节省内存需求。

（3）提出了"快速傅里叶变换与预处理共轭梯度 FFT-PCG"求解方法，在规则观测和不规则观测网格两种情况下求解方法和加速的配套技术等。

二、展望前景

现在，就通用克里金技术而言已经发展到了空前的高度，今后的发展方向应该与实际情况更加紧密地结合与补充。总体看来，应在"自组织理论"视角下进一步沿着以下方向补充和提高。

自组织理论是关于客观事物存在方式的理论观点，属于"物理"规律。油层沉积过程中不是混沌方式堆积起来的，而是留下了有组织沉积性行为下形成的"印记"：岩性非均质自组织结构是它们的存在方式。实地观察可见到，油层内部具有微妙的自组织性，并且其自组织程度随沉积环境及环境的变化紧密相连，还可以见到，各油层之间其自组织程度大不相同（有序程度），或为分类地指导认识它们提供了一把"钥匙"。掌握了这把钥匙就可减少未知，一直到参数场际定量化对象选用什么，该对象与其他变量相协同的参数是什么，多变量就可化为少变量对象。在众多变量当中必然存在一个能起到支配、役使其他变量的变量，学名叫作"序参量"。针对序参量场去施展克里金技术的能力，那就不单单是地质统计学本身了，而是"有自组织理论视角下的地质统计学"。其实油层非均质结构的自组织性（称为有序程度）的表现是多方面的，例如反映场际内部此点参数与彼点参数相关程度（改换为两点之间距离的函数"变异函数"）。油层纵向上变异函数与平面上变异函数之间也是具有自组织性的，平面上不同方位之间变异函数也是不同的……前面的章节内已经报道了此种国外文献中的发现，凡此种种统一把它们称为油层沉积体内的自组织性是有据可寻的，笔者也为此做过一些工作。

参 考 文 献

[1] 李励. 根据离散点资料对于随机场的识别和最优估计 [J] // 油气田开发系统工程方法专辑（一）[M]. 北京：石油工业出版社，1990.

[2] 姜德全，赵永胜 .BLUE 方法在砂体预测研究中的应用 [J] // 油气田开发系统工程方法专辑（二）[M]. 北京：石油工业出版社，1991.

[3] Fritz J., Neuweiler I., Nowak ，W .（2009），Application of FFT-based Algorithms for Large-Scale Universal Kriging Problems. Mathematical Geosciences 2009 Vol.41 No.5 P509-533.

[4] Nowak, Wolfgang, Cirpka, Olaf A., 2004, A Modified Levenberg-Marguardt Algorithm for Quasi-Linear Geostatistical Inversing. Advances in Water Resources 27（7）.

[5] Kitanidis P.K. , Introduction to Geostatistics, Cambridge University Press, Cambridge 1997.

[6] Kitanidis P.K. , Generalized covariance function in estimation, math Geol 25（5）: 525-540, 1973.

[7] Pegram GGS（2004），Spatial interpolation and Mapping of rainfall（SIMAR）Volume 3：Data Merging for Rainfall Map Production, Report WRC 1153/1/04, Water Research Commission, Pretoria, South Africa.

[8] Schweppe F.C. , Uncertain dynamic systems, Prentice-Hall Engle wood cliffs, NJ, 1973 2 Milner, G. M.

[9] Kitanidis P.K., Analytical expressions of condifion of mean, covariance and sample functions in geostatistics. Stoch Hydro and Hydraul 12, 279-291, 1996.

[10] Varga R.S., Eigenvalves of ciculant matrises. Pacific J. Math 4（1）: 151-160, 1954.

[11] Barnett, Stephen, Matrices: Method and Application. Clarendon Press, 1990.

[12] Kozintsey B., Computation with Gaussian random fields, PhD thesis Institute for Systems Research University Maryland, 1999.

[13] Van Loan, Charles, Computational framework for the fast fourier transform. SIAM, Philadelphia, 1992.

[14] Van Barel M., at al, A stabilized superfast solver for non-symmetric Toeplitz system, SIAM J. Matrice Anal and Appl（2）491-570, 2001.

[15] Strang G., A proposal for Toeplitz matrix calculation, Studies in Applied Mathematics, 74. 171-176, 1986.

[16] Ababou R., et al, On the condition number of covariance matrices in Kringing estimation, and simulation of random fields, Math Geol 26（1）99-133, 1994.

[17] Fuente M., Approximate likelihood for large irregularly spaced spatial data, J. Am Stat Assoc. 102（477） 321-331, 2007.

[18] Frigo, M. and Johnson, S.G., FFTW: An adaptive software architecture for the FFT. In Proc ICASSP Vol 3 IEEE Press New York, PP 1381-1384, 1998.

[19] Nowak W., et al, Efficient Computation of linearized cross-covariance and autocovariance matrices of interdependent quantities, Math Geol 35（1）53-60, 2003.

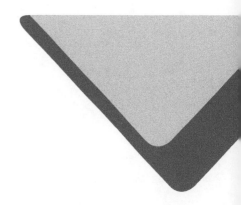

第三篇　砂岩油田注水开发方案
　　优化设计研究基础

第八章　水驱采收率关键影响因素及剩余油分布、运动规律

注水开发合理井网研究一直受到人们的重视。随着大型物理模拟和油藏数值模拟的应用，一般认为非均质油层井网密度和注水方式对水驱采收率影响问题已基本搞清。然而客观对象是复杂的，在油田实际生产中，又出现了一些令人不解的问题。苏联谢尔卡乔夫[1]利用美国老油田注水开发终期实际采收率数据汇总、整理之后，得到了一个迄今为止仍被使用的经验公式：$E_R=\eta_0 \mathrm{EXP}(-\alpha \cdot S)$。首次找到了井网密度 S 与最终采收率 E_R 之间的指数关系（其中 η_0 为驱油效率及 α 为待定常数），步入了一个新视野。但是两者间关系的理论研究迟至 1990 年才由齐与峰[2]给出了解答。这期间童宪章[3]找到了面积注水井网单元内注水井吸水指数与采液指数比值与生产指标适应性关系，由此提出了注水方式选择意见，总结了行列井网观点。后来，大庆油田方凌云[4]找到了该比值与水驱采收率关系，明确提出了五点法。俞启泰[5]提出了合理井网密度及极限井网密度成果，包括国外同类成果在内，都未来触及其中的机理。大庆油田提出了"按油砂体布井"的开发思路，并在油砂体图上逐一部署注采井位，然后纵向上再做层间的匹配工作，从中找公共井位。这种手工方法虽然未取得成功，但是已经猜到了其中的另一部分机制。前面谈到的"理论研究"一文，是在这个思想下发展起来的，解决得很圆满，建立了选择井网密度和注水方式的基础公式，它们除与连通程度有关之外，还与耗能多少有关。

第二个理论问题是从单油层内部纵向上沉积物的组织结构出发的。第六章已经讨论过，本书把油藏内各单油层共划分为五类：均匀结构；河道沉积结构；多段非正韵律层组织结构；多油砂体平面上断续分布及内部纵向组织结构单一的众多单油层所组成的结构，河道沉积体内含有的"心滩""边滩""主河道""边河道"等平面分区组成。它们都以油层底面"底凸"（上抬为负底凹）程度为互相区别的特征存在，并和纵向一起组成了特殊的空间结构。上述五种分类法再加上一个沉积体在平面上细分补充分类，它们都是按照地质条件及其相应不同开发特征给出的，为研究开发方案乃至执行后措施调整指明了方向。影响开发效果的因素不只是注采井之间连通与否，还有单层内部的非均质组织结构因素，或者说，单油层上井网密度、注水方式、"水驱油方向与地层参数等值线方向相契合"等因素有关，除此之外，还应注意注入水温度等外来因素的影响[6]。马志远[6]认为方案设计是一个宏观决策，以整体上是否合理为总目的，尚不涉及各注水井在等值线图上安排位置的问题，只做到井排方向与油层分布方向相契合就可以了。还有一个重要课题，即是，如何认识注水后不同类别油层之间在单油层内部纵向上的特征，包含着诸如"水驱油段""注入水浸润段""原始状态剩余油段"，它们在注水开发过程中有各自的演化情况。它们在通常的模拟方法中是无法详述的，但在编制开发方案中对于决定层系划分与组合，在生产调整过程中、生产管理过程中又是不可缺的知识。

第三个理论问题是，如何把与制定合理开发方案有关的知识、规律、规则等组织起来，在满足开发效果好（高产、稳定等指定要求），经济效果好（电力供应、地面建设、钻井花费等），在适应油田地质条件、地下流体运动条件、工艺上允许条件下，综合集成，找到功能良好的方案，并同时打印出各项方案指标报告来，这种综合集成的方法就叫系统方法，是系统论和支撑技术一体化的方法。齐与峰等[7]完成了这一理论和方法研究工作。苏联的克雷洛夫等[8]著有一本书，书名为《油田开发科学原理》，据笔者所知，是一本在同一行业内，首次用整体论学术思想完成的多学科（油田地质、渗流力学、工业经济学等）相结合的专门论著，其学术思想是正确的，并受到了广泛的应用。作为当年指定的教科书，笔者过去曾读过这本书。西方对油藏和生产作为整体研究的专著，至今尚未见过，但在模型综合集成法研究中，则成就卓著，应引起注意。但是克雷洛夫著书时期，支撑技术和知识累积还远远不够，限于在均匀参数基础上做总体研究并且得出开发设计结果，在实用中遇到挫折而失败。再说，其内部组织结构也过于简单，尚未达到系统论的要求。笔者的工作是克氏工作的继续和发展，并在矿场应用当中得到成功，还从多方面解决了其中基础性的课题。

前文已经明确了，砂岩油藏水驱采收率与井网密度（对应注采井距）、注水方式、单油层内部岩石结构性质等因素有关。怎样把这一诸多因素的函数关系找出来，如今已有了办法，本章具体讨论这个问题。首先建立水驱控制程度概念。油藏或一个开发层系，内部含有不同尺寸、不同形状，乃至不同生成环境的大量油砂体。一套注采井网钻下去，遇到这些各有特色的油砂体。有的油砂体被完善的注采井组所钻遇，构成了全连通的系统；但有的则因油砂体面积较小，没有被注采井组完整地钻遇，部分注采井间连通，但还有不连通的注采井，于是就产生了局部连通概念（不完善井组）；更进一步而言，局部不连通方向数目还可能更多，一直到该油砂体上只钻遇一口注水井（或仅有注水）或只钻遇了采油井，其不连通程度就更差了，乃至完全不连通的地步。油砂体的概念是正确的，油砂体图上所表述的油砂体面积和形状，其中含有定量的成分，但也不能把它们理解为是完全定量的。客观地说，对它们仅是半定性到半定量认识。对于面积远大于注采井网单元面积的油砂体，其连通程度可达到100%，其他尺寸的油砂体都带有不同程度的定性性质。油藏内油砂体尺寸、大小形状不一，且数目众多，因此不可能按照某个油砂体去安排注采井距和注水方式，唯一能做到的只能是以整体概念，或说按统计规律的概念，去建立水驱控制程度与注水方式及注采井距之间的二元函数统计理论关系。本章先从建立上述二元函数开始，经过一番理论工作得到了一个简捷的、经得起多方检验的基础公式。

第一节　油砂体钻遇率

井网（包括注采井距和注水方式）对于一套开发层系内的水驱控制程度，直接影响水驱采收率，对于那些只被油井钻遇而未被水井打开或只被水井钻遇而未被油井打开的油砂体或它的一翼，其中所含原油不可能受到注入水的驱排冲刷，这些含油砂体最多只能采出非水驱性油量，对本套井网而言，应归为"水驱损失储量"。因此在油砂体上，只有被井组内油水井同时钻遇者，才能算作水驱控制储量，所以提高水驱控制程度，应成为追求指标之一。

本章研究工作从单个油砂体开始。设有一个油砂体i，它的面积记为$S(i)$，原油地质储量$N_o(i)$，注水方式虽然很多种，但解剖来看，各种注水方式，单个井组内都是由一个或几个平行四边形所组装而成的，名为井组单元。各井组单元平行四边形其两边夹角大小、两个边的长短比例不同，设四个角上都有井位（或为注水井，或为生产井），形如图 8-1 所示。另外，假设该平行四边形的两个边长分别记为长 $a(i)$，高度是 $b(i)$，单元面积 $S(i)=a(i)b(i)(i=1, 2, \cdots)$。单元的高长比值 $\xi(i)=a(i)/b(i)$。五点法 $\xi(i)=\sqrt{3}/2$，反九点法 $\xi(i)=1$，行列井网 $\xi(i)=$ 排距与井距比 $=b(i)/a(i)$。图 8-1 上阴影部分指该注水方式下的井网单元。以上是对井网的抽象概念。

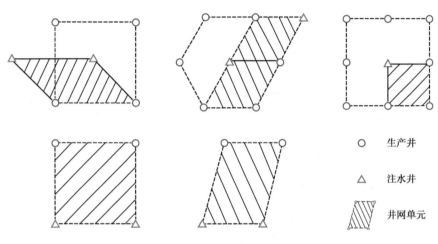

图 8-1　注水方式与井网单元

此外，对油砂体形状也该加以抽象。因为油层内油砂体不仅数目众多，而且各自形状不同。均匀井网钻遇到油砂体概率主要因素是看油砂体面积与井网单元面积间的比值。既然这样，油砂体形状因素影响不大。因此把油砂体形态一律抽象成圆形并令它的面积与油砂体面积相等。下文为书写便捷，凡谈到油砂体之处都指圆形油砂体，且令其半径为 R。油水井对油砂体的联合钻遇率记为 P_j（$j=1, 2, \cdots$ 为连通方向个数）。在同一化之后油砂体上，设同时钻遇一口注水井和一口油井时，将单连通记为 P_1；又设同一油砂体上同时钻遇三口井（或为一口水井和两口油井，或为一口油井和两口水井）时，叫作两向连通，其概率记为 P_2；若同一油砂体上只钻遇一口水井，但钻遇到了三口油井，叫三向连通，或者相反钻到了一口油井三口水井时，也同样名为三向连通，记为 P_3；各向全连通时记为 P_4。

经过以上说明之后，下面开始研究各种注水方式下的联合油水井钻遇率的计算方法。先看五点法。随机钻遇某个油砂体时，将该油砂体随机扔到指定的井组单元上去，虽然这两个动作不同，但所得到联合油水井钻遇概率是一样的，只与油砂体面积大小和井组单元面积大小有关，已知五点法注采井距为 $a/\sqrt{2}$。设油砂体等效半径 $R \in \left[\dfrac{a}{2\sqrt{2}}, \dfrac{a}{\sqrt{2}} \right]$，这种尺寸的油砂体，若随机投到对应井组单元上去，得到单向连通的可能性如图 8-2 所示。

S_1 面积的产生来自三部分：左下角注水井与左上角生产井联合钻遇；右下角注水井与右上角生产井联合钻遇；第三种可能，来自右下角注水井与左上角生产井联合钻遇。又因上述三种可能性是互相独立的，因此可以求和。这三个部分是怎么做出来的呢？道理很简单，以四个角点为圆心，以等价圆形油砂体半径 $R(i)$ 为半径分别画四个圆形，只要以注水井为圆心的圆与以生产井为圆心的圆形相交，就表示对应油水井方向连通，如图8-2（a）所示。其他条件与图8-2（b）相同，两图的唯一差别只是对半径R的取值不同，图8-2（a）上R的取值范围在域$\left[\dfrac{a}{\sqrt{2}},a\right]$内，虽说井位没变，但油砂体半径比较大，它的上界达到了井组单元的边长。于是，以各油水井为圆心，以油砂体半径R为半径的对应两井之间相交的区域也就增大了，不但S_1的区域增大了，还出现了三向连通，总面积S_1，增加了由以A点为圆心、以R为半径的圆，与以B点注水井为圆心、以R为半径两圆相交的部分，形势与图8-2（a）不一样了。若在图8-2上，再附加另一个分图并令$R\geqslant a$，可以预见，将出现三连通区域乃至四连通区域（全连通），就不再详述了。五点法注水方式是如此做法，其他任一种注水方式也是同样的做法，就无须具体详述了。

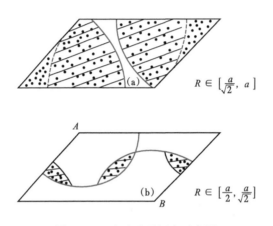

$$R\in\left[\frac{a}{\sqrt{2}},\,a\right]$$

$$R\in\left[\frac{a}{2},\frac{a}{\sqrt{2}}\right]$$

图8-2　五点法连通概率示意图

既然各种注水方式下各种尺度的等价油砂体、不同等级的连通概率划分方法已经明确，那么，两圆、三圆、四圆相交的面积怎么计算呢？回答是，方法也很简单明了。两圆相交面积利用该两圆的圆形公式，对相交面积求积分；三个圆相交、四个圆形相交的面积，同样是利用各对应圆形公式，对相交面积分别做积分……这些计算相交面积的计算公式已经都推导出来了，各向连通概率计算公式也都给出来了，请见参考文献[9]，在此也就无须详述了。由图8-2还可以注意到，对应两圆相交的面积分为两部分，用S_2^+和S_2^-分别表示；三个对应圆相交得到的面积同样分为两部分，各自用S_3^+和S_3^-表示。于是，单连通概率$P_1=\left(S_2^++S_2^-\right)/S$；双向连通的出现概率$P_2=\left(S_3^++S_3^-\right)/S$。对于五点法，当$R$的取值在域$\left[a,\sqrt{\dfrac{5}{2}}a\right]$时，三连通油砂体将会出现，如此继续下去。当$R\geqslant\sqrt{\dfrac{5}{2}}a$时，该油砂体内是个完整井组，其出现概率为1。

计算公式已经齐备了。现在做一件汇总工作，若假设油砂体面积为ω，再引入一个无量纲量$\eta=\omega/S$。各种注水方式下，各等级的连通概率计算公式就可表达得简洁一些。既然方法已经齐备，此后就可以把它们的计算结果都汇总到一张图上，如图8-3所示。这张图可用于整体分析，还可以作为一个通用计算结果来查询（可免于自己重新利用公式去计算），这是很有价值的。由图8-3看出，欲得到较高的水驱控制程度，不仅需要选择合适的井网密度（注采井井距），还要选择合适的注水方式；还可看出，平均井组单元面积应选在油砂体面积的三分之一以上；在相同的油藏地质条件下，五点法的水驱控制能力最强，反九点法水驱控制能力最差，图8-3上P表示几种连通方向类概率之和，例如P_2、P_3、P_4之和。实线"—"表示四点法，点线"……"表示五点法，间断线"----"表示反九点法。图8-3各条曲线未考虑油砂体长轴走向的定向性质，倘若存在定向性质，推荐使用"长五点法"，井排线垂直于走向长轴，类似行列井网中两排注水井间夹一排生产井。行列井网有许多缺点，但是在特殊情况下，面积注水方式下的"长五点法"有更突出的优点。虽然预见了"长五点法"的属性，但是得到它的特性曲线（类似于图8-3）则是困难的。

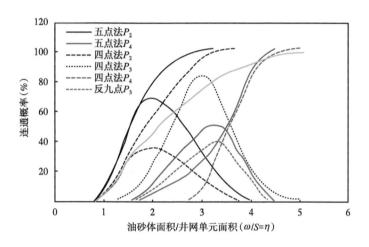

图8-3　面积注水连通概率曲线图

对于认识油藏而言，以上的工作只是其中的一个"细胞"，内含有大小不一的众多油砂体，对"细胞"的水驱控制并不同于对油藏（层）的水驱控制；另外，本节的研究方法未曾包含注水方式与耗能多少的经济关系，也没有考虑单油层内部纵向上岩性非均质组织结构对于驱油效果的影响。更完整地回答这个问题，尚需下面的工作。

第二节　油藏水驱控制程度

实际上油藏内是由大小不一、形态各异的油砂体组成的，不同的油藏内又各有自身的油砂体大小分布特殊性质。可以说完善地表达各油藏这些特征的方法莫过于油砂体大小与其中储量累积关系图了。以大庆油田北二区、北三区十个油层组内累积分布曲线为例，横坐标ω代表大小不同的油砂体面积，设$F(\omega)$代表图8-4的纵坐标，单位为%，取值为小于（及等于）指定ω的各油砂体内储量之和占总储量的百分数，如图8-4所示。

可以看到，在同一个开发区，萨Ⅲ组与萨Ⅱ组之间，上述累积分布曲线之间相互差别就很大，各个开发区之间、各个油层内，累积分布曲线都不同。横坐标表示大小不同的油砂体面积，单位为公顷，代号为ω，纵坐标表示小于ω指定数值的油砂体面积内部储油量总和在该砂岩组内储量中所占的百分数，都是来自矿场实际的曲线。各条曲线的倾斜程度表达出了各砂岩组内大小不一的油砂体在其中所占比例的区别。以北二区萨Ⅱ砂岩组为例，在图8-4上，它的倾斜程度最大，说明内部较大油砂体中储量占有较多的比例；相对应的北二区萨Ⅲ

组内，情况正好相反，小面积油砂体内储量所占比例较多。再进一步推演一下，累积曲线就是油砂体面积 ω 的函数。改用公式表示，纵坐标记为 $F(\omega)$，横坐标为 ω，不同地区、不同砂岩组（油藏、开发层系）就有各自的函数 $F(\omega)$。再推演一步，若将 $F(\omega)$ 对 ω 求一阶导数就得到了 $F(\omega)=\mathrm{d}F(\omega)/\mathrm{d}\omega$ 公式。$F(\omega)$ 与 ω 的关系叫作密度分布函数，意思是说像 ω 这样尺寸的油砂体，其中本身在对应砂岩组内（油藏内）所占的百分数是多少。依据前面给出的知识和定量曲线图 8-3 和图 8-4，推导出关于相应砂岩体（油藏）水驱控制程度。图 8-3 的图例前面已经标明。图 8-3 横坐标是 $\eta=\omega/s$，纵坐标为连通概率（%），P_1、P_2、P_3、P_4 分别表示单向、双向、三向及四向连通等各级次连通概率，P 为该注水方式下各级连通概率之和。它的概念是，只要连通，不分连通的级次如何，就算连通，因此它是各级次连通概率之和。图上没有单独表示单向连通的定量曲线，只表示出了 P_2、P_3、P_4 和 P 各条曲线。因为只要这三类曲线已知之后，P_1 曲线就可知。再补充一句，既然这些曲线都在这张图上，则图上的各条曲线都是 η 的函数。另外，还可见到 $P_2(\eta)$、$P_3(\eta)$、$P_1(\eta)$ 各条曲线，它们都是有峰值的（即是在峰值处相应的 η 值对应的油砂体连通概率最大）。以单向连通为例，超过峰值点和低于峰值点时注采井获得单向联合钻遇的概率反而减少了，但同时出现双向及以上连通概率就大了。其他双向连通、三向连通概率曲线升降道理也是相同的。

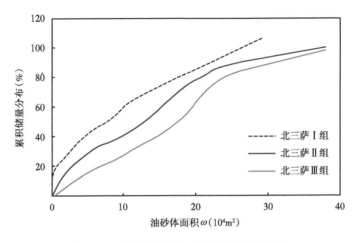

图 8-4　萨尔图油田北三区油层组储量分布

设 K_r 是油藏水驱控制程度，依据前面已定义的几个函数及油藏水驱控制程度的概念，可以得到它们之间的关系式：

$$K_r = \int_0^\infty \left[P_1(\eta) + P_2(\eta) + P_3(\eta) + P_4(\eta) \right] \mathrm{d}F(\omega) \qquad (8-1)$$

$$P(\eta) = P_1(\eta) + P_2(\eta) + P_3(\eta) + P_4(\eta) \qquad (8-2)$$

各油藏（开发层系、油层组）在不同的注采井距和不同的注水方式下其水驱控制程度互不相同，水驱控制了的单油层内，因该单层纵向非均质组织结构及油水黏度比值的影响，也不能完全受到注入水的直接驱替，除特殊油层外还分为"水驱段""注入水浸润段""原始状态剩余油段"。仅单层内部情况而论，问题还很复杂，因此暂不能提到水驱采收率，等待下一节再另行研究。到此为止，也还只能说已经找到了关于水驱控制程度的统一运用的变化规律。前面引用了油砂体面积与井网单元面积 S 间的比值，在此为使用方便，把井网单元面积改为 ψd^2。其中 d 表示注采井距离，m；ψ 是与注水方式有关的一个参数，叫它井网几何参数，记为 $\psi(\varepsilon)$。其中：ε 定义为采注井数比值，它代表注水方式。

于是就找到了井网单元面积 $S=\psi(\varepsilon)d^2$ 关系式，因而也找到了 $\eta=\dfrac{\omega}{\psi(\varepsilon)d^2}$ 公式，其中：η 为油砂体面积与井网单元面积的比值。

对于公式（8-1），如果再用水驱效率 η_0 去乘，则得到了采收率计算公式：

$$K_0 = \eta_0 \int_0^\infty \left[P_1(\eta) + P_2(\eta) + P_3(\eta) + P_4(\eta) \right] \mathrm{d}F(\omega) \tag{8-3}$$

这个公式从理论上来说，它是完整的，但它的缺点是尚不实用。下面想办法把它改写，第一个步骤先把它与谢卡乔夫经验公式相比较，在公式（8-3）内既考虑了注水方式，又考虑了井网密度（注水井距），是两个因素影响的结果。而经验公式中只考虑了井网密度对最终采收率的影响。因此，若想两者对比，只能在公式（8-3）内固定某一种注水方式。鉴于大庆油田北三区萨Ⅰ组油层正在应用四点法面积井网开发，虽然至今尚不知道它的最终采收率准确值，但也可以粗略得知。在应用公式（8-3）时在四点法注水方式下应用数值积分法可以完成。最终结果如图8-5所示。图8-5上虚线对应横坐标为单井控制面积，单位是 $10^4\mathrm{m}^2$/口井，实线对应横坐标为井网密度，单位为口/km²。纵坐标表示最终采收率，%，用自然对数坐标。把指定条件下所有计算结果都绘在图8-5上，结果得到了实线"—"（对应下面横坐标）和虚线"– –"分别对应于纵坐标的采收率，两条直线都很严格，就是说，理论公式结果同谢卡乔夫经验公式计算结果是完全吻合的，同为指数型曲线，公式（8-1）虽然是通用的，而且是严格的，但使用起来不是很方便，下面设法寻找一个便于使用的公式。设 λ 为某油砂体的水驱控制程度，它即是图8-3上的连通概率 P，显然连通

概率与横坐标 $\eta=\dfrac{\omega}{\psi(\varepsilon)d^2}$ 的大小有关，$\psi(\varepsilon)$ 为该比值下的已知函数，从表8-1中选用。

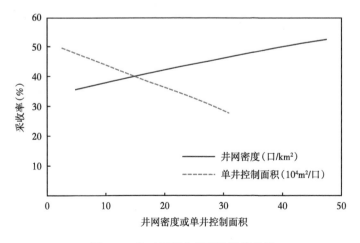

图8-5　北三区萨Ⅰ组理论计算曲线

表 8-1 $\psi(\varepsilon)$ 的选定表

注水方式	特征值	共组与单元	通用公式	$\psi(\varepsilon)$值
五点法	$\varepsilon=1$		$S(\varepsilon)=\psi(\varepsilon)d^2a=b$	$\psi(\varepsilon)=\dfrac{1}{2}$
四点法	$\varepsilon=2$		$S(\varepsilon)=\psi(\varepsilon)d^2$	$\psi(\varepsilon)=\dfrac{\sqrt{3}}{2}$
反九点法	$\varepsilon=3$		$S(\varepsilon)=\psi(\varepsilon)d^2=ab$	$\psi(\varepsilon)=1$
长五点法	$\varepsilon'=\dfrac{b'}{a'}$		$S'(\varepsilon')=\psi'(\varepsilon')(d')^2$	$\psi'(\varepsilon')=\sin(2\theta\varepsilon')$

设定一个坐标系，纵坐标为 $\dfrac{(1-\lambda)}{\sqrt{\varepsilon}}$ 的自然对数函数，横坐标为 η。若把图 8-3 上各种注水方式下，不同 η 值对应的连通概率绘在指定的坐标上就得到了一条直线，表达出了各注水方式都能共同适用的关系，如图 8-6 所示。图 8-6 上右上侧标注了三种注水方式各自的 $\psi(\varepsilon)$ 数值：五点法面积修正系数 $\psi(\varepsilon)=1$，采注井数比 $\varepsilon=1$；四点法修正系数为 $\psi(\varepsilon)=\sqrt{3}\big/2$，其采注井数比 $\varepsilon=2$；反九点法修正系数为 $\psi(\varepsilon)=1$，其采注井数比 $\varepsilon=3$，注采井距 d 指反九点法井组内注采井距最小者。

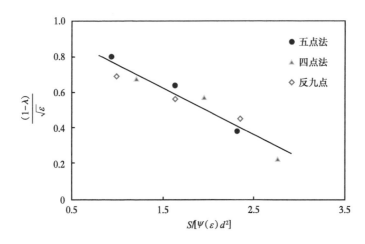

图 8-6　水驱控制程度与砂体相对面积的关系

利用图 8-6 上直线关系，可以得到一个回归公式：

$$\frac{1-\lambda}{\sqrt{\varepsilon}} = \mathrm{EXP}\left[-0.635 \frac{\omega}{\psi(\varepsilon)d^2} \right] \qquad (8\text{-}4)$$

然后从式（8-4）中解出 λ，因而得到了油砂体的水驱控制程度表达式，它是注水方式 ε 和注采井距 d 及油砂体面积 ω 的函数，应记为 $\lambda(\varepsilon, d, \omega)$。前面已经详述了大小不同的油砂体内储量累积分布函数 $F(\omega)$，若把水驱控制程度概念扩大到油田上去，就需要做以下积分：

$$K_{\mathrm{r}}(\varepsilon, d) = \int_0^\infty \lambda(\varepsilon, d, \omega) \mathrm{d}F(\omega) \qquad (8\text{-}5)$$

从式（8-4）内解出 $\lambda(\varepsilon, d, \omega)$ 后得：

$$\lambda(\varepsilon, d, \omega) = 1 - \sqrt{\varepsilon}\mathrm{EXP}\left[-0.635 \frac{\omega}{\psi(\varepsilon)d^2} \right]$$

其中，EXP 为指数函数，需将它代入式（8-5），于是有：

$$K_{\mathrm{r}}(\varepsilon, d) = \int_0^\infty \left\{ 1 - \sqrt{\varepsilon}\mathrm{EXP}\left[-0.635 \frac{\omega}{\psi(\varepsilon)d^2} \right] \right\} \mathrm{d}F(\omega) \qquad (8\text{-}6)$$

此式是个定积分，式内 ω 大小不同，并且是在固定 ε 及 d 的条件下求积分，一方面可以保持原有精确度的条件下完成，这就要借助于已知的图 8-4，即是针对某油藏（或层系）进行统计整理得到 $F(\omega)$ 曲线后代入式（8-6），求得积分。另一方面也可以应用较简易的办法，例如利用定积分中值定理，找到一个近似而更实用的公式，如：

$$K_{\mathrm{r}}(\varepsilon, d, C_0) = 1 - \sqrt{\varepsilon}\mathrm{EXP}\left[-0.635 \frac{C_0}{\psi(\varepsilon)d^2} \right] \qquad (8\text{-}7)$$

式中：$K_{\mathrm{r}}(\varepsilon, d, C_0)$ 为油藏水驱控制程度；C_0 为该油藏内油砂体面积中值（中值与最或然值相近），m^2。C_0 一方面可以从地质上所给出的油砂体面积中值来估值，另一方面还可以利用油藏日常生产数据进行辨识，这个辨识课题后面将会给出。

式（8-7）是一个重要公式，它考虑了注水方式和注采井距两个重要因素，这是以往所未达到的，由此而通向了科学定量方法的道路，特别是进行开发方案设计时。它在油藏生产管理当中也是一个有很强指导价值的基础公式。过去此类研究工作经常是直接应用油藏采收率数值。水驱控制程度乘以驱油效率就是采收率。关于驱油效率的数据，后面另将专门研究。

第三节　水驱控制程度综述与延伸

前文讨论了关于油砂体的水驱控制程度及关于油藏的水驱控制程度，都得到了各自的理论表达式。本节把它们汇总起来，然后再把以上成果进行推广，与矿场实际整理出来的

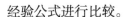

经验公式进行比较。

井网密度与注水方式对油砂体的水驱控制程度的影响，已表达在图8-3上。从图8-3来看，它给出了什么启示？（1）油砂体面积要与井网密度和注水方式下的单元面积比值 η 相互适应。从图8-3横坐标可见到，比值 η 在1以下，依靠调整注水方式和注采井距，无论如何也得不到水驱控制程度，此类油砂体内的储油量是完全水驱损失的。（2）另一个极端，若比值 $\eta > 4$ 之后，或者说此时油砂体面积已经足够大，在此情况下再去设法调整注采井距或注水方式，企图提高油砂体的水驱控制程度已经余地不大了。（3）只有在 $\eta = 1~4$ 之间，通过调整注采井距和注水方式去改善油砂体的水驱控制程度，才是可以实现的。（4）还有一点颇值得注意，在图上所列出的三种注水方式当中，其中五点法注水方式，在 $\eta = 1~4$ 内的任一位置上相比，都能获得比其他注水方式更高的水驱控制程度，而反九点法能力相对最差。

关于油藏水驱控制程度，前面已经推导出了一个通用公式（8-7）。这个公式与前面总结注水开发最终采收率矿场实际数据所得到的同类公式惊人地相似，甚至将油藏水驱控制程度再乘以过去概念下的水驱油效率之后，共同得到了油藏注水开发最终采收率与许多因素之间的关系。但应强调一下：一个公式（苏联谢卡乔夫）是经验公式，另一个则是基于内部的机制、影响因素由理论推导出来的。还有一个重要差别，理论推导出来的公式，除了反映了注采间井距（等价于井网密度）之外，还反映了注水方式对最终采收率的影响，其理论价值和矿场使用价值都得到了极大提高，且公式以极简捷的方式表达，使用起来没有添加什么不便。作为基础公式之一考虑了过去方案设计中无法考虑的、如此重要的内容。同样，理论公式中各个参数都含有自身的物理意义，甚至无须经过动态数据反求步骤就可直接使用。

图8-3和式（8-7）除了已经考虑的几种注水方式而外，还可以沿同一方向扩充，例如对于分布广泛、平面上延伸长度各方向而不同的油层，使用"长五点法"更为恰当。

表8-1给出了各种注水方式的详细资料，除长五点法外，公式（8-6）中各项参数也就此给出。表8-1所列五种注水方式在开发方案设计阶段，在合理注水方式概念下，只能视条件中取其一。反九点法和行列注水方式，如果仅以采收率指标作衡量指标，则本项研究结果不建议采纳。阅读了本章新研究成果之后，无疑都会得到这一共同结论。长五点法来自行列井网方式，但是它修改了以往简单的"两注水排夹三排或更多生产井排"。实际上，因问题涉及多个方面，核心思想是水驱控制程度要高，对已控制了的油砂体，又要能使它们动起来，总体上来看油藏注采井数比过高，不利于发挥更多油砂体的作用。

但是在特殊地质条件下，例如分布广大、注水井又位于高渗透带，不受表8-1的规定，所涉及的诸多内容将在本书"油藏管理篇"内专题讨论，因为在开发方案设计阶段，不可能一次性认清，也不可能一次性把终身效果都定死。但是，基础知识指导下的"多次布井论点"方可获得更好的效果。

既然如此，对行列井网，在表8-1中特征常数就没有必要去研究了，另把"长五点法"的特征参数补充进来就可以了，但还需要补充图8-3那样的"长五点法"注水方式所对应的油砂体相对面积连通概率曲线，其做法也与其他注水方式相同，只需重新推导基础公式，依据新公式计算出相应曲线（通用定量表达曲线），再把长五点法通用曲线的各个数据代入式（8-1）中，求得它对油藏水驱控制程度的最后结果。把"长五点法"对油藏水驱控制程度结果填入图 8-3 的曲线图上去，作为一个新补充案例。注意，"长五点法"是一种专用注水方式，只适合油砂体延伸长度与宽度比值大于 1，且长轴定向已知的情形，像图 8-4 上那样的油砂体累积储量与油砂体面积关系图，在此情况下就不能用了，需要补充延伸长轴方向提示。

　　附注：注水开发效果与井网密度和注水方式间的关系研究历史回顾和选用表见表 8-2。这个课题自 1974 年开始，历经 37 年，首创性成果及其适用条件列于表 8-2 内，便于选用者参考。

表 8-2　注水方式选用指南

成果	依据	推荐人	引文序号	注释
指数关系	油田数据总结	谢卡乔夫	[1]	注水方式未计
（吸水/采油）指数比	注采平衡	童宪章	[3]	推荐四点法
（吸水/采油）指数比	注采平衡	方凌云	[4]	大庆使用五点法调整后含水率稳定，产油量上升
多因素组合下的指数规律	理论指导	齐与峰	[7]	注水方式和注采井距对采收率影响规律
传统反九点法	后期调整方便	当年矿场使用		耗能大，采收率低
传统行列井网	理想假设	当年矿场使用		未计含油砂体影响
长五点法	适用河道沉积砂体	齐与峰	[2]	适用于河道沉积砂体开发设计
"高注低采说"	物理模拟	王传禹	[10]	适用于后期调整

　　对于注水开发油田，注采井网部署的核心任务是使之最大限度地适应砂体的分布状况，保证尽可能多的油水井能对应连通，使更多的油井受到有效注水影响，扩大平面水驱波及面积。国内外油田开发资料表明，大面积稳定分布、形态较规则的油层，对注采井距的要求相对较低，水驱控制程度都很高。例如大庆喇萨杏油田大面积稳定分布的以葡一组油层为代表的高渗透率主力油层，无论在较稀的井网下，还是在较密的井网下，井网密度在 1.67~13.3 口/km² 区间，水驱控制度在 80% 以上。

　　而对于那些分布不稳定、形态不规则，或呈透镜体状态分布的油层，对井网的适应性较差，在不同的注采井距下，水驱控制程度将会发生明显变化。要想获得较高的水驱控制程度，必须将注采井距缩小到一定程度才能实现。

　　为了进一步研究这个问题，巢华庆[9] 按实际布井法统计了萨尔图油田中区西部密井网试验区不同类型油层水驱控制程度随井距的变化情况，如图 8-7 所示。可以看出，随着井距的缩小，各类砂体的水驱控制程度均呈递增趋势。在相同井距下，随着砂体发育的变差，水驱控制程度逐渐降低。而且在井距缩小相同幅度的情况下，随着砂体发育的变差，水驱控制程度增幅逐渐加大。对于基础井网主要开采对象的连片分布的大型河道砂体，在井距 500m 左右时，水驱控制程度即可达到 80% 以上；对于一次加密井网主要开采对象的主体带发育的薄层砂体和条带状河道砂体，水驱控制程度要达到 80% 以上，井距需缩小到 200m 左右；而对于二次加密井网主要开采对象的连片分布的低渗透薄层砂体和不规则分布的薄层砂体，水驱控制程度要达到 80% 以上，井距需缩小到 100m 左右。

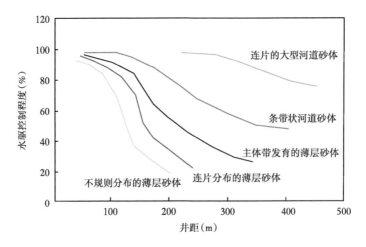

图 8-7　中区西部密井网试验区不同油层井距对水驱控制程度的影响

在井距相同的情况下，采用不同的注水方式，对油层的水驱控制程度也是不同的。研究表明，对于大面积稳定分布、形态较规则的油层，行列注水和面积注水两种注水方式都能较好地控制住油层的面积和储量，在相同的井网密度下，水驱控制程度相差不大，面积注水下的水驱控制程度要略高于行列注水。

而对于一些分布不稳定、形态不规则，或呈透镜体状态分布的油层，在相同的井网密度下，面积注水要比行列注水更适应一些。一般来说，在井距相同的条件下，油井与较多注水井相关的面积注水方式，水驱控制程度高。例如喇萨杏油田的杏 1~ 杏 3 区中间井排加密地区，采用反九点法井网（油水井数比为 3：1），水驱控制程度只提高 10% 左右，而采用五点法井数（油水井数比为 1：1），可提高 17.1%（东部）~26.9%（西部）。五点法注水方式下的水驱控制程度比反九点面积注水方式下提高了 7.1~16.9 个百分点。

第四节　非均质单油层合理井网研究

通常油藏概念是由众多油砂体组合而成，但是，在此组合中通常也包括分布广泛的单油层，甚至油层性质还很好，占有储量的份额也比较大。不论油砂体面积是大还是小，都存在单油层开发中井网、注水方式的适应规律这个基础性课题。

关于非均质单层，在平面上，井网和注水方式对注水开发效果影响问题，国内外已经通过不同手段研究过多年了，如今又提出它来，可以说现有的成果足以做出回答。Баищев 应用油藏数值模拟法（二维三相）做了一个研究，地层条件很奇特，每个网格上设一个油层均匀块，评价了注水方式的影响，流传到国内。笔者觉得，他那些结论除了所设想的单层非均质奇特外，还有应用数值模拟所得结果中带有"趋向效应"的影响，即是模拟网格线安排与注采井连线相平行或相互交叉，两种结果就不同。回答这个问题时数值模拟网格的安排应仔细斟酌。李炎波[11] 在自己的学位论文中屏蔽"趋向效应"影响，处理得较好，它认为差分网格线平行于注采井连线，趋向效应就严重，而注采井连线与差分网格对角线方向一致时，产生"逆趋向效应"，因此，对于每种注水方式进行数值模拟时，都重复再做一次，上次是顺网格连线，下次就顺网格对角线方向设注采井位，上次趋向效应为正，下次趋向效应为负，把这两次模拟结果相加求平均值，至少就缓解了趋向效应影响，按照这个设计思想，1993 年李炎波[11]利用大庆油田葡一组第二号油层（北一区中的一个断块，面积 9.0km²），在这个参数场上做了几种注水方式模拟研究。油水黏度比选用15。在计算过程中，对于五点法，整理提出了两条曲线，一条为网格线平行于注采井连线（名为五点法 2），另一种与注采连线相交 45°（五点法 1）。其他注水方式分别为长五点法（排距与井距比为 1：2）、四点法、七点法等。四点法与七点法因其采油井位与注水井位连线较多对称分布，所以趋向性较小，计算结果绘成含水率与采出程度关系曲线，如图 8-8 所示。

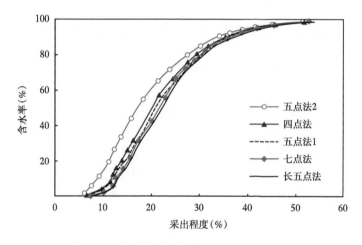

图 8-8　非均质单油层注水方式与开发效果关系

五点法 2 因受趋向效应影响，其含水率上升最快，长五点法、五点法 1 开发效果最好，四点法和七点法稍差。倘若把五点法 1 同五点法 2 的计算结果分别赋予权重 $\frac{2}{3}$ 和 $\frac{1}{3}$ 做平均之后，就会与四点法和七点法的含水率与采出程度变化曲线相近了。由图 8-8 可见到，除了五点法 2 受趋向性影响较明显外，其他几种注水方式模拟结果难分高低，只四点法稍差一些。这个模拟结果与 Баищев 的结论不同，应认为是个正确结论。

在李炎波文章[11]中，还研究了非均质单油层上开发效果与井距的关系，在 9km² 的面积上应用长五点法设计 64 口、49 口、36 口井，即井网密度在 7.1 口 /km²、5.45 口 /km²、4.0 口 /km² 不同的情况下，分别计算它们的开发效果，结果表明：在同一种注水方式长五点下，三种不同的井网密度得到了完全相同的结果。以上关于单油层开发效果与注水方式关系研究是在理想化的条件下进行的，目的是分步地把这一基本认识问题搞清楚，不再徘徊于模糊状态。

矿场上通常的单油层特指"小层"，已编了它们的层号，但是并不一定是指前面所说单油层，很可能还更复杂一些。所谓小层是根据一定条件下划分出来。还有相当一部分小层内存在夹层是比较普遍的，小层内部某些局部位置上是互相窜通的，也有相当一部分是互相隔离的，不能排斥，还存在另一个或多个作为水力学单元的油砂体。经过多次井网调整之后，井网密度已经很高，再加上生产测试及加密井、检查井的加入，使这个问题的认识已经搞清了。详见于洪文的文献[12]，尚未动用的或动用不好的部分，主要是一些薄油层：物性差、砂体窄小、形态不规则，在稀井网条件下很难认识的油层或部位，但经后来井网再加密之后，得到了新的认识。例如喇嘛甸油田北块地区，共有五套层系，地面井网密度高达 33.1 口 /km²，通过进一步细分研究，又把小层细分为单砂层，已认识到单砂层的分布形态及其与相邻砂体间连通关系。萨北萨、葡油层原有的 32 个小层细分成 73 个单砂层。例如萨Ⅳ小层北 3-3-48 井至北 2-5-48 井区，从动态观测来看已全部呈条带水淹，但细分成上下两个单砂层之后看出，上砂层的注水井点处在尖灭部位，新钻井后方知，上砂层全部未见水，而水淹的只是下砂层整个条带。可见，单一油层的基础的理论结果与矿场监测结果仍存在一定差异。

第五节　实际油层开发效果与注水方式关系数值模拟研究

李炎波指出，在利用数值模拟法研究注水方式对开发效果影响时，要设法摒弃网格划分产生的趋向效果，否则评比结果失真，本节则强调另一个十分重要的问题，当研究合理井网密度、注水方式时，要保持原油层内含油砂体的大小、个数的真实性，否则模拟结果也要失真，在遵守上述两个注意事项的条件下，完成了实际油田开发效果与注水方式关系的研究，考虑了从小层再次细分后出现的更加复杂的因素，在总面积上 9km² 总井数为 49口保持不变的基础上，改变注水方式，通过细分小层后用数值模拟法得到了一套完整的资料，如图 8-9 所示。七点法和四点法，有来水方向因网格趋向性影响而提前见水；五点法 1，注采井连线与差分网格线斜交 45°；五点法 2，各来水方向都因顺网格线而提前见水；长五点法，也为斜交方式划分。由图 8-9 上曲线看出，上述几种注水方式下各自得到采出程度与含水率的关系曲线，互相区别。图 8-9 说明，对于含有大小不同细分油砂体的实际油层，在选择注水方式时可以应用数值模拟方法进行研究，但模拟时不能简单地在纵向上将油砂体合并，合并之后结果就失真；另外，也要注意网格趋向效应，尤其是五点法。

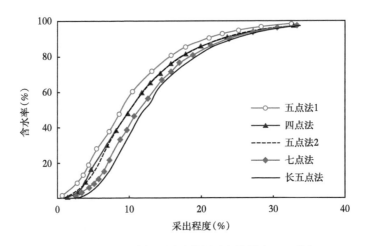

图 8-9　非均质多油层稀井网开发效果（49 口井）

就图 8-9 而言，要有分析地接受这簇曲线的排序和各条曲线之间展示的数量差别。除了趋向效应而外，还应考虑，计算中所使用的"单油层号"内含有水力学单元的情况，图 8-8 与图 8-9 所得结论之间的差异就在于此。所以图 8-9 中的这几条曲线反映的情况，彼此之间的顺序是有道理的，特别是凸显了长五点法的优点。七点法注水方式平常不会采用，但是它的排序位置是合理的（且网格趋向影响较小），四点法这条曲线的位置也是正确的。五点法 1 和五点法 2 两条曲线的结果，前者沾了负趋向影响的光，后者吃亏在正趋向影响，若将前后两条曲线在相同采出程度下，对应含水率数值取平均值，其排序位置略优于"四点法"，也是合乎道理的。总体看来，因为井网密度约 5 口井 /km²，再加上该"单层"面积也较大，造成了图 8-8 的结果，虽有差别，但差别不大。以上的研究工作足可以明确一个观点：五点法对油砂体大小不一的油藏，水驱控制程度最高，水驱采收率也是最高的注水方式。当油砂体面积巨大，其延伸又有定向性的油层，选用长五点法是合适的。

除此之外，注水方式选择还应考虑单位能耗下的排液能力，这方面一般是被忽视的。其实这个因素也很重要，它直接连着经济价值。在同一个区域内，设 9km²，地层渗透率和有效厚度分布值已给定，共同使用 100 口井，其他参数也固定的条件下，井网系统单位时间内耗能数值应与单位大压差（指注水井井底压力与生产井流动压力之差）下排液能力成正比。因此可定义一个参数：$(Q_l/\Delta p)$，Q_l 是模拟区域内每天总排液量（单位为 m³/d），Δp 为大压差。此比值的物理意义是总渗流阻力的倒数，这个比值越小，渗流阻力越大，单位时间内耗能越多。因此，最后结论是 $(Q_l/\Delta p)$ 越小，单位时间内耗能越少。将数值模拟结果按照以 $(Q_l/\Delta p)$ 为纵坐标，含水率为横坐标，绘制一张图 8-10 所示的示意图。但考虑到五点法 2 受趋向性影响，而五点法 1 又受益于负趋向性影响，真实曲线应在这两条曲线之间。

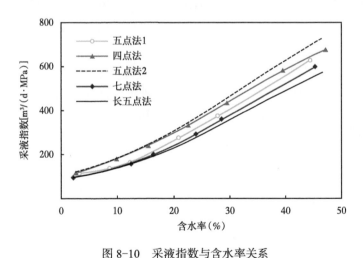

图 8-10　采液指数与含水率关系

第六节　剩余油描述方法及其分布特征

砂岩油田在注水开发过程中各油层不同部位的油水运动状况，剩余油滞留环境（条件）以及现有挖潜技术手段改善水驱开发效果的潜力等研究课题，是众人所关注的，因为它与做好注水开发设计方案、选择合理措施、保持高产和稳产直接相关。

一、密闭取心检查井剩余油描述方法

松辽湖盆大型河流—三角洲沉积储层严重的宏观非均质性，始终是影响大庆油田老区开发效果的首要因素。油田进入高含水后期开采阶段以后，储层中宏观剩余油分布状况极其分散、复杂，而且难以认识、难以寻找，必须依靠各种方法的综合分析才能奏效。影响储层中剩余油分布的首要因素依然是储层的宏观非均质性，它决定了井网对储层的控制程度、注采关系的完善程度，以及油田的层间、平面和层内三大基本矛盾。储层宏观非均质性主要受原始沉积作用的控制。为此，大庆油田从沉积学原理出发，探索出在密井网条件下，对储层宏观非均质特征进行精细准确分级的描述方法，水淹层密闭取心检查井法、油藏动态监测方法和数值模拟方法，这些方法的综合应用为剩余油分析提供了可靠技术方法和手段，也为油田不同时期的井网加密调整、三次采油以及各种挖潜措施取得良好效果奠定了基础。下面主要回顾密闭取心检查井剩余油描述方法。

通过钻井取心得到油层含油（水）饱和度是目前最直接、最准确的方法，而其他方法，包括各种测井和试验方法都需要经过实际岩心测定结果检验后，才能做出比较合乎实际的解释。这表明岩心资料是油田开发研究中极为重要的第一性资料。随着钻井取心工艺技术水平的提高，取心收获率有了保证，这为全面观测油层中油、水分布的特点提供了有利的条件。

长期以来，大庆油田针对油田不同开发阶段暴露出的问题及研究水驱提高采收率的需要，通过钻密闭取心检查井，取得了大量的第一性资料。到 2002 年，喇萨杏油田累计钻取 90 口密闭取心井，钻取岩心 20991m，及时掌握了不同时期油层的含油（水）饱和度及动用状况。结合精细油藏描述，纵向上定量表征了不同类型储层层间、层内剩余油分布特征，平面上未水淹层的主要储层类型，为油田地质研究、油田水驱开发调整方案编制及三次采油方案编制发挥了重要作用。密闭取心检查井分析方法[9]确定油水饱和度的步骤如下。

1. 原始含油、含水饱和度值

油层原始含油、含水饱和度的数值大小主要和油层的渗透率有关。用油田开发初期油基钻井液取心资料或未水洗岩样饱和度资料，经数理统计方法整理绘制空气渗透率与含水饱和度关系图版，根据油层空气渗透率值用这一关系图版查得油层原始含水饱和度。原始含油饱和度则用下面的公式求得：

$$S_{oi} = 100 - S_{wi}$$

式中：S_{oi} 为原始含油饱和度，%；S_{wi} 为原始含水饱和度，%。

2. 油层条件下含油（水）饱和度值

密闭取心检查井含油、含水饱和度是岩样在地面环境条件下直接分析的数据。在取心过程中，由于压力的降低和溶解气的脱出，地面分析的含油、含水饱和度将损失一部分，可以根据室内脱气实验给定的脱气校正曲线进行校正。大庆油田密闭取心水洗层岩样脱气校正到地层条件下的含油（水）饱和度可用以下公式计算：

$$S_o^* = 1.08 S_o B_o - 1.2$$

$$S_w^* = 100 - S_o^*$$

式中：B_o 为原油体积系数；S_o 为含油饱和度，%；S_o^*，S_w^* 分别为校正后的含油饱和度和含水饱和度，%。

未水洗密闭样品以目前含水饱和度为准，含油饱和度用 $S_o^* = 100 - S_w^*$ 计算。

3. 驱油效率计算

油田投入开发至取心这段时间，油层含油饱和度的相对变化率称为驱油效率，表示该层被注入水驱替的程度，用下式表示：

$$E_D = \frac{S_{oi} - S_o^*}{S_{oi}} \times 100\% = \frac{S_w^* - S_{wi}}{S_{oi}} \times 100\%$$

二、剩余油分布特征及控制因素

1. 注水开发后的水淹状况和剩余油分布特征

喇萨杏油田在不同开发阶段，通过钻检查井开展密闭取心，分析不同类型油层水驱特征及其剩余油分布模式，为油田稳产开发调整指明了方向。对于任一单一油层，水驱开发一段时间以后，注入水经该油层突破生产井底，则该层（井层）为水淹层。如前所述，由于单一油层由多个相对均匀段组成，各均匀段之间的渗透率等物性差异大，因此，单一油层见水不等于全油层段见水，即：该油层可以细分为水淹层段和未水淹层段。油层的水淹程度还可以细分为高水淹、中水淹和低水淹，图 8-11 是 L8-P2115 井在油层萨Ⅲ 3-7 的水淹解释结果，厚油层内不同级别水淹段在纵向上相间分布，成因单元底部高水淹或中水

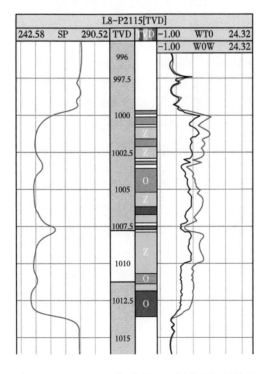

图 8-11　L8-P2115 井 萨Ⅲ 3-7 层水驱解释结果

淹，剩余油饱和度普遍较低；顶部低水淹或未水淹，油层段水驱动用程度较差，含油饱和度相对较高。图 8-12 为喇 8-211 井至喇 9-213 井萨Ⅲ 3-7 层剖面图，纵向上层内不同级别水淹段相间分布，结构单元底部高水淹、顶部低水淹或未水淹特征。此外，不同位置的油井，由于其纵向沉积砂体类型和叠置关系不同，水淹特征也存在明显差异。

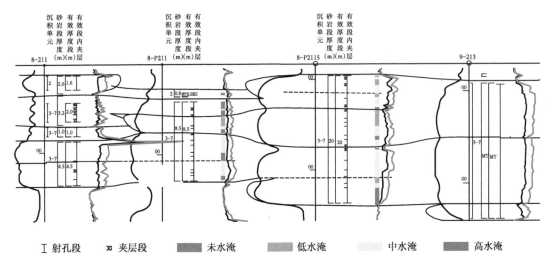

图 8-12　喇 8-211 井至喇 9-213 井萨Ⅲ 3-7 层沉积单元水淹状况剖面图

为了比较全面地研究不同类型油层的水淹特征和剩余油潜力，大庆喇萨杏油田长期以来将钻检查井密闭取心作为一项重要工作。以喇嘛甸油田为例，1981—1995 年共钻检查井 8 口，以 5 年一阶段对这些检查井取心测试结果进行分析。与水淹测井解释类似，在检查井取心监测分析中，将见水的取心油层段称为水洗段，而将未见水的取心油层段称为未水洗段。水洗层段也可以根据水洗程度的不同而划分为强水洗、中水洗和弱水洗。

图 8-13 是不同阶段检查井井数、不含一类油层葡Ⅰ1-3 层的取心小层数及其未水洗小层数，未水洗油层数占取心油层数比例随时间不断减少。以分阶段平均单井的有效厚度为对象，将其分为水洗厚度、层内未水洗厚度和层间未水洗厚度，则可以获取不同阶段水洗和未水洗有效厚度的构成，如图 8-14 所示。由图 8-14 可见，1985 年及 1990 年之前，平均单井层间未水洗有效厚度大，分别约为 29m 和 17m，适合通过井网加密细分层系开发调整提高水驱采收率；而水洗厚度和层内未水洗厚度为水淹层的厚度，分别占总有效厚度的 65% 和 84% 以上，通过单砂体精细刻画挖掘层内剩余油潜力是进一步提高水驱采收率的另一研究重点。

对于未水洗油层，通过按油层有效厚度分级分类可以看出，大部分未水洗油层是有效厚度小于 1m 的油层，尤其是 0.5m 以下的油层数量很多，1985 年以后的检查井取心分析结果更是如此，如图 8-15 所示。

喇萨杏油田还存在低渗透的表外储层，这类油层由于渗透率低及开发井射孔程度低，因此注水开发以后水驱控制程度和动用程度比较低。对喇嘛甸油田 1990 年以后的检查井也进行了这类储层的水驱状况详细分析，图 8-16 是不同阶段水洗和未水洗表外砂厚构成图。由图 8-16 可见，层间未水洗表外砂岩厚度介于 16~21m，也是水驱井网调整挖潜的重要对象。

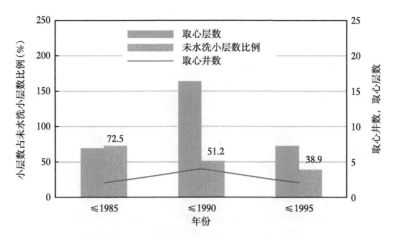

图 8-13　不同阶段检查井井数及取心层数

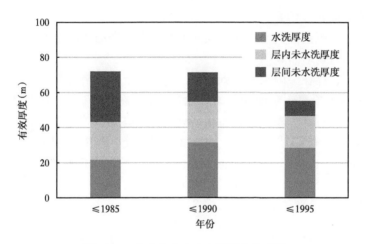

图 8-14　水洗和未水洗有效厚度构成图

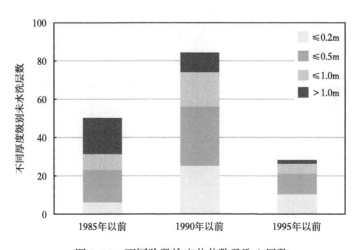

图 8-15　不同阶段检查井井数及取心层数

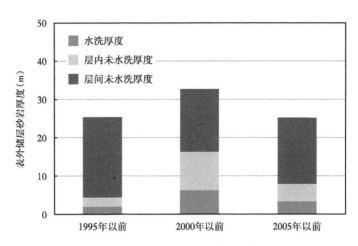

图 8-16　水洗和未水洗表外砂厚构成图

2.未水洗剩余油控制因素

前面已经分析，剩余油类型多样，纵向上有层内剩余油和层间剩余油之分，平面上则有井网未有效控制的剩余油。

对于水淹油层，存在层内未水洗剩余油，这类剩余油控制因素多样，例如层内夹层控制型剩余油、正韵律顶部剩余油和非均质性（层理、夹层等）控制的分散薄片型剩余油，如图 8-17 至图 8-19 所示。根据喇嘛甸北东块典型区块 1996 年所钻 48 口聚合物驱加密井对二类油层的水淹层解释结果，13.5% 的厚度为强水淹，35.1% 的厚度为中水淹，低水淹和未水淹厚度分别为 17.9% 和 33.5%。一些典型的二类油层的水洗厚度在 80% 以上，平均驱油效率介于 41%~56%，其中：强水洗层段的驱油效率在 60%~70% 之间，油层折算的采出程度介于 33.8%~47.8% 之间，详见表 8-3。

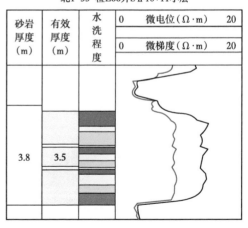

| 杏5-丁2-检P928井PI3₃₂小层 | 北1-55-检E66井SⅡ10+11小层 |

图 8-17　层内夹层型剩余油　　　　图 8-18　正韵律顶部型剩余油

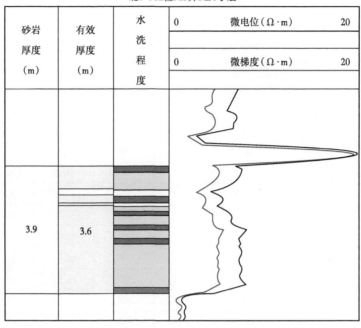

图 8-19 分散薄片型剩余油

表 8-3 喇 8 井至检 P182 井萨葡油组二类油层驱油效率和采出程度

油层类型	层号	有效厚度（m）	原始含水饱和度（%）	目前含水饱和度（%）	驱油效率（%）	水洗厚度百分数（%）	采出程度（%）
二类油层	萨 HI3-7	3.8	17.8	52.3	45.8	81.6	37.4
	闻 I472	3.5	18.3	58.9	51.1	93.7	47.9
	闻 24	4.3	18.8	46.3	41.3	81.9	33.8
	萨 H15-2	4.5	16.3	55.6	56.3	79.1	44.5

如前所述，多层状油藏由于不同油层平面分布范围以及物性差异大，即使在水驱开发进入高含水阶段，甚至是高含水后期阶段，一些渗透率较低的薄油层和表外储层仍然处于未水洗状态，即：这些井层存在层间剩余油。即使是分层注水开发，由于一个注水层段内通常用 10 个以上的小层，因此，层间物性的差异导致渗透率低的油层吸水能力差，甚至不吸水。根据杏六区 2001 年以来注水井历年同位素测试吸水测试结果统计，吸水好油层有效厚度占测试层总有效厚度的 50% 以上，有时吸水、有时不吸水的油层占 30% 左右，不吸水有效厚度占 20% 左右，见表 8-4。

平面上，一方面由于早期井网主要选择厚油层射孔为主，一些以表外储层为主的低渗透薄油层射孔，注采井网不完善。杏六中区 S2-1-1 油层以表外储层和非主体薄层砂为主，图 8-20 是该区块在沉积微相基础上所有钻遇该油层的开发井的注采井网图，图 8-21 则是射开该油层的开发井的注采井网图。由图 8-21 可见，油井多，水井少，注采关系不完善；另一方面，注水开发过程中低渗透油层吸水能力差，甚至不吸水。因此，这类油层水驱控制程度和动用程度差，尤其是注采井网局部不完善的区域存在未水驱的剩余油。

表 8-4 杏六中 2001 年以来历年同位素测试吸水状况

年份	单次测试动用状况				三次测试动用状况			
	统计井数（口）	层数（%）	砂岩（%）	有效（%）	统计井数（口）	层数（%）	砂岩（%）	有效（%）
2001 年	244	41.09	46.55	56.01	12	63.68	70.79	75.68
2002 年	527	40.23	46.03	56.30	40	62.59	70.05	75.58
2003 年	490	37.57	44.00	54.01	77	62.48	70.14	76.25
2004 年	674	37.16	42.06	51.12	129	64.05	70.54	77.02
2005 年	527	34.94	39.11	46.61	164	64.71	70.81	76.93
2006 年	651	36.85	42.63	52.32	258	65.91	71.74	78.27
2007 年	708	37.40	42.52	51.71	395	65.94	71.69	78.24
2008 年	856	35.09	40.13	48.12	517	66.52	72.25	78.23
2009 年	670	34.84	40.33	50.09	594	67.46	72.89	79.07
2010 年	949	37.29	42.50	51.64	752	68.50	73.66	79.81
2011 年	589	39.00	44.50	55.38	865	69.32	74.40	80.51

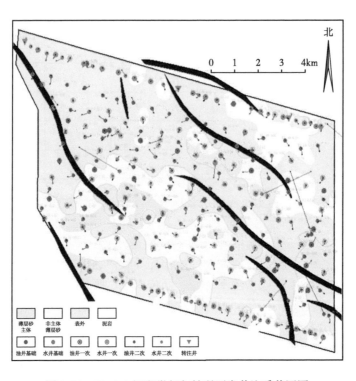

图 8-20 S2-1-1 沉积微相与钻遇开发井注采井网图

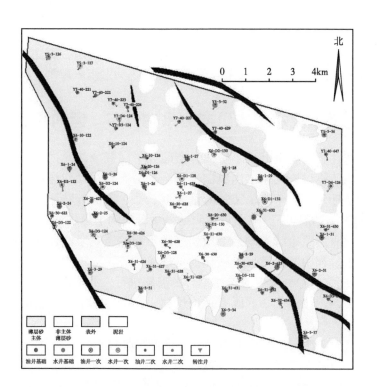

图 8-21　S2-1-1 沉积微相与射孔开发井注采井网图

　　综上所述，上述讨论的剩余油可分为五种类别：（1）除了现井网未控制的，还有虽然已被现井网控制了，但是还没有动用的，主要指平面剩余油；（2）注入水零值进入属于纵向一段类剩余油，也可称为层间剩余油；（3）注入水驱替段与浸润段为两段类剩余油；（4）还有水驱替、浸润、原始状态剩余油，三段类剩余油；（5）最后还有单层单一高效水驱后剩余油类。其中后三类为层内剩余油。

　　研究结果认为，从单层纵向上剩余油分布来看，只有（2）~（4）三种存在形式，而且不会有注入水浸润段与剩余原始段方式共存在于"细分单层"（水力学单元）纵向；不会有注入水驱替段与原始剩余油段同处于细分单层纵向之内。但值得注意的是，竟然有"细分单层"内纵向同属"水驱油段"，且当油水黏度比值大于 1 的条件下存在。驱油段与水浸润段所形成的力学条件不同，驱油段与高效驱油效率相对应。

　　"单一驱油段"只发生在特殊单层内，段内水驱高效。"驱替"有特殊的含义，即是从注入端到采出端之间大压差远超过重力和宏观毛细管力条件下产生的水的驱替作用，由压力差主导的驱替作用在三种力量之间占优。驱油段的强势来自水驱过程中其内部渗流阻力会不断降低，从而影响场际内其他段的水驱（水洗），即：它使得其他段的水驱前缘虽然在入口端已经形成了，但得不到发展。"单一驱油段"在高含水后期以强中水洗为主。

　　"浸润段"只发生在驱油段的邻域，浸润段内平均水洗效率，随注水倍数增大而增加，其厚度也随之增加。与驱替作用不同，注入水的浸润作用，水来自其相邻的驱替段，自然驱替与浸润段间压力差小于两段间宏观毛细管力差值和重力作用而产生的油水交换效果。

"浸润段"以弱水洗为主,"浸润段"从弱水洗向中水洗转变需要耗费更长的时间。

原始状态剩余油段与"单一驱油段"不直接接触,对于单一均质段之间如果没有不渗透夹层,则中间必有"浸润段"搭桥中间;如果存在不渗透夹层,则注采结构不对应或层内物性差异是导致形成这类剩余油的主控因素。以上是动态组织规则。

第七节　见水层内纵向剩余油分布、运动和滞留

前面通过检查井资料定量分析了层内、层间和平面剩余油,为不同类型剩余油的挖潜提供了基础。本节将讨论见水层内纵向上剩余油分布、运动和滞留的规律。研究工作中,利用了油田密闭取岩心(油基钻井液钻井取岩心)化验结果,在渗流力学相似理论和多元非线性回归方法帮助下,从大量观测结果中,找到了见水油层纵向注入水驱替段、注入水浸润段和注水后原始状态剩余油段,三种不同性质剩余油存在条件及各自出现的尺度、它们在注水过程中发展情况及转化的可能条件等。本项研究工作,采用把现场观察(见水层岩心)同定量综合集成方法相结合的思路进行,并指出了它们与所在油层沉积地质条件相连的关系,找到了一些既有理论价值,又有实际指导价值的整套定性与定量相结合的新成果。

基础资料来自大庆油田,汇总了当时全部检查井取岩心井,总共有 22 个见水层岩心柱。取心层位和井位分布广泛,取心井位在注水井与采油井中间,距注水井距离从 35m(小井距实验区)到 600m(行列井网注水井排与生产井排线之间)。取心见水层,涵盖多种沉积类别,从河道沉积到三角洲前缘沉积体。特别应该说明,小井距实验区,当年由大庆研究院马志远特别研究,本书吸收了"地面温度水注入油层对油层温度和驱油效果的影响""不同采注井距下对驱油效果影响幅度估值"等研究成果和观点,并建议在选择注水井距时有所警示。

本研究工作先从见水层水淹厚度(水驱油与注入水浸润性见水段之和)参数开始,然后寻找见水层水淹厚度与其各方面的影响因素关系。"自组织理论第一定理"指出:对任何事物的发展,虽然受许多因素影响,但这些因素并不是互相独立的、各自起作用的,而是按一定形式互相组织起来,成为降低了自变量个数之后的、无量纲组合之后,各组合对该事物发生作用。而组合与组合之间又是相互独立的。"相似理论"的指导作用也在于此。合适的无量纲组合,叫相似准数。面对的见水层纵向水淹厚度发展规律这个课题,涵盖因素众多,有多相流动规律制约的力学相似准数,还有渗流运动外界环境(例如单油层内纵向岩性非均质组合因素)等。

怎样梳理出其中合适的、又在其中起着重要作用的相似准数群组,这当然并不是一件易事。例如可借助量纲分析方法(诸如量纲分析的几个定理);再例如当已知微分方程描述时,把该方程无量纲化,从中产生;还可按照刘青年等[13]提出的"群论"方法。不论应用哪一种方法都应同深入了解面对问题的实际情况结合起来才更加有效。就当前面临的问题而言,下面所应用到的多个相似准数当中,只有少数是在以往工作中使用过的,其他准数是笔者选定的。在相似理论当中还有一个定理:"各相似准数,不但它自身起作用,而且它本身与其他相似准数还有交互(相交)作用。"解决交互作用的问题,也是相似理论中重要内容之一。单纯从方法角度来说,可以进行不同交互方案,然后通过统计检验对比后进行

挑选。但是最简捷的方式是依据人们对该物理过程的认识。相似理论的应用范围是十分广泛的，在此不需专门讨论它。现把重点放在如何拟定水驱油运动研究中所需的相似准数及如何选择准数之间交互作用等课题，为此，先介绍几个无量纲参数。

一、水驱油运动的几个相似准数

1. 视重力因素 π_g

直接影响单一油层注入水下沉和油上浮运动的主要有油水重力差和宏观毛细管力。油水重力差通常被记为 $\Delta\rho g H$，其中：H 指该层厚度；$\Delta\rho = \rho_w - \rho_o$，地下水油密度差值；$g$ 为重力加速度。此外，宏观毛细管力是水驱油前缘运动的力量，包括向前或向后方向在内。微观毛细管力是支配前缘扫过之后的区域内驱油效果好或不好的分布性作用力。

宏观毛细管力的标定准数也像通常毛细管力的计算公式一样，记为：$\sigma\cos\theta / \sqrt{\dfrac{K}{\phi}}$，其中：分子项是表面张力 σ 与润湿接触角 θ 的余弦之乘积。润湿接触角按规定，从水与岩石颗粒表面一方计量；当角度 $\theta \in \left[0, \dfrac{\pi}{2}\right)$ 时称为亲水岩性；当角度 $\theta \in \left(\dfrac{\pi}{2}, \pi\right]$ 时称为亲油岩性；当 $\theta = \dfrac{\pi}{2}$ 时，称为中性岩石。分母 $\sqrt{\dfrac{K}{\phi}}$ 等价于高才尼计算多孔介质平均孔隙半径。在研究相似准数时，不记常系数。于是，$\sigma\cos\theta / \sqrt{\dfrac{K}{\phi}}$ 用于标定前缘运动宏观毛细管力。

两运动是否相似，只能通过对应的作用（反作用）力的比值是否相同判断。因此，引出了比值 $\dfrac{H\Delta\rho g}{\sigma\cos\theta}\sqrt{\dfrac{K}{\phi}}$，其中 K 为纵向平均渗透率，ϕ 为平均孔隙度。

影响单一油层内水下沉和油上浮运动的还有外界环境因素。若单层纵向上，其底部渗透率 K_b 高于纵向平均渗透率 K_m，理所当然地，水走底部为强势。外界环境指示，正韵律性越强，注入水进入后，水走底部的势头越大。于是，地层纵向非均质因素是另外一个相似准数，用来表示"正韵律程度"的作用。

关于正韵律程度的定义方法，这里应用比值 $\dfrac{K_b}{K_m}$ 表示。当 $\dfrac{K_b}{K_m} > 1$，通常被称为正韵律，比值越大其正韵律性越强；当 $\dfrac{K_b}{K_m} < 1$ 时，通常被称为反韵律，也可称它为正韵律度小于 1。居于前两者之间的，还有多种称谓，例如复合韵律、多复合韵律、因复杂而难以辨识者、均匀结构（也称其为零韵律性）。就大庆油田而言，纵向非均质组成结构是比较复杂的，可以说各种正韵律度都存在。粗放性的度量方法可以用比值 $\dfrac{K_b}{K_m}$ 作为标定划类方法，当前的课题只注意此比值的数字就可以了。

以上已经提出了制约水下沉和油上浮运动的两个准数，把这两方面联合起来（由上述两准数相乘）之后，就可以提出一个被命名为视重力因素的准数：

$$\pi_g = \frac{H\Delta\rho g}{\sigma\cos\theta}\sqrt{\frac{K_m}{\phi_m}} \times \frac{K_b}{K_m}$$

上式右侧前一项比值越大，水下沉油上浮的势力越大；后一项比值越大，其视水下沉油上浮的势力越大。视重力因素中的"视"字，表示它看似重力作用，但其中涵盖了重力、宏观毛细管力和"外因"条件（环境因素）在内，追求视相似即可，不问内部具体因果关系。

关于 π_g 中的湿润接触角 θ，还要特别加以说明。依照直观印象，对于亲水岩石，宏观毛细管力促使水淹厚度增大，而亲油岩石似乎则相反！其实回答起来并不如此简单，那种单根毛细管内油水界面运动的观点，太纯粹化了，实际油层内绝对亲水或亲油的情形很少见。经大庆油田研究认定，油层原始情况下属于弱亲油，但经过注入水冲刷之后，又向亲水方向转化。既然如此，$\cos\theta$ 中的 θ 角度很难认定，但是有一点是明确的，全油田岩石润湿性是一致的，因此不去认真追究它了，把它看成一个无量纲未知常数，同其他相似准数一起参与统计研究中去。有鉴于此，可以把它从视重力准数中去掉，π_g 表达式简化为：

$$\pi_g = \frac{H\Delta\rho g}{\sigma}\sqrt{\frac{K_m}{\phi_m}} \times \frac{K_b}{K_m}$$

2. 单层纵向渗透率不均匀程度

描述地质环境的还有单层纵向渗透率不均匀程度，因为它的最大渗透率段不一定出现在底部，再加上最大渗透率段又起着主导的作用，它的渗透率与平均渗透率的比值越高（越突出），它的支配地位就越加明显。所以还应该提出另一个相似准数 $\pi_{hom} = \dfrac{K_m}{K_{max}}$，得名为单层纵向渗透率均匀度，独立存在。

3. 无量纲注水倍数

注水开发进程集中体现在指定单元累计注水量 $[V_{inj}(k)]$ 占其孔隙体积（V_{por}）倍数上，记为 $\bar{V}(k) = \dfrac{V_{inj}(k)}{V_{por}}$，$\bar{V}(k)$ 称为无量纲注水倍数，用它作为表达进程的相似准数，它是时间的函数（k 表示离散时间）。

无量纲注水倍数这个定义方法，也是室内实验中经常应用的。然而，把这个简单定义法应用到油田上去，特别是应用到检查井取心部位（层段）上来表达该井点注入水冲刷的程度，但存在如何取得原始数据的问题。关于这个问题，稍后再仔细说明，有办法取得看似误差较大，但从整体上却抓住了其主要方面，并从统计观点来看，又是适用的原始数据，客观角度来说，也只能如此，无法取代。笔者的着眼点就是在带有误差的大量数据当中，寻找内部规律性。去寻找更贴近于实际、认识更深刻的、至今其他办法还不能达到的、不能与其相比的新认识，并且它具有普遍指导价值。

以上拟定了三个基础性相似准数和一个辅助性相似准数，前者开了一个"三维"坐标（其中还有一个与时间有关的坐标轴），三者之间是互相独立的，可作为整理检查井取岩心

（化验结果）数据的框架坐标。在此坐标上任取一点 $\left[\pi_g, \dfrac{K_m}{K_{max}}, \bar{V}(k) \right]$ 都对应着关于单层

纵向上乃至各个分段上分布图形景观，以及这个景观随时间的演化过程。分布图形景观，是一个整体图像和它们各自演化的过程。除了图像显示整体性，还有条件描述图像的时变性，还有随时间演化过程中各个功能的作用；简单概括来说，一套回归公式，一批显示曲线，再加可供细化观察的定性—定量深化描述方法。

成功完成上述整理原始资料的设想，除了相似理论的指引而外，数理统计学的应用也是重要的支柱，对此稍后再讨论。还有一个支撑环节就是原始数据的采集。

见水层取出的岩柱，前人进行了观察和整理，包括现场鉴定、化验结果整理、发布公告、综合研究论文等。笔者的工作在很多方面是从大庆研究院检查井研究组刘子晋高级地质师那里学来的。例如岩柱内见水（未见水）段划分；强水洗段（本书称为注入水驱替段）鉴别和划分；弱水洗段（本书称为注入水浸润段）鉴别和划分等。这些给笔者提供了见水层检查井取心岩柱内纵向油水分布第一性的知识，同时，又把剩余油存在的几种形式、存在位置以及该岩层形成环境联系了起来。已提出了一个定性—半定量的知识集合体，本节实例所使用的数据和表征结果都是从刘子晋那里借鉴而来的，他的工作是笔者后续工作的基础，还包括，检查井井组范围内见水层取岩心部位累计注水量占该范围内（该单层）孔隙体积倍数在内。这项资料是很难取得的，从该井组内注水井不同时间累计注水量按单层流动系数占井段总流动系数的比值，把它劈分到单层。共有 22 个检查井取心层，要将每口井在不同时间的累计注水量劈分，其工作量可见一斑。这些工作都是同刘子晋两个人配合一起完成的。对于注水井排两侧也要劈分（对半分），可喜的是，这样经过两次劈分下来的 22 个检查井点上的累计注水量占对应的孔隙体积倍数这些结果，再将它们应用到总体回归分析中去时，效果很好。这种劈分方法无疑带有过于理想化的成分，但是其中也含有客观道理成分，就具体到某个井层上应该承认有些偏颇之处，或者说，含有误差，但从寻找整体规律（统计确定性规律）来说，应该是可行的，它是一个"无偏袒"的粗糙分配法。

关于其他相似准数，依据检查井位实际参数计算出来并无困难，就无须细说了。

二、单层纵向无量纲见水厚度与相似准数的关系

有了上述三个相似准数之后，下面是建立单层纵向无量纲见水厚度，记为 $\bar{Y}(k)$，随着"三个"相似准数的变化规律确定，显然它是一个三元回归问题，其中 $\bar{V}(k)$ 还是一个非线性时变函数。室内研究经验认为，通过求取它们的对数之后，即 $\lg \bar{V}(k)$，可以把它线性化。这里 $\bar{V}(k)$ 大于零而小于某个正实数，符合使用对数函数变换的条件。

坐标轴已经有了，还要寻找坐标的原点。设原点坐标为（-0.940，0.571，-0.602），它们分别从相似准数的数据列表中，逐列数据取算术平均值后得到，即是，视重力因素平均值为 -0.940；$\lg \bar{V}(k)$ 的平均值为 0.571；均匀度准数平均值为 -0.620；还有，无量纲见水纵向厚度为 -0.651。于是就可设定一个回归公式：

$$\overline{Y}(k) - 0.651 = slop_1\left(\pi_g - 0.94\right) + slop_2\left[\lg\overline{V}(k) + 0.571\right] + slop_3\left(\frac{K_m}{K_b} - 0.621\right) \quad (8\text{-}8)$$

公式（8-8）代表了各种沉积环境单层见水后无量纲厚度随三个相似准数变化的通用表达式。见水厚度是注水驱油段、注入水浸润段之和，连同原始状态剩余油段$\left[1 - \overline{Y}(k)\right]$一起共有。三种类别剩余油段在内，它们在开发过程中的自身发展进程都表现在公式（8-8）内，类别转化在另外说明中。

紧接下来就纯属于回归分析等统计方法了，即是确定$slop_1$、$slop_2$及$slop_3$三个实数。将计算值与观测值两者之间差值的平方和最小作为目标函数，再应用"非参数变换法"求解。求解之后，便得所需要的回归公式：

$$\overline{Y}(k) - 0.651 = -0.060\left(\pi_g - 0.94\right) + 0.215\left[\lg\overline{V}(k) + 0.571\right] + 0.830\left(K_m / K_b - 0.602\right) \quad (8\text{-}9)$$

关于式（8-9）后续的定性分析及临场观察，所取得的补充观点，下面将继续给出。式（8-8）内三个斜率，诸如 -0.060，0.215，0.830 等，它们都有各自的物理意义。表面来看，它们依次反映"三个准数"各自对相对见水厚度影响的"灵敏度"，但是问题还不是那么简单，暂时只能说它们是带有正号或负号的三个斜率。完整地定义灵敏度还有待于下面一些说明。

上述三个准数，它们取值范围彼此是不同的。$\dfrac{K_m}{K_{max}} \in (0,1)$；$\overline{V}(k) \in (0,4)$［注：$\overline{V}(k)$的上限，通常叫经济极限，约为1］。$\pi_g$的取值区域，它的绝对值$|\pi_g| \in (0, 50)$。研究灵敏度要在相同的对比条件下才能做正确比较，光看斜率，不计各相似准数之间取值范围大小，显然是不正确的。改善对比条件，应当进行相似准数取值区间的同一化，这是从相似原理过渡到它的应用时第一个准则。除了各自取值空间应统一之外，回归公式中原有坐标的函数类型也应统一起来。式（8-8）内，两个相似准数与相对见水厚度是线性关系，但还有一个则是对数关系式，因此坐标类型也需要统一起来。完成了这两方面统一之后，方能在相同条件下研究灵敏度。

把式（8-9）进行解剖分析，看看公式中的三个斜率是在什么条件下取得的，并把它展示出来。对三个无量纲项依次先固定两个因素，只看单一因素的影响，其结果如图 8-22 至图 8-24 所示。

假设$\overline{V}(t) = 0.27$［对应对数 lg（0.27）为 -0.571］；再设视重力因素 π_g=0.940。则公式（8-9）改写为$\overline{Y}(k) - 0.651 = 0.830\left(\dfrac{K_m}{K_{max}} - 0.602\right)$。此式表达了在上述条件下，无量纲见水厚度与油层纵向均匀度之间的关系，并可以绘出直观的曲线，如图 8-22 所示。图 8-22 上实线为计算值，散点表示实际观测数据，由此图可见到，斜率 0.83 是在均匀度（0.2，1.0）内取得的。在所定注水倍数和视重力因素下，只要均匀度较高，就可见到水淹厚度高达 100%，而均匀度 20% 时，见水相对厚度只有 23%。图 8-22 还显示，两者间的回归系数相当高。总体看来，均匀度相对见水厚度的影响几乎呈线性关系。因为纵坐标与横坐标都已归一化，其斜率 0.83 即是本因素的"灵敏度"。

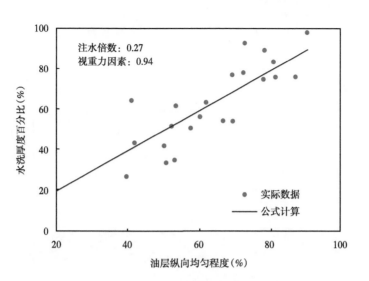

图 8-22　水洗厚度与油层纵向均匀程度的关系

再看下面一张图，如图 8-23 所示，若渗透率均匀度固定在 0.62，视重力因素作用固定在 0.940，于是由式（8-9）又可简化为如下单因素关系式：

$$\overline{Y}(k) - 0.651 = 0.215 \times \left[\lg \overline{V}(k) + 0.571 \right]$$

若把整理数据绘成图，如图 8-23 所示，注水倍数与见水厚度两者关系良好（说明：最后几个点取自小井距实验站检查井取心数据，受到了影响）。若想考察图上两变量之间的变化率，应该先将常用对数 lg 换底，然后，对应两端求偏导数，得：

$$\frac{\Delta \overline{Y}(k)}{\Delta \overline{V}(k)} = 0.215 \times 0.432 / \overline{V}(k) \tag{8-10}$$

可见变化率随 $\overline{V}(k)$ 改变，不去直谈灵敏度。

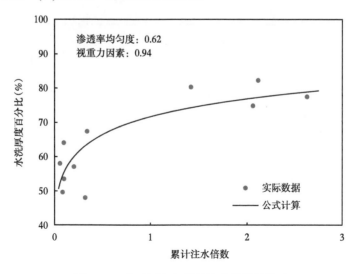

图 8-23　水洗厚度与累计注水倍数的关系

接下来看图8-24，先固定$\bar{V}(k)=0.27$；渗透率均匀度为0.662，式（8-10）可简化为：

$$\bar{Y}(k)-0.651=-0.060\left(\pi_g-0.94\right)$$

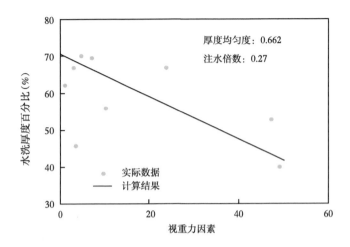

图 8-24　水洗厚度与视重力因素的关系

其变化率为 -0.060，表示随视重力因素增加，见水厚度下降。视重力因素取值域宽阔，回归关系良好。

以上对见水相对厚度$\bar{Y}(k)$与各个相似准数的关系进行了逐一分析。下面再分析一下水洗效率与注水倍数的关系。图 8-25 是研究了见水层带有"原始油剩余段"这种类型的单一油层的数据后得到的对比图，纵坐标为水洗效率，横坐标为注水倍数。图上两条曲线，△和 ▲ 分别表示表示正常井距和小井距实验区检查井注入水驱替段的水洗效率与注水倍数的关系，"○"和"●"则分别表示正常井距和小井距实验区检查井水洗段（注入水驱替段 + 注入水浸润段）的水洗效率与注水倍数的关系，两者存在明显差异。

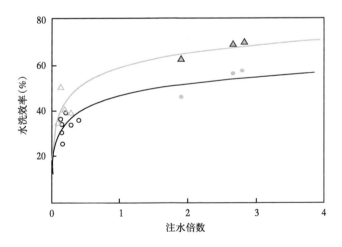

图 8-25　不同层段水洗效率与注水倍数的关系

　　图 8-26 是马志远[6]对无滞流段单一油层进行水洗效率与注水倍数的关系分析后得到的结果，与图 8-25 相互对照，两者的趋势一致。图 8-26 和图 8-25 表示两类不同性质的油层，前者表示注水之后油层纵向不会出现"原始剩余段"类型油层，后者相反，存在这种"原始状态剩余油段"（图 8-27）。

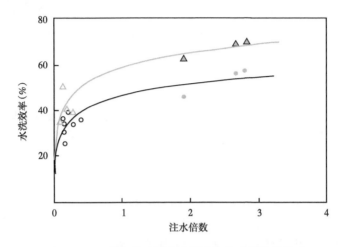

图 8-26　无滞流段油层水洗效率与注水倍数的关系

　　以上分析工作是固定其他两个因素的条件下专注分析单一因素对见水厚度的影响，见到了既直观而又明确的结论。同时，还把回归公式计算结果与实际观测数据一起列入了图上，可见到两者之间的差别，这对回归工作的效果也是个具体检验。笔者也计算出了该回归公式的总体回归系数，并将此回归系数与统计检查表中的等级规定作了对照，属相关性良好的级别。直观检验和数学检验都已通过，因此式（8-8）研究工作是成功的，上述单因素分析法是可取的。下面将进一步补充一些知识，进一步说明内部具体情况，展示一些进一步的成果。

　　因地质条件不同，单油层纵向（在见水之后）出现"三段""两段"和"一段"不同水淹程度的油层段，即："注入水驱油段""注入水浸润段""原始状态剩余油段"的一种或多种形式的组合。对于这样一个复杂问题，这样分析居然得到了令人满意的结果，并深入地表达了关于见水层内分类演化的知识，笔者认为具有重要价值。

第八节　井网未控制的剩余油储量辨识方法

　　前面对于油砂体的概念，以及进一步细分后的水力学单元概念，至今看来已经基本上反映了地下复杂连通情况的概貌。但是，近年来的认识有了进一步地加深。以于洪文[12]等为代表的文章中提出了"小层"与单油砂体的概念差别。换句话说，"小层"还不是独立的水力学单元，笔者赞成于洪文的意见。除此之外，还有其他复杂原因，在此不去细说了。

　　本节将介绍井网未控制剩余储量生产动态反求方法。前提条件是开发若干年后，已取得了日常生产动态数据，因此提出了一个由生产动态观测数据反求的方法。井网控制储量仅从井网方面创造了可被动用的条件，但实际上的动用情况还属未知，再有，开发过程中，因不断增加井数、不断调整射孔层位、改换注采井别等原因，引起实际水驱控制程度也随之变化。于是利用油田动态资料去反求不断变化中的水驱控制程度的做法就成为必要的事了。还有一项重要任务，对于现井网未控制剩余油，为改变它们使之成为动用储量，不增加井位、不调整采注井数比值是无法解决的。由此，这又给油田开发实践提出了一系列问题，例如增加注水井，还是增加采油井？井网加密是否按一定比例的采注井数比分区均匀加密？下面的工作，试图给予一些指导意见。

关于井网水驱控制程度的基本公式，前面已经得到了，见式（8-7）。需要补充说明的是，在开发设计阶段所选用的是均匀井网密度和指定的几种注水方式，那时采注井数比 ε 都是整数。现在，除了讨论方案设计之外，还要涉及执行方案后与井网有关的调整问题，就是说执行中的采注井数比 ε 并不限于整数，应该扩充为实数。举例来说，五点法、四点法、反九点法，ε 已知，所对应的井网几何参数 $\psi(\varepsilon)$ 函数也已知，那么在五点法到反九点法之间注水方式（不规则的注水方式）下，ε 应改为实数，$\psi(\varepsilon)$ 值也可以利用"三个"已知点下的数值求出插值公式：

$$\psi(\varepsilon) = 0.135\varepsilon^2 - 0.540\varepsilon + 1.405$$

于是，$\psi(\varepsilon)$ 就变为 ε 的已知实函数。与此同时，在当注水方式规则时，相应注水方式下的单元面积 $S(\varepsilon)$、$\psi(\varepsilon)$ 及井组面积分别由表 8-1 给出。但当注水方式不规则时，对于 $\psi(\varepsilon)$ 只能用三点内插法求得，此时，ε 作为实数，表示现井网的采注井数比。对于实际油藏井网，设它的总面积为 Ω、注水井总数 N_w、生产井总数 N_o 都已知，因此采注井数比 $\varepsilon' = N_o/N_w$ 也已知。井组单元面积与注水方式 ε' 及注采井距离 d 有关，记为 $s(\varepsilon', d)$，为二元函数。正常注水方式下，各变量间的关系在表 8-1 已经列出。按照表 8-1 的最后一列，井组面积 $A[s(\varepsilon', d)]$ 与 $s(\varepsilon', d)$ 呈整数倍数关系，设它的倍数为 $\phi(\varepsilon')$。已知规则注水，因此得式：

$$A[s(\varepsilon', d)] = \phi(\varepsilon')\psi(\varepsilon')d^2 \tag{8-11}$$

规则注水方式下 $\phi(\varepsilon')$、$\psi(\varepsilon')$ 为已知数，在表 8-1 中查得。应用于实际油藏中，可以利用这个通式中的 $\phi(\varepsilon')$、$\psi(\varepsilon')$ 进行三点间内插。设油藏采注井数比为 ε'，一般情况下，ε' 未列入表 8-1 当中去，例如它在 1 与 2 之间，遇此情况，$\phi(\varepsilon')\psi(\varepsilon')$ 数值按照线性内插法得到，即：

$$\phi(\varepsilon')\psi(\varepsilon') = \phi(1)\psi(1) + \frac{\varepsilon'-1}{2-1}[\phi(2)\psi(2) - \phi(1)\psi(1)]$$

总原则是，从表 8-1 数据中寻找与 ε' 相近的上下两种规则注水方式对应的数据，然后在其间做线性内插，由此得到 $\phi(\varepsilon')\psi(\varepsilon')$ 的数值。同样方法，用线性内插法得到 $\phi(\varepsilon')$ 及 $\psi(\varepsilon')$ 的各自数值。因此，实际油藏井组单元面积 $s(\varepsilon', d) = \psi(\varepsilon')d^2$，这是个实用处理方式。或者从 $\psi(\varepsilon')$ 的插值结果，通过 $\psi(\varepsilon')d^2 = A[s(\varepsilon', d)]/\phi(\varepsilon')$ 计算式得到。于是实际油藏井网对储量的控制程度扩展到了 ε' 为实数域内的公式：

$$K_r(\varepsilon', d, C_o) = 1 - (\varepsilon')^{\frac{1}{2}} \mathrm{EXP}\left\{-0.635C_o/\left[\psi(\varepsilon')d^2\right]\right\} \tag{8-12}$$

公式（8-12）既适合规则注水方式，也适用于不规则注水方式，它是个通式。设油藏

储量 V_o 为已知，其中井网控制储量：

$$V_r = V_o K_r(\varepsilon', d, C_o) \tag{8-13}$$

未控制储量为 (V_o-V_r)。式（8-13）中 $K_r(\varepsilon', d, C_o)$ 可用式（8-12）得到，但是，其中 C_o 尚未得知。条件允许时，取得这个数据的最好方法是从生产动态记录数据中去反求。一旦得到之后，式（8-12）和式（8-13）就可以付诸应用。例如用于加密油井或加密注水井的效果评价问题等。

关于具体反求方法，目前已经具有了足够的技术储备。讨论这个课题，就要追溯到过去的工作，见齐与峰和朱国金的文献 [13-15]。通过生产记录再加一些已知知识，再应用"多步递阶辨识过程"，可辨识出与油田动态预测和生产合理调整有关的颇有实用价值的特性参数，关于其他阶次所辨识出的特性参数暂时不讨论。

在第四阶辨识结果中，得到了一个关于油藏综合含水率上升值与其主要影响因素之间的关系式。设 k 为离散时间，$k=k_0\sim k_f$ 表示月份序列；$Q_o(k)$ 为油藏逐月产油量，$10^4t/$ 月，又设 $[U(8,k)-U(8,k-2)]$ 为本油藏两个月内注水井调整吸水剖面的工作量次数；$[U(10,k)-U(10,k-2)]$ 为两个月内所增加的注水井数量，以上这些都是生产记录中的数据。经过辨识得到的数据，有单位采油量下的油藏综合含水率上升值，记为 $C_{so}(k-1)$；单位调整注水剖面工作量影响下含水上升率上升值，记为 $C_8(k-1)$；每增加一口井油藏含水率上升值，记为 $C_{10}(k-1)$。此外还经过辨识得到了油藏综合含水率，两个月内的上升值，记为 $C_{20}(k-1)$。于是就得到了一个数列表达式：

$$\begin{aligned} C_{20}(k-1) = &2C_{so}(k-1)Q_o(k-1) + C_8(k-1)[U(8,k)-U(8,k-2)] + \\ &C_{10}(k-1)[U(10,k)-U(10,k-2)] \end{aligned} \tag{8-14}$$

式（8-14）内各系数，经过前述递阶辨识之后已经给出，即是掌握了各项措施量所引起的含水率上升（或下降）数据。措施量序列分别为 $2Q_o(k-1)$，$[U(8,k)-U(8,k-2)]$，$[U(10,k)-U(10,k-2)]$，措施量都是在两个月内发生的。例如 $2Q_o(k-1)$ 表示从 $k-2$ 月到第 k 月，两个月内产油量。其他两项措施，在上述时间段内发生的措施量也已分别记述明白。单位措施在相同时间段内引起的含水上升率数值变化（或下降数值），分别记为 $C_{so}(k-1)$，$C_8(k-1)$，$C_{10}(k-1)$，也就随之说明了。针对目前任务的需要，其中特别注意时间序列 $C_{10}(k-1)$，它反映注水井数增加所引起含水率变化，与之相应的，还可以找到一个完整的理论序列，$C_{10}{}^{(d)}(k-1)$，前面已给出了，油藏井网水驱控制程度。式（8-12）已经给出了关于油藏实际的生产动态记录，例如第 $k-1$ 月之前逐月注水井数 $N_w(k-1)$，逐月采油井数等数据，于是有了采注井数比 $\varepsilon'(k-1)$，井组单元面积 $s(\varepsilon', d)=\phi(\varepsilon')d^2$ 等；式（8-12）内只有参数 C_o 未知。先把式（8-12）两端对注水井数 $N_w(k-1)$ 和采油井数 $N_o(k-1)$ 求偏导数，于是就得到了一些很有实用价值的公式。

$$\begin{aligned} \frac{\partial K_r}{\partial N_w}(k-1) = &\frac{1}{2}\mathrm{EXP}\left\{-0.635C_o\psi[s(\varepsilon',d)](\varepsilon')^2\frac{1}{N_w(k-1)}\times\right. \\ &\left.\left[1-0.635C_o\varepsilon'(k-1)\frac{\mathrm{d}\psi[s(\varepsilon',d)]}{\mathrm{d}s(\varepsilon',d)}\mathrm{d}^2\frac{\mathrm{d}\psi(\varepsilon',d)}{\mathrm{d}\varepsilon'}\right]\right\} \end{aligned} \tag{8-15}$$

$$\frac{\partial K_\mathrm{r}}{\partial N_\mathrm{o}}(k-1)=\frac{(\varepsilon')^{\frac{1}{2}}\mathrm{EXP}\{-0.635C_\mathrm{o}\psi[s(\varepsilon',d)]\}}{N_\mathrm{w}(k-1)}\times$$
$$\left\{0.635C_\mathrm{o}d^2\frac{\mathrm{d}\psi}{\mathrm{d}\varepsilon'}[s(\varepsilon',d)]\frac{\mathrm{d}\psi(\varepsilon',d)}{\mathrm{d}\varepsilon'}-\frac{1}{2}(\varepsilon')^{-1}\right\} \tag{8-16}$$

自定义一个比值：

$$Ratio(k-1)=\frac{\partial K_\mathrm{r}}{\partial N_\mathrm{w}}(k-1)\Big/\frac{\partial K_\mathrm{r}}{\partial N_\mathrm{o}}(k-1) \tag{8-17}$$

上述三式各自的物理意义自然都已经明白，无须再加说明了。

在应用式（8-15）~式（8-17）之前，先应辨识其中的常数 C_o 数值，这个数值也有重要的物理意义。面积 C_o 标志油藏内油砂体表面积分布的中值。若已认为累积分布图足可以代表油砂体面积分布的情况的话，C_o 也可以根据油砂体累积分布概率图去估值。在油藏生产动态观测数据比较齐备之时，也可以应用下面将介绍的关于常数 C_o 的辨识法。公式（8-14）已经表示了油藏综合含水随生产时间（按月份记为 k）变化序列，无疑，每增加一口注水井，一般油藏综合含水率会有下降，因此它是负时间序列。因为增加一口注水井就可引起井网对储量的控制程度增加，另外，还可使动用不好的油砂体动用程度改变。既然如此，就可以利用前面已得到的知识，从机理出发写出一个与 $C_{10}(k-1)$ 序列内容相同的一个理论公式。

$$C_{10}^{(d)}(k-1)=-\omega(k-1)V_\mathrm{o}\frac{\partial K_\mathrm{r}}{\partial N_\mathrm{w}}(k-1) \tag{8-18}$$

$$\forall\omega(k-1)\in[0,\omega_\mathrm{top}](k-1)$$

$\omega(k-1)$ 名为含水上升速度，定义为每采单位储量含水上升值，矿场经常使用这个系数，名为含水上升系数。$V_\mathrm{o}\dfrac{\partial K_\mathrm{r}}{\partial N_\mathrm{w}}(k-1)$ 表示油藏上每增加一口水井，新增井网控制储量。所以在 $[k-2,k]$ 两个月内含水率上升值成立。在开发过程中新增加注水（或由补孔来完成）都是明智的选择，智慧的高低就看选井选层的结果。也就是说，增加这口井后，可以使井网控制的储量增加，或者，使原来动用程度很差的油砂体提高了动用程度。两者之间不论哪一种情况，都只能使原来不含水或低含水层动用起来。这些层事先有可能不含水，也可能低含水。因此它在区间 $\omega^\mathrm{low}(k-1)$，$\omega^\mathrm{up}(k-1)$ 之内，可视为决策效果好坏的标准。若 $\omega(k-1)<\omega^\mathrm{up}(k-1)$，即是说，新增加的这口注水井投注后油藏综合含水下降，则视为成功，否则就应成为警告信号了。其上界怎么确定呢？起码要比事前每采一份储量含水上升值低。

既然事前的数值已知为 $2Q_\mathrm{o}(k-1)C_\mathrm{so}(k-1)/V_\mathrm{o}$，因此可得到上界为 $\omega^\mathrm{up}(k-1)$，但应该注意，这里的 $Q_\mathrm{o}(k-1)$ 是经过滤波后的第 $(k-1)$ 月的油藏产油量，故令它充当 $\omega(k-1)$ 的上限值。着重强调，$\omega(k-1)$ 是指在时间 $[k-2,k]$ 之间两个月内采出储量份额下，所引起的两个月内含水率增值。按照式（8-16）右端各变量的定义，它们都是正值，故此式右端应取负号，以便同前面定义的 $C_{10}(k-1)$ 符号一致。

接下来，为了辨识出序列 $\omega(k-1)$ 和 C_o 的数值，建立一个目标函数：

$$J\left[\omega(k-1),C_o\right]=\sum_{k=k_0}^{k_{\text{top}}}\left[C_{10}(k-1)-C_{10}^{(d)}(k-1)\right]^2 \tag{8-19}$$

辨识的对象 $\omega(k-1)$ 是个时间序列，属于缓变序列之类；C_o 为常数。依据这个基本情况，辨识工作尚有以下注意事项。一方面，要求从 k_0 到 k_{top} 之间应提供较多一些的月份。另外，必须把不等式约束条件 $\omega^{\text{low}}(k-1)\leqslant\omega(k-1)\leqslant\omega^{\text{up}}(k-1)$ 的作用进行合理的处置。

处理不等式约束条件有两个办法，第一个办法是将上下受限制的变量 $\omega(k-1)$ 做一个变换，变换后改变成一个不受限制的新变量，这种办法在处理许多复杂问题时经常被采用，目的是把这个不等式约束替入目标函数中去，并变成一种容易被掌握的缓时变量，见参考文献[16]。

下面给出一些进行计算分析的大庆实例数据，具体情况如下。

数据整理从大庆采油二厂1985年1月开始到1988年1月共三年的综合生产月报数据，计算结果如图8-27和图8-28所示。由图8-27可见，三年期间井网控制程度逐月增加，从0.764到0.873；相对应的采注井数比也从2.322逐月增加到2.455，较为缓慢。油田水驱控制程度较大幅度提高，主要通过井网加密强化了对水驱未动用剩余油储量的有效控制。在项目研究理论计算分析过程中，定义了单口新井提高油田水驱控制程度的概念，即：每增加一口新井提高水驱控制程度的效果，图8-28的两条曲线分别代表了增加一口注水井和一口采油井所提高的油田水驱控制程度。由图8-28可见，20世纪80年代后期，以大庆采油二厂为代表的喇萨杏油田，增加一口注水井提高水驱控制程度的效果比增加一口采油井的效果要好，差别约在3.0倍。这一结论与前面所证明过的"在多层状油藏不同小层（油砂体）含油面积和分布范围不一致的条件下，合理采注井数比应接近于1的结论"是相吻合的，也为20世纪90年代初油田采用五点法等采注井数比接近于1的二次加密井网实践所印证。

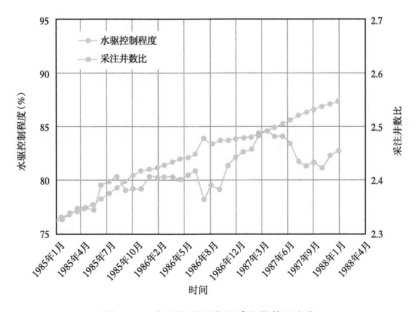

图 8-27　水驱控制程度和采注井数比变化

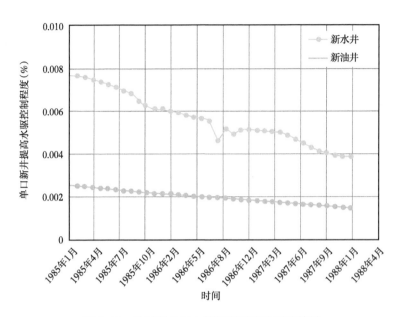

图 8-28 单口新井对水驱控制程度的影响效果

此外，需要指出，这里所述的单口新井提高油田水驱控制程度的效果与计算油田单元面积和储量规模有关，也与当时井网未控制剩余油储量分布特征有关，需要结合油田的具体开发历史和动态进行计算。

在结束本节之前，接续讨论目标函数式（8-19）的极小化技术问题。先把不等式约束设法替入指标函数中去。处理不等式约束时，Gao 和 Reynolds[16] 提出了一个改进算法，后人经常引用。按照该文的建议，先定义一个对数变换，经变换后，用一个新变数 $\xi(k-1)$ 替换 $\omega(k-1)$：

$$\xi(k-1)=\Omega\big[\omega(k-1)\big]=\ln\frac{\omega(k-1)-\omega^{\text{low}}(k-1)}{\omega^{\text{up}}(k-1)-\omega(k-1)} \tag{8-20}$$

这个变换的作用是，只允许 $\omega(k-1)$ 在其定义域内取值，即都满足不等式约束 $\omega^{\text{low}}\leqslant\omega(k-1)\leqslant\omega^{\text{up}}(k-1)$。当 $\omega(k-1)$ 接近下限值 $\omega^{\text{low}}(k-1)$ 时，变换后的参数 $\xi(k-1)$ 趋近于负无穷大；若当 $\omega(k-1)$ 接近于上界 $\omega^{\text{up}}(k-1)$ 时，则 $\xi(k-1)$ 趋近于正无穷大。也就是说，变换的作用是把它在域 $[\omega^{\text{low}}(k-1),\omega^{\text{up}}(k-1)]$ 内定义的变量映射到了 $A\xi(k-1)$ $(-\infty,\infty)$ 区间内定义的变量。经过式（8-20）这个对数变换，从前面对 $\omega(k-1)$ 在有限域内的问题转化成 $\xi(k-1)$ 在无限域的寻优问题取代，但输出报告时，还可以利用式（8-20）的逆变换，正常输出原有参数。

为执行对新参数优化，必须把目标函数式（8-19）中的 $\omega(k-1)$ 变量用 $\xi(k-1)$ 取代，因此引出式（8-20）的逆变换式。设 $\bar{\Omega}^{-1}\big[\xi(k-1)\big]$ 为式（8-17）的逆变换：

$$\omega(k-1)=\Omega^{-1}\big[\xi(k-1)\big]=\frac{\omega^{\text{up}}(k-1)+\omega^{\text{low}}(k-1)\text{EXP}\big[\xi(k-1)\big]}{1+\text{EXP}\big[\xi(k-1)\big]} \tag{8-21}$$

再利用此逆变换式，把目标函数中出现的 $\omega(k-1)$ 改换为 $\xi(k-1)$ 的函数。其中有：

$$C_{10}^{(d)}(k-1) = -\Omega^{-1}[\xi(k-1)]V_o\frac{\partial K_r}{\partial N_w}(k-1) \qquad (8\text{-}22)$$

和目标函数：

$$J[\xi(k-1),C_o] = \sum_{k=k_0}^{k_{top}}\left[C_{10}(k-1) - C_{10}^{(d)}(k-1)\right]^2 \qquad (8\text{-}23)$$

式（8-23）中隐含着序列 $\xi(k-1)$ 及常数 C_o 两个待辨识参数，它的求解等价于极小化问题：

$$J[\xi^*(k-1),C_o^*] = \underset{\xi(k-1),C_o}{\text{Min}}\ J[\xi(k-1),C_o] \qquad (8\text{-}24)$$

式（8-24）是一个非线性辨识问题，具体实现方法稍后说明。系统式（8-24）之内，在变换之前，它对 $\omega(k-1)$ 求解本来是个缓时变问题。试想，它的上限值小于（等于）$2Q_o(k-1)\,C_o(k-1)/V_o$；它的下限是个大于（或等于）零的数值，$\omega(k-1)$ 在上下界之内变化显然是缓慢的。但经过变换之后，$\omega(k-1)$ 与 $\xi(k-1)$ 之间是个指数函数关系，表面看起来，式（8-24）对新变量 $\xi(k-1)$ 求解，系统的非线性程度增加了，这是个不争的事实；但是，$\xi(k-1)$ 的严重非线性仅发生在 $\omega(k-1)$ 的上下界的领域，而在执行过程中，不可能遇到。

另外一个辨识方法是在程序设计中多增加两个条件语句，当程序判断处于越界情形，则根据越界信息强行约束取上（下）界值，这也是一种处理不等式约束的常用方法，称为"碰壁"管理法。

对于未知变量个数很少，而其系统又在执行域内均为缓时变量情况下，根据赵永胜等[17] 的推荐，选择"跟踪辨识法"是合适的。

在式（8-23）内，时间序列 $C_{10}(k-1)$ 是经过它的前一步递阶辨识得到的，现在只是使用原先的结果。对目前工作来说，它是已知的，可视为现测序列。与 $C_{10}(k-1)$ 对应的 $C_{10}^{(d)}(k-1)$ 序列，已由公式（8-18）和式（8-15）计算产生。式（8-18）内 V_o 已知，$\dfrac{\partial K_r}{\partial N_w}(k-1)$ 内含有 C_o，待辨识，式（8-18）内也含有 $\omega(k-1)$ 待辨识。设 $\omega(k-1)$ 的下界为零，上界为 $2Q_o(k-1)\,C_{so}(k-1)/V_o$，$C_o$ 的初始值为 $200\text{m}\times200\text{m}$。在此初值之下。$\omega(k-1)$ 时间序列的初始猜测是，当 $k=k_0$ 时，$\omega(k_0-1)=0$。

另外应导出梯度序列：

$$\alpha(k-1) = \left.\frac{\partial C_{10}^{(d)}(k-1)}{\partial \omega(k-1)}\right|_{k=k_0:k_f} \qquad (8\text{-}25a)$$

$$\beta(k-1) = \left.\frac{\partial C_{10}^{(d)}(k-1)}{\partial C_0(k-1)}\right|_{k=k_0:k_f} \qquad (8\text{-}25b)$$

然后把式（8-25a）和式（8-25b）代入跟踪公式内得：

$$\begin{bmatrix} \omega(k-1) \\ C_0(k-1) \end{bmatrix} = \begin{bmatrix} \omega(k-2) \\ C_0(k-2) \end{bmatrix} + \frac{\delta}{\alpha^2(k-1)+\beta^2(k-1)} \begin{bmatrix} \alpha(k-1) \\ \beta(k-1) \end{bmatrix} \left[C_{10}(k-1) - C_{10}^{(d)}(k-1) \right]$$

（8-26）

初始条件：

$$\begin{bmatrix} \omega(k_0) \\ C(k_0) \end{bmatrix} = \begin{pmatrix} 0 \\ 200\times200 \end{pmatrix}$$

式（8-26）内 δ 为适当的选用常数 $0<\delta<1$，通常选用0.8左右。显然 C_0 本身是常数，但在跟踪辨识中，按时变序列处理，跟踪时候从 $k=k_0$ 开始到 $k\leqslant k_f$ 止。跟踪过程中随时计算出目标函数值 $J[\omega(k-1),C_0(k-1)]$。随着跟踪步数 k 的增加，相应目标函数应该减小，直至达到所规定的目标函数允许的最小值时终结计算，打印出结果。快速收敛是正常运行的标志，倘若遇到收敛过慢的情况，应该对步长因子 δ 稍做修改，直到达到正常收敛行为为止。跟踪过程中应及时检查 $\omega(k-1)$ 是否越出了它的上下界值；检查 $C_0(k-1)$ 及 $\omega(k-1)$ 两序列是否合理。

若采用 Gao 和 Reynolds[16] 的方法消除不等式约束式求解时，利用式（8-21）至式（8-23），并将梯度计算式（8-25a）改用对 $\xi(k-1)$ 求导，此时涉及 Gao 氏逆变换式 $\dfrac{\partial\Omega^{-1}[\xi(k-1)]}{\partial\xi(k-1)}$，目标函数应用式（8-23），其他均照上述方法不变。另外应补充说明，在跟踪过程中，例如式（8-15）内，有关序列 $\phi[s(\varepsilon',d)]$ 及序列 $N_w(k-1)$，$\varepsilon'(k-1)$，$\psi(\varepsilon')$ 等都由生产动态记录给出，都是已知的，$\phi[s(\varepsilon',d)]$ 及 $\psi(\varepsilon')$ 对 ε' 的导数也是已知序列；关于 $\bar{\Omega}^{-1}[\xi(k-1)]$ 对 $\xi(k-1)$ 的导数也是已知的，如：

$$\frac{\partial\omega(k-1)}{\partial\xi(k-1)} = \frac{\partial\Omega^{-1}[\xi(k-1)]}{\partial\xi}$$

由逆变换式（8-21）推导得出。相应的梯度公式（8-25a）改写为：

$$\alpha_{\xi(k-1)} = \left.\frac{\partial C_{10}^{(d)}(k-1)}{\partial\xi(k-1)}\right|_{k=k_0:k}$$

（8-27a）

$$\beta_{\xi(k-1)} = \left.\frac{\partial C_{10}^{(d)}(k-1)}{\partial C_0(k-1)}\right|_{k=k_0:k}$$

（8-27b）

跟踪公式：

$$\begin{bmatrix} \xi(k-1) \\ C_0(k-1) \end{bmatrix} = \begin{bmatrix} \xi(k-2) \\ C_0(k-2) \end{bmatrix} + \frac{\delta}{\alpha_{\xi(k-1)}^2+\beta_{\xi(k-1)}^2} \begin{bmatrix} \alpha_{\xi(k-1)} \\ \beta_{\xi(k-1)} \end{bmatrix} \left[C_{10}(k-1) - C_{10}^{(d)}(k-1) \right]$$ （8-28）

初始条件：

$$\begin{bmatrix} \xi(k_0) \\ C_0(k_0) \end{bmatrix} = \begin{pmatrix} 0 \\ 200 \times 200 \end{pmatrix}$$

由跟踪公式自 k_0 起至收敛位置 k'，$k \geqslant k'$ 之后截取记录，$\xi^*(k-1)$ 及 $C_0^*(k-1)$ 为结果。再通过式（8-19）还原为 $\omega^*(k-1)$ 序列，自收敛点 k' 之后的各月份数值作为最终对 $\omega^*(k-1)$ 和 $C_0(k-1)$ 辨识结果。

求得了序列 $\omega^*(k-1)$ 及 $C_0^*(k-1)$ 之后，就可以转回去利用式（8-12）计算水驱控制程度：

$$K_r(k-1) = 1 - (\varepsilon')^{\frac{1}{2}} \mathrm{EXP}\left[-0.635 C_0(k-1) / \psi(\varepsilon') d^2 \right] \tag{8-29}$$

利用式（8-15）、式（8-16）和式（8-17）计算序列：$\dfrac{\partial K_r}{\partial N_w}(k-1)$、$\dfrac{\partial K_r}{\partial N_o}(k-1)$ 及比值 $Ratio(k-1)$，就完成相关计算分析任务，数值结果如图 8-28 和图 8-29 所示。注意，计算有一个收敛过程，只有计算满足收敛条件，方是最优辨识结果。

本章小结

（1）油藏内是由众多大小、形态不同的油砂体组合形成的。因此注水油田开发方案设计，必须适应这种情况的要求，不可简化地视为大面积连通油层对待，要求合理选择注采井距和注水方式。近期的工作，更深入找到了单油层细分进入"水力学单元"的工作，把原有的油砂体概念又深化了，这就更加强化了上述观点。

（2）本章取得的第一项成果是从油砂体及油砂体内储油量构成出发，应用几何概率理论得到了油藏水驱控制程度与注水方式和注水井距关系的理论公式，为解决注水开发方案设计问题提供了必要条件。

（3）应用条件数值模拟法和单油层细分前后的数据，对比了注水方式和注采井距对开发效果影响，得到了与上述理论工作相一致的观点，强调了适用"长五点法"注水方式的地层条件，强调了"五点法"方式的合理性和适用条件。

（4）根据该理论公式，在已投产地区，拟定了用动态数据辨识油砂体中值、评价水井调整效果和增加注水井数的效果，都得到了令人满意的结果。

（5）利用以见水层取岩心（化验）结果为依据，用"定性—半定量—定量"综合集成的方法，研究了见水层内纵向油水分布、运动、滞留过程，得到了一个"三参数回归公式"，内含"见水及未见水厚度"发展过程，包括"注入水驱油段""注入浸润段""原始状态剩余油段"各自发展过程，以及它们"单段存在的条件""两段共存的条件""三段共存的条件"及两者互不相容的条件等，为做好油田注水开发方案设计和方案执行过程中分井分层管理提出了更确凿的方向。

参 考 文 献

[1] В.Н.Щелкачев, ВлияНие На НеФтеотдачу плотНости сетки скважНиЙ иХ размещеНия, НеФтиНое Хоздйство, No.6 С.26-30 1974.

[2] 齐与峰. 砂岩油田注水开发合理井网研究中的几个理论问题 [J]. 石油学报, 1990（4）.

[3] 童宪章. 从注采平衡角度出发比较不同面积注水井网的特征和适应性 [C]. 国际石油会议文集, 1982 年3月.

[4] 方凌云, 万新德. 高含水中后期砂岩油田的强化注水 [J]. 石油勘探与开发, 1993, 20（2）: 9.

[5] 俞启泰. 计算水驱砂岩油藏合理井网密度和极限井网密度的一种方法 [J]. 石油勘探与开发, 1986, 13（4）: 53-58.

[6] 马志远. 注冷水对水驱开发效果影响研究, 1970 年大庆研究院资料史.

[7] 齐与峰, 李力. 油田开发总体设计的最优控制法 [J]. 石油学报, 1987, 8（1）.

[8] 克雷洛夫. 油田开发科学原理 [M]. 北京: 石油工业出版社, 1956.

[9] 巢华庆. 大庆油田提高采收率研究与实践 [M]. 北京: 石油工业出版社, 2006.

[10] 王传禹, 等. 河流沉积砂体模型水驱油实验研究 [C]. 1977 年大庆油田科学研究院油田开发报告集（8）.

[11] 李炎波. 合理采注井数比及有关问题研究 [D]. 北京: 中国石油勘探开发科学研究院, 1993.

[12] 于洪文. 大庆油田北部地区剩余油研究 [J]. 石油学报, 1993, 14（1）: 9.

[13] 齐与峰, 朱国金. 注水开发油田中后期动态预测方法和应用软件 [J]. 石油勘探与开发, 1990, 17（1）, 47-56, 64.

[14] 刘青年, 柏玉贵. 用群论方法求不稳定渗流的自模拟解 [J]. 石油学报, 1993（2）: 90-95.

[15] 齐与峰. 注水开发油田稳产规划自适应模型, 油气田开发系统工程方法专辑（二）[M]. 北京: 石油工业出版社, 1991.

[16] 齐与峰. 剩余油分布和运动特点及挖潜措施间的最佳协同 [J]. 石油学报, 1993（1）: 55-64.

[17] Gao G. and Reynolds B.C., An Improved Implementation of the LBFGS Algorithm for Automatic History Matching, SPEJ（1）5-17 SPEC 90058.

[18] 赵永胜, 梁慧文, 韩志刚, 等. 大庆油田开发规划经济数学模型研究 // 油气田开发系统工程方法专辑（二）[M]. 北京: 石油工业出版社, 1991.

第九章　方案设计中的"物理"和"事理"

关于本书的"物理"和"事理"概念，在第一章有关综合集成方法论中已经介绍，即物体的物理运动及其规律简称"物理"；运筹学和控制论等解决系统问题的技术方法叫作"事理"。"物理"是广义的，即所谓知识；"事理"指系统科学的支撑方法和技术工具等。

油藏的地质情况十分复杂，因此对它们的认识不可能一蹴而就。人们在油田开发过程中，已经取得了一条基本认识，即：在处理好认识油层和建设开发系统两者关系时，应该本着"分阶段认识，认识一步前行一步"的方针。坚持认识程度阶段性与认识方法的科学性相结合，必然是一条总方针。

此前通过较大的篇幅讨论了有关油层的许多方面的问题，研究了注水开发方案设计中所依托的几个理论问题。本章将更进一步讨论在方案设计过程中的几个环节及各环节之间的相互关系等，简称为方案设计中的"物理"和"事理"问题。

油田注水开发方案设计应该解决好一系列技术问题，包括：开发层系的划分与组合，合理注水方式（井网）选用，合理注采井距的确定，油层压力保持水平，注采井动力系统设计及其工艺配套，地下生产建设、地面相应基建和动力供应配套等问题。系统论方法回答这些问题时，必然涉及状态方程的建立，井筒内包含注入和采出的复杂油、气、水运动情况，还会涉及一些约束环境的建立等内容。

方案设计是油藏投产前的一项科研工作，所采用的是定性认识、半定性半定量认识以及定量认识相结合的"集成综合方法论"。在方案设计阶段，应能把握整体特征的认识程度，具体而言，应该了解单油层分层界限、分层参数的平均值、单层纵向非均质特征和它们在平面上延伸状况等。

以油田注水开发方案设计为专门学术研究内容而形成的著作，见于 20 世纪 50 年代。1958 年，苏联出版了一本奠基性著作，中译本名为《油田开发科学原理》，见引文 [1]，该书开创了把整体论学术思想引入油气行业内的先河，又以多学科相结合为特征，曾被指定为行业内通用的教科书，并在几个大型油田注水开发方案设计中应用，是从单一学科论到多学科相结合的里程碑式著作。在大力提倡之前提下，整体论学术思想还应深入到整体内部的各环节及内部各部分之间相互作用的机制方面去，因为多环节间作用机制和由此形成的组织结构，方是涌现整体——各部分作用机制组织起来之后的总体——功能的源泉。本书在提倡整体论的思想基础上，尝试着向前发展，改名为系统论。

第一节　开发层系划分与组合

提到油田，这个名称是宽泛的，每一个油田内部可能会含有几个储油构造，这样的储油构造即油藏。本节讨论的内容，其实是油藏内部一些单油层被划分与组合起来的开发层系。

一、几种油层类型

单油层之间是互相分隔的，同时又与相邻单油层之间存在不少相互连通的"窗口"，因而单油层之间又自己组织起来成为砂岩组。而砂岩组与砂岩组之间的"窗口"就比较少了，相对独立性更强。单油层内部以纵向与横向上的全面连通为主，虽然还会有不同水力学系统单元存在，但是这些更加细致的内容在开发方案设计阶段还无法认清，无法全面照顾到，只能留待油藏管理阶段再另行讨论。

在划分与组合开发层系之前，除了以上简要概括之外，还需要对油层进行分类研究，分类工作与相应油层的沉积环境有关。根据本书第二章所做的介绍，河流与湖泊环境下所沉积下来形成的油层可以划分为以下几种性质不同的类型。

（1）河道沉积体：河道沉积体内部从平面和纵向岩性组成变化来看，其与沉积体底面"下切""平整"和"上抬"等情况密切有关，可区分为三个不同区域："下切"为主河道沉积体系特征；底面"平整"为次河道沉积体系特征；底面"上抬"为河道内心滩和边滩沉积体系结构特征标记。河道沉积体内三个分区各自有其岩性非均质组合特征，即各自有三种不同的纵向水驱油厚度、注入水浸润厚度、原始状态剩余油厚度，或三者共同存在，或两者因机制性组合规则而存在，或单一驱油厚度独占。

大庆喇萨杏油田，河道沉积储层主要有辫状河沉积和曲流河沉积砂体，前者构成了喇萨杏一类油层（主力油层）PI1-3，后者主要在萨尔图油层组内发育，只不过河道尺度相对较小。此外，还有河道宽度更为狭小的分流河道。

（2）非河道沉积的主力油层：单油层厚度大，平面上延伸情况好，纵向及平面上岩性变化较缓和，是高产且稳产的良好生产层，见水后纵向上以驱油段和注入水浸润段为主，很少有原始状态剩余油段存在，并且，其中的注入水浸润段可渐次发展成为条件较好的注入水驱油段。

（3）"均匀结构"油层：单层内纵向上呈现单一均匀段，并在平面上延伸良好，多出现在较深水沉积环境。它有单一的水驱油段，在大庆萨尔图地区及以往南地带多见。开发效果好，见水后为高含水层。

（4）低渗透薄层：低渗透薄层为数众多，虽然单层储量不大，但由于薄油层数目众多，总体储油量也不可忽视。单层纵向上岩性级差较小，平面方向比较稳定，若施用较小的注采井距，注水之后开发效果较好。

（5）中小油砂体多发层：此类油层油砂体面积尺度大小不一，或统称为平面上延伸程度较差的油层或分布地区。开发好这类油层主要在于选好与之相适应的注水方式（五点法）和注采井距，油砂体内一旦注采连通或完善之后，其内部开发效果还是比较好的。平面上连通性的评价以油砂体面积与注水井组内流动单元面积间的比值为度量，比值大于3倍以上者属于连通较好。

二、开发层系划分与组合原则

开发层系是油气田开发设计的任务之一，一个油田（藏）纵向上含有许多种类型不同的油层，开发好这些油层，一方面应依据对它们的不同认识程度，通过多次开发方案设计，包括注采井网和注采系统等设计，分步骤先易后难有序进行；另一方面，对于多产层的油气藏，要使采油（气）速度达到设计要求，并保持较长时期的稳产，达到较高油、气采收率和经济效益等目标，必须避免或减少开发过程中的层间干扰，合理划分开发层系。大庆喇萨杏油田基础井网设计及开发实践总结出的开发层系划分与组合原则主要包括以下几点。

（1）一套开发层系要有足够储量、平均有效厚度和较高产能。一套层系内的油层，平面上延伸好、单油层厚度大、渗透性较好，对于既能高产又能较长时间稳产的主力油层，优先划分组合成一套开发层系。这类组合油层认识程度相对高，投产之后，收益高，风险小。大庆喇萨杏主力油层 PI1-3 作为一套层系，其平均有效厚度在 12m 以上。

（2）层系之间要有稳定的隔层：开发层系选择与组合工作中，要确保被选层系与层系以外油层之间互相分隔，同时考虑中后期工艺措施施工条件，以砂岩组为一整体进行选择。隔层一般为泥岩、泥质砂岩、含泥质碳酸盐岩及致密碳酸盐岩，这些隔层具有一定厚度，裂缝不发育，能将油藏分割为两个独立的压力系统。

（3）对于非主力油层和复杂断块油藏，同一开发层系内的各油层平面分布范围尽可能接近，油层之间岩石物性和流体物性尽可能相近，渗透率级差宜控制在一定范围，平面上油层或油砂体分布范围接近。流体物性差异大的，或开发方式不一致的油层，不宜组合为一套层系，例如大港港西油田埋深 680~1446m，含油层系主要为明化镇组和馆陶组，前者为常规黑油油藏（原油黏度小于 15mPa·s），后者为常规稠油油藏（原油黏度大于 100mPa·s），原油黏度差异大。明化镇组油层为曲流河沉积，基本上以构造岩性油藏为主，而馆陶组油层属于辫状河沉积，油藏类型为强边底水油藏，因此，开发方案设计将它们分为两套，甚至是两套以上的层系。

（4）同一套开发层系，层段不宜过长，上、下产层的压差要维持在合理范围，使各产层均能正常生产。

（5）开发（调整）井网应能兼有对后续其他油层提高认识程度以及评探的功能。大庆喇萨杏油田从正式投产至今，经历了基础井网、自喷转抽、一次加密、二次加密、聚合物化学驱及三次加密等过程，注水工艺也从笼统注水到分层注水、精细分层注水的过程。其中，每一次井网的调整，都深化了不同油层井间储层的发育情况、水驱状况及剩余油分布特征的认识，从而为下一次的开发调整方案研究积累认识基础。

（6）层系划分与组合工作应把专题研究成果和油层类别要求相互配合着进行，河道沉积系统和非河道沉积系统应该分别安排，因为注水方式选择各有区别。河道沉积物主轴分布带有方向性，注水井排线应该在垂直主轴的方向安排，且排距应远大于井距。非河道沉积体一般不带有方向性，井排线的方向可以任意选择。两种沉积体都应该使用长五点法注水方式，都适用于稀井网；曲流河沉积体系，沉积体主轴分布总体上看也带有方向性，但是因本身沉积规模较小，也适用长五点法注水，但井距排距都不应太大，并且不能同非河道沉积体在开发层系上合并；主力油层虽然分布广泛，但仍不免夹杂着平面连通（或渗透性）差的局部，因而只能依据主流特征进行安排；对于广泛分布的低渗透层及众多的中小油砂体油层，应该选用较小注采井距和五点法注水。

开发层系的划分与组合是总体战略性安排中的关键，比较成熟的方法是依靠多次井网先后交错进行，以确保与各项开发措施恰当配合。开发层系确定之后，就进行参数准备和后续的生产指标计算工作。

三、注水方式与井网

依据大庆油田多层状油藏开发实践及经验，为取得较好的开发效果，还制定了以下原则[2]。

（1）陆相油藏天然能量不足，应坚持早期内部注水保持能量开采。

（2）根据砂体分布和油层物性，适度划分开发层系，部署开发井网，实行分层系开采。对于大面积分布的油层，采用行列切割注水方式；对于分布面积较小的油层，采用面积注水方式，例如五点法、反七点法和反九点法等。

（3）优先对大面积分布、厚度大、物性好的好油层，采用较大井距的井网进行部署，同时，通过这个基础井网对较差油层的储层分布特征及其物性等加深认识，然后对其注采系统加以部署和调整。

多层状油藏的开发具有阶段性特点，油田开发的井网主要是适应于主力油层，其结果是，早期基础井网使主力油层的作用得到了很好的发挥。当油田生产进入中高含水期之后，主力油层大面积水淹，油田稳产需要进行层间产量接替，进行井网加密调整，甚至是二次或局部三次加密调整，提高油层动用程度和水驱采收率，延长高产稳产期。

复杂断块油藏具有断层多、断块小、油水关系复杂的特点，由于一半以上的储量分布在含油面积小于 $1km^2$ 的小断块之中，因此，采用整装油田的勘探开发方法，效果差，难以经济有效地掌握全貌。我国渤海湾地区的油田以复杂断块为主，在长期的开发实践中探索出了一套滚动勘探开发的方法和程序，其内容是在二级构造带整体解剖的基础上，将每一个含油区块的勘探与开发紧密结合，实行"整体部署、分批实施、及时调整、逐步完善"的原则。具体实践过程中，首先抓好主力断块，采用"因地制宜，区别对待，不同断块采用不同开发方式和注采井网"的做法。由于采取了符合客观实际的方法和程序，我国复杂断块油藏取得了很好的开发效果。

其他的常规砂岩油藏的做法，综合了大型整装油藏和复杂断块油藏的开发经验，特别是在滚动勘探开发、分层系开采、整体部署分步实施等环节得到了传承。

第二节　地质参数和生产动态资料准备

开发过程中流体的运动必然遵守流动方程，而流动方程需适应既定的地质参数环境，所以地质模型与流动方程是一个统一体，一方面不能超越当时认识可能性，不应对地质参数提出过高的要求；另一方面，又要尽可能为生产指标计算提供有力的依据。在注水开发方案设计工作中，主要还是依据平均性参数和整体性特征进行。

一、基础性数据

1. 来自地质研究与地质建模的成果资料

开发层系选定之后，接下来需要准备开发指标计算所需的各类动静态参数。静态参数包括地质模型，包括油藏构造、储层分层数据及其属性，即层系内逐个单油层或分区的平均厚度 $H(i)$，平均渗透率 $K(i)$，含油面积 $S(i)$，平均孔隙度 $\phi(i)$ 等。

油田开发方案设计和数值模拟研究过程中，综合地质研究与建模认识要点，包括地层特征构造特征、测井解释与评价、地震反演与储层预测、储层特征与非均质性评价、油水界面分析、油藏类型与流体性质、储量评估等。在油田开发过程优化控制和开发调整方案研究中，还需要特别关注油田开发生产过程中暴露出来的动静态不一致等各类矛盾，也包括开发生产特征与预期差异较大等问题，描述剩余油潜力分布特征，提出针对性的油田开发策略。

1）地层划分对比与储层评价

陆相沉积储层以多层性及非均质性为特征，20世纪60年代，大庆地质研究人员提出了单油层花粉对比的方法，将含油层系纵向上划分为9个油层组、41个砂岩组和136个单层。在单油层内，根据砂体的平面分布又划分出若干"油砂体"，它是含油的基本单元，这一做法当时在国际上尚无先例。

储层评价及后续的相关工作需要掌握每口井的分层数据和储层参数、油气水层解释结果，包括区域地层的基本情况，描述油田范围全套地层的地质时代、地层层序、地层接触关系、沉积旋回性及标准层等，对于影响钻井及地面流程建设的特殊地层、岩层如异常高压层、膏盐层等要加以特别描述，包括油田钻遇地层简表。

需要每一口井最终的分层数据和油气水层及物性的解释结果。储层物性主要来自测井储层综合解释，就是利用测井资料、岩心资料、试油资料、录井资料、气测资料等，建立定性、定量评价目的层段的四性关系的解释模型。给出储层在纵向上的分布及储层的岩性、物性、含油性等储层参数（泥质含量、孔隙度、渗透率、含水饱和度等），并且综合地质研究的储层物性要与试油解释结果相匹配，分类油藏要建立各自的孔隙度和渗透率关系等，如图9-1所示。

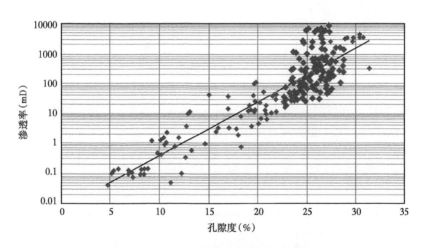

图9-1　某油田孔隙度和渗透率关系图版

对于原始油水系统复杂的油藏，包括断块油藏，要掌握探井、评价井乃至有资料的开发井的油气水层解释结果，其示例如图9-2所示。

2）构造、断裂特征

构造、断裂特征是对油气藏外观形态的描述，包括油气藏的圈闭面积及闭合高度、形态、断层（正断层、逆断层）及其封闭性、断层走向、可疑断层存在的可能性等，其资料主要来自地质研究和地震解释的研究成果。构造形态对油气储量影响大，因此，含油范围内的构造形态要足够准确。对于没有地震资料、又无井控制的区域，其构造形态存在很大的不确定性，可以依据已有的认识和判断增加假想并加以约束。断层对流体流动、注采对应关系及水驱开发效果影响大，因此，也是油藏描述和地质建模的重点。

区域	UN2	UN3	UN4	UN5	UN6	UN7	UN8	UN9	UN10	UN11	UN13	UN14	UN15	UN16	UN17	UN18	UN21	UN22	UN23	UN24	UN26	UN9
Baraka								D2														
Ghazal A	D1							D1														
Ghazal B	D2		D2					D1			D2											
Ghazal C																						
Ghazal D	D2	D2						D1			D2											
Ghazal E			D1																			
Ghazal F											Dlswab											
Ghazal G			D1																			
Ghazal H	D5				D1		D1	D3					W1									
Ghazal J	D1										Dlswab											
Zarqa A											D1											
Zarqa B		D1	D2																			
Zarqa C				D1+P1	D2	D1		D3							I1							
Zarqa D						D2		D1			D2											
Aradeiba A	D1+P1	D1	D1			D1		D1	D1	D1					I1		D1		D1			
Aradeiba B	D1	D1			D1		D3	D1	D1	D1		D1				D2	D1		D1			
Aradeiba C	D1			D1	D1				D2	D2		D1		D1		D1			D1			
Aradeiba D																						
Aradeiba E																						
Aradeiba F		D2					D1															
Bentiu					D1		D1		D3			D11		W1	D7	D1	D1		D1	D4	D2	D2

D—钻杆测试　油层
P—生产测试　水层
W—作业措施　作业措施
I—注入测试　致密层

图 9-2　某油田 DST 和生产测试证实油水层情况实例

3）储层特征及沉积微相

20 世纪 70 年代初，针对陆相沉积储层开展了细分沉积微相研究，大庆油田的储层细分到了沉积亚相、微相。20 世纪 70 年代末、80 年代初，又进一步提出了细分流动单元的概念，并应用这一概念寻找剩余油富集区，指导加密调整井的部署和确定射孔层位。20 世纪 80 年代以后，不同类型油藏沉积相和微相的研究，深化了陆相各类沉积模式、非均质性特征及其对注水开发过程中油水分布宏观控制规律的认识，构成了陆相油藏基本地质理论基础。

不同油田的沉积特征及储层发育情况差异很大，同一油田不同区域也有较大差异。以大庆喇萨杏油田为例，自 20 世纪 80 年代起，赵瀚卿等地质学家就开始研究不同油层组的沉积相，如图 9-3 所示。后来又进一步发展到沉积微相的研究，特别是对于河道砂沉积为

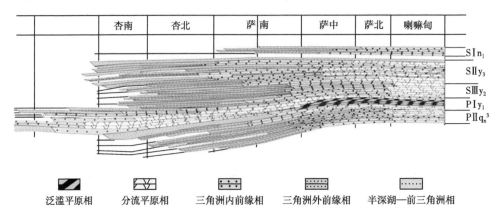

杏南
杏北
萨南
萨中
萨北
喇嘛甸
SIn1
SIIy3
SIIIy2
PIy1
PIIqn3
泛滥平原相
分流平原相
三角洲内前缘相
三角洲外前缘相
半深湖—前三角洲相

图 9-3　大庆喇萨杏油田南北向沉积相剖面

主的油层，砂体刻画更加细致。以杏北三角洲沉积为例，河道型砂体有 6 类平面组合模式
（图 9-4），5 大类 14 小类砂体叠置模式（图 9-5）。

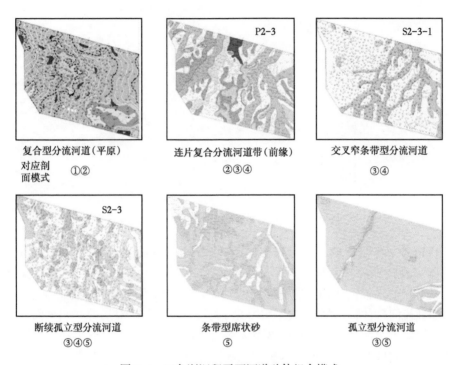

复合型分流河道（平原）
对应剖面模式
①②

连片复合分流河道带（前缘）
②③④

交叉窄条带型分流河道
③④

断续孤立型分流河道
③④⑤

条带型席状砂
⑤

孤立型分流河道
③⑤

图 9-4　三角洲沉积平面河道砂体组合模式

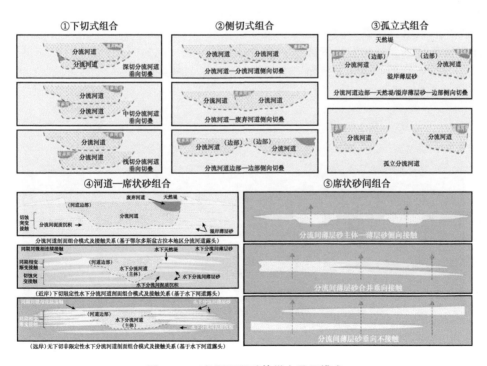

图 9-5　三角洲沉积砂体纵向叠置模式

4）隔层与夹层研究

通常，储层之间有泥岩隔层和夹层，隔层和夹层有薄有厚，甚至储层内部也有许多分布不稳定的夹层。根据地质、地震、测井研究成果可以描述夹层，如图 9-6 所示，并根据井对夹层的钻遇情况判断储层纵向连通性。

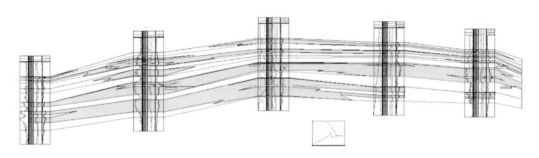

图 9-6　多油层纵向隔层及层内夹层示意图

对于河道砂单砂层内部，地下看似连通的砂体，其实是由多期砂体叠置而成，不同期次的单砂体是独立的开发单元，这与前面讨论的情况相一致。储层内部构型夹层对剩余油分布具有重要的控制作用。这类夹层的刻画，对于层内剩余油精细挖潜意义重大（图 9-7）。例如曲流河砂体，点坝内部侧积层多为泥质夹层，不仅对局部井间平面连通性造成影响，而且纵向水驱波及系数和总体波及体积有无法忽视的作用，这类夹层的影响表现在油层顶部存在一定厚度的水洗或弱水洗剩余油。此外，曲流河点坝的废弃河道也影响单砂体之间的连通性，以港西二区明化镇组明Ⅲ-6-3 油层为例（图 9-8），G1-25K 井与 GH2 井之间，地震同相轴有变化，反演结果为两套砂体，通过单砂体精细刻画，这两套砂体为"C"形废弃河道组合，砂体间不连通。动态响应上，G1-25K 井注水，G217 井见效明显，随着注水量的减小，油井沉没度降低；G1-25K 井注水，GH2 井不见效，注水量的变化在GH2 井上无响应，说明废弃河道在平面上起着渗流遮挡作用。

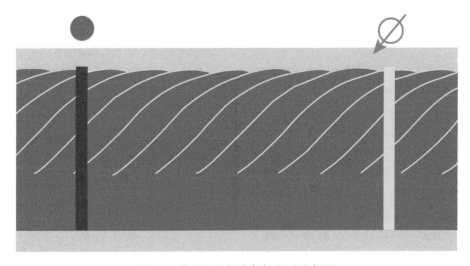

图 9-7　曲流河点坝内部侧积层示意图

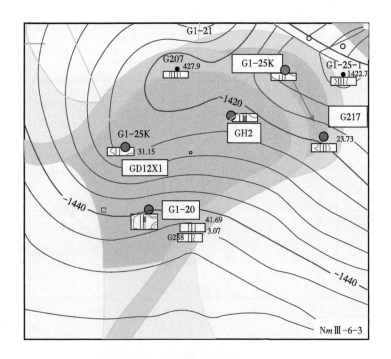

图 9-8　曲流河点坝废弃河道

5) 原始流体分布特征及压力温度系统

油水界面是决定油气水分布范围的重要参数，其值对油气储量有较大影响，通常根据重复地层测试资料（RFT）、测井资料和试油（气）结果等确定。对于多层组油气藏，各层的油气、油水界面存在差异，需要逐层加以研究。

当存在边水，甚至边水能量对凝析气藏的开发有重要影响时，数值模拟研究必须反映边水水体大小。对于物性及连通性较好、开采历史较长、测压资料较多的油（气）藏，可以通过历史拟合反求水体能量。

对于多数多层状油藏，不同油层一般没有统一的油水界面。一个油组内有很多套油水系统。对于复杂断块，单砂体之间呈现不连通或弱连通的状态，油水界面通常受单砂体控制，此类油藏油水系统描述更为复杂。

通常，通过评价井和早期开发井射孔投产及随后的压力恢复试井，确定主要油层的原始地层压力。将油水界面、油气界面等特殊界面的深度，作为不同油层压力参考深度，而投入开发前折算到油水界面处的压力作为相应油藏的原始地层压力。

2. 特殊岩石和流体物性

特殊岩石物性数据主要来自水驱油实验得出的油水相渗曲线，如果油藏压力低于饱和压力或采用注气开发，则还需要气液相渗曲线。对于注水开发的油田，油水相渗曲线的选用要与对应的油藏类型相匹配，图 9-9 所示为几个不同渗透率区间的相渗曲线示意图。不同物性的岩石原始含油性和水驱油效率存在较大差异。大庆长垣油田一类油藏以河道砂为主，钻遇率在 60% 以上，泛滥平原和分流平原平均单层有效厚度分别大于 3m 和 1.5m，有效渗透率大于 500D，相应的原始含油饱和度在 75% 左右。二类油藏有效渗透率介于 100~500D，三类油层渗透率介于 40~100D。

还需要准备流体（油、气和水）物性数据，包括油水黏度、原油饱和压力 $p_{sat}^{(i)}$、体积系数 $B_o(p)$，溶解气油比 $R_s(p)$ 以及油水地下密度、黏度等。

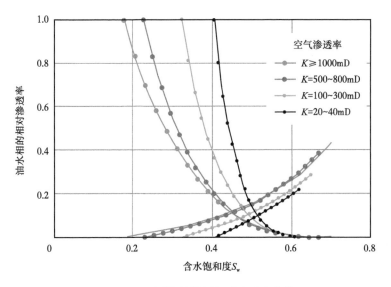

图 9-9　不同物性储层相对渗透率曲线

3. 开发井的动态资料和测试资料

1）开发井的动态资料

开发井动态资料包括油水及注水井的射孔数据及其变更信息；油井的产油量、含水率、气油比等综合数据；注水井的日注水量、累计注水量等。根据实际工作需要，还应依据单井资料分析不同油层（区域）或不同井网的生产动态，图 9-10 就是一典型区块不同时期的井网的产量构成图，不同井网投产时间、开采对象不同，因而其产量情况也存在较大差异。

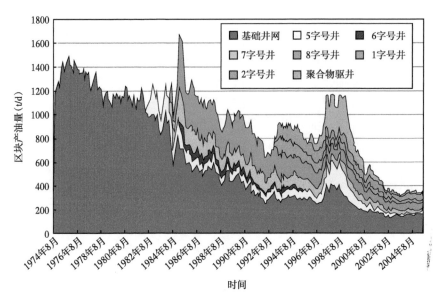

图 9-10　典型区块不同井网产量构成图

2）测试数据

油水井测试数据包括地层压力测试数据、流压测试数据、油井产液剖面测试数据、注水井吸水剖面测试资料以及示踪剂测试等，图 9-11 是某注水区块的地层压力变化趋势。

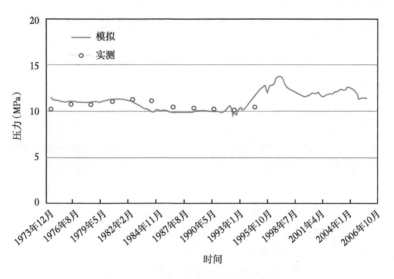

图 9-11　典型区块地层压力变化趋势

3）注水井分层注水配注信息

分层注水测试资料的利用，能够更有效辨别注入水的去向，提高剩余油描述的精度。图 9-12 为利用分层注水测试资料，可以取得主要油层模拟计算注入量与监测剖面基本一致的结果。

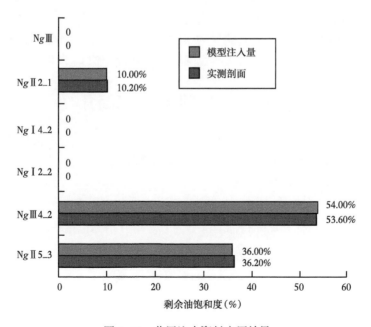

图 9-12　分层注水资料应用效果

二、表征整体特性的参数

除基础性数据之外，还有一些表征整体特性的参数，详细内容见第五章。

首先是本层系内反映所含不同面积油砂体内储油量多少的累积分布关系曲线。该曲线横坐标为油砂体面积 C_s，纵坐标为油砂体面积小于 C_s 的所有油砂体的储量总和 $F(C_s)$，是完整表达层系内油砂体大小含量特征的曲线，较全面地反映了层系内部平面连通程度总体特征。后面的工作与引文 [1] 介绍的《油田开发科学原理》两者区别之一就在于能否考虑对普遍存在的地下复杂连通状况这个问题上。本书为解决这个问题提出了一个途径。

其次是非均质特征参数，这类参数形成于单油层纵向生成沉积过程，这是一个有组织的有序过程。准备该参数时，应提供纵向不同类别的相对均匀段叠合的地质参数、相对均匀地质段的室内相对渗透率曲线和毛细管压力曲线，否则将会导致模拟计算结果失真。

最后，对于河道沉积体系，除了单层纵向自组织结构外，在平面上又呈现复杂自组织特征，它以"下凸度函数"的值为决定因素，役使呈现于平面上主河道分布区、非主河道分布区、心滩（边滩）间断分布区，各分区纵向不同程度的相应自组织结构特征。抓住了"下凸度函数"就掌握了平面和纵向河流沉积非均质组织结构特征的全局。

单油层平面上自组织结构及纵向自组织结构等沉积印记是普遍存在的，但是不同沉积环境下生成的自组织结构印记，又会有程度性差别。在人们经常遇到的非河道沉积体系，纵向上相对均匀段之间差别较小，甚至还存在单层纵向上只含一个相对均匀段的油层，并且它在平面上变化也很均匀。不论是主力油层还是非主力油层，前面所提出的自组织结构印记都是类同的，有的纵向各岩段的段幅大，有的小。总之，自然生成体内部自组织性是一条普遍性规律，完全"混沌"的极少，所谓"混沌"是未被认识的自组织结构类别，见2005年许国志 [3] 等论著。单层平面上大小形态不一的油砂体，表面看来，未见到它们的自组织性，但把它们作为一个整体来看，内有统计性自组织规则存在，它们与注水方式和注采井距一起决定了井网对原油地质储量的水驱控制程度，某些情况下甚至达到了全定量化程度，以油砂体内储量累积分布曲线所包围的面积积分中值 $\bar{C}_s$ 为其序参量。

第三节　生产指标计算简介

有了上一节准备的参数之后，接下来就要计算开发指标了。开发指标的计算方法推荐使用已经商业化的"油藏数值模型"，因为它的通用性较强。

一、主要生产指标

开发指标包括单井指标和场际指标两部分内容。单井指标包括平均单井产油量 $\bar{Q}_o(k)$、产水量 $\bar{Q}_w(k)$、产气量 $\bar{Q}_g$、含水率 $\bar{f}_w(k)$、注水量 $\bar{Q}_w^{(in)}(k)$ 等，其中：k 为记时序列，$k=1，2，\cdots，k_s$，表示从投产（注）始依次季度序号。注水井与生产井指标符号区别仅在符号右上角处加注"in"，例如注水单井注入量记为 $\bar{Q}_w^{(in)}(k)$，单位一般采用我国石油行业标准，也可根据用户需要选择确定。

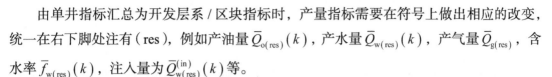

由单井指标汇总为开发层系 / 区块指标时，产量指标需要在符号上做出相应的改变，统一在右下脚处注有（res），例如产油量 $\bar{Q}_{\mathrm{o(res)}}(k)$，产水量 $\bar{Q}_{\mathrm{w(res)}}(k)$，产气量 $\bar{Q}_{\mathrm{g(res)}}$，含水率 $\bar{f}_{\mathrm{w(res)}}(k)$，注入量为 $\bar{Q}_{\mathrm{w(res)}}^{\mathrm{(in)}}(k)$ 等。

计算过程中，油藏压力及开发井生产压差也是极其重要的。如果地质及油藏参数与生产压差之间不匹配，将会引起历史数据无法实现有效拟合、后者预测指标与实际情况偏离较大的情形。

此外，各油、气、水饱和度和压力场数据也极为重要，它有助于油藏工程师确认模型中的地质属性，特别是河道沉积体系的主力油层纵向非均质数据输入是否可靠，与动态模拟和预测结果是否匹配等。

二、计算生产指标的一些修正方法

应用单油层平均参数计算结果来考量油层在平面上的延伸情况会产生偏差，对此应该修正，修正的办法是用平均参数乘以水驱控制程度，统一记为 $K_{\mathrm{r}}\{C_0/[\psi(\varepsilon)d^2]\}$，其中，$K_{\mathrm{r}}$ 为油藏水驱控制程度，C_0 为油藏内油砂体面积中值，分母项为油砂体面积与井网单元面积的比值，详见第八章第二节。

除了对连通程度进行修正以外，由于井周围经常遇到油气分离的情况，这种情况会增加渗流阻力，导致结果的真实性降低，需要再次修正，修正方法是再乘以一个修正系数 Γ_1。经过两次修正之后的单井平均生产（注水）指标就接近实际了。上述修正系数怎么求得，已有专门讨论，在此不做赘述。

三、考虑主力油层自组织型非均质结构的网格加密

应该注意的是，单层内纵向自组织型的非均质结构，特别在主力油层单层内，所引起的见水后纵向油水分布、运动、滞留，有功能性自组织特性。这种特性源自驱油段强势生成，它对邻近段"注入水浸润"及对其他层段前缘运动速度的抑制，不是按各自渗透率高低的规则而行，而是具有按功能自组织性发展而演化的特性。这种功能特性，只能按前面已说明过的单层纵向精细划分相对均匀段，应用符合这种均质特性要求的室内毛细管压力曲线和相对渗透率曲线，用单层纵向细分模拟方法处理，否则会产生含水生产指标偏乐观的偏差。对于非主力油层，类似问题虽然也存在，但因油层较薄，其势头得不到充分发挥，故可以简化处理，仍应用通常的相对渗透率曲线进行。建议追加剖面模型在非均质条件下反求"非均质相对渗透率曲线"，用于非主力油层模拟，这种处理方法国外及国内都曾经使用过。否则，尽管是非主力油层，如果对单层纵向非均质性的反映不够充分，也会引起偏差。特别在使用"多层二维二相"模拟方法处理非主力油层时，如上建议尤为重要。当油水黏度比大于 1 之后，前面提出的想法和看法，值得注意。

回顾第四章至第七章内得到的观点，对前面提出的数值模拟应用方法应该更加明了。当油水黏度比大于 1 之后，均匀结构岩样（或检查井取心分析资料）所得到的水驱油运动中的水驱油非活塞程度，比原先认识的更弱，单油层见水后，纵向只有水驱油段、注入水浸润段和原始状态剩余油段，最多三种存在方式。此外，在两段组合当中，只有单层驱油段和浸润段组合，而没有其他两者组合方式共存的情况，单层内单一存在方式只有水驱油

段一种，这个结论是铁定的。当油水黏度比大于 1 之后，见水层内油水纵向分布方式只能如此，这是真实情况，模拟结果只能在前面推荐的处理方式下才能得到。

设开发层系内纵向上共有 N 个单油层，它们自下而上编号为 $n=1$，2，$\cdots$，N，并假设其中第 N 个单油层为主力油层。为了对主力油层纵向细分模拟，又将它纵向上进行网格加密，加密网格数目为 N_z^+，非主力油层层数为 $N-1$，网格编号 $n=1$，2，$\cdots$，$N-1$，N，$N+1$，$\cdots$，N_z^++N。对非主力油层，单层纵向不加密，单油层同时也是单网格层，用"多层二维二相"方法处理，每个单层的厚度 $H(n)$ 就是该层网格的纵向步长 $\Delta Z(i)=H(i)$,（$i=N$，$N+1$，$\cdots$，$N+N_z^+$）。

平面上离散后空间步长统一为 $\Delta x=\Delta y$。主力油层纵向网格步长 $\Delta Z(\bar{n}\geq N)=\Delta Z$ 恒定，$\Delta x=\Delta y \gg \Delta z$ 的尺度。主力油层顶层和底层为不渗透层，差分公式内渗透率用本点和邻点渗透率调和平均值，遇无效网格时平均值为零。主力油层模拟中考虑毛细管力与重力，非主力油层则忽略这两个指标。两类油层内的流体运动方程分别在下面列出。在输出报告中，对于主力油层应追加输出纵向场际数据，着重观察见水后纵向含水饱和度情况随开发时间的变化。

第四节　多相流体渗流模型及其求解方法

一、三维三相流体渗流数学模型

这里主要讨论油田水驱开发，面向对象是常规黑油油藏。黑油油藏多相流体渗流模型是由其基本微分方程式构成的，通过物质守恒定律、状态方程和油、气、水在多孔介质中的运动方程推导得到的，见文献 [4-6]。下面列出的油、气、水连续性方程组是众所周知的，这些方程在控制论模型中属于状态方程，因此，油藏数值模拟与控制论是相互结合的学科。

1. 连续性方程

油的连续性方程：

$$-\nabla\left[\frac{KK_{ro}}{\mu_o}\rho_o\nabla(p+\rho_ogZ)\right]+\sum_{nw=1}^{nw\max}q_{o,nw}\delta(x-x_{nw})\delta(y-y_{nw})=\frac{\partial(\phi\rho_oS_o)}{\partial t} \quad （9-1）$$

水的连续性方程：

$$-\nabla\left[\frac{KK_{rw}}{\mu_w}\rho_w\nabla(p-p_{cow}+\rho_wgZ)\right]+\sum_{nw=1}^{nw\max}q_{w,nw}\delta(x-x_{nw})\delta(y-y_{nw})=\frac{\partial(\phi\rho_wS_w)}{\partial t} \quad （9-2）$$

气的连续性方程：

$$-\nabla\left[\frac{KK_{ro}}{\mu_o}R_s\rho_o\nabla(p+\rho_ogZ)\right]-\nabla\left[\frac{KK_{rg}}{\mu_g}\rho_g\nabla(p+p_{cgo}+\rho_ggZ)\right]$$
$$+\sum_{nw=1}^{nw\max}(q_{o,nw}R_s+q_{g,nw})\delta(x-x_{nw})\delta(y-y_{nw})=\frac{\partial[\phi(\rho_oR_sS_o+\rho_gS_g)]}{\partial t} \quad （9-3）$$

此外，还有油气水饱和度关系方程：

$$S_o + S_w + S_g = 1 \tag{9-4}$$

式（9-1）至式（9-3）组成的方程组，有 3 个独立的未知量，即压力 p、含水饱和度 S_w 和含气饱和度 S_g。含油饱和度可以通过油气水饱和度关系方程，看作是含水饱和度 S_w 和含气饱和度 S_g 的函数，并代入式（9-1）至式（9-3）求解过程中消元。其他的物理量或参数，例如原油密度、相对渗透率等都是上述三个独立变量的函数，而且，其相关关系是已知的，通过室内实验确定给出，有关内容后续再述。

2. 油藏边界外条件

式（9-1）至式（9-3）是油气水三相流体在地下多孔介质中渗流的基本微分方程，适合于常规黑油油藏，但要通过计算得到具体油藏开发过程中压力和流体饱和度场的变化，还需要考虑油藏的边界条件和初始条件。油藏边界条件分外边界条件和内边界条件。数学上，油藏外边界条件主要分三类。

第一类边界条件：

$$p\big|_{(x,y,z)\in G_1} = f_1(x,y,z) \tag{9-5a}$$

第二类边界条件：

$$\frac{\partial p}{\partial \overline{n}}\bigg|_{(x,y,z)\in G_2} = f_2(x,y,z) \tag{9-5b}$$

第三类边界条件：

$$\left(\frac{\partial p}{\partial \overline{n}} + \alpha p\right)\bigg|_{(x,y,z)\in G_3} = f_3(x,y,z,t) \tag{9-5c}$$

其中：G_1、G_2 和 G_3 为三类边界的边界面，$\dfrac{\partial p}{\partial \overline{n}}$ 为边界面法线方向的压力梯度。第一类、第三类边界条件由于技术条件限制，一般很难确认而不予考虑，因此，实际油藏数值模拟主要考虑第二类边界条件，而且通常是 $f_2(x, y, z)=0$ 的封闭边界。第二类封闭边界条件之所以广泛应用，一方面大量油藏是由封闭断层和岩性尖灭作为外边界的；另一方面，油藏数值模拟应用选取工区范围有限，工区之外以边水为主的区域大小在早期难以估算，因此，在封闭边界的基础上，结合动态资料考虑一定水体是常用的做法，且足以反映实际油藏的基本边界特征。

需要补充说明的是，实际油藏的边界条件远不止模拟工区意义上的边界，在油藏内部通常发育许多大大小小的断层，如图 9-13 所示，这些断层对油气水渗流起着阻碍和改变流向的作用。虽然这些断层不属于工区的外边界条件，但它们构成了流动单元之间的边界条件，因此，在油藏描述过程中，油藏内部的断层一直受到高度关注，并且，在地质建模过程中已充分应用了断层解释成果。

3. 油藏内边界条件

油藏内边界条件主要是由油井和注水井的井底条件和工作制度决定的，一般分为定产和定压边界条件两种类型，即：

$$q_{o,nwp} = \sum_{np=1}^{N_{PF}} \left[\frac{2\pi\rho_o K K_{ro} h \Delta p}{\mu_o (\ln r_e / r_w + S - 0.75)} \right] \bigg|_{nwp,np} \tag{9-6a}$$

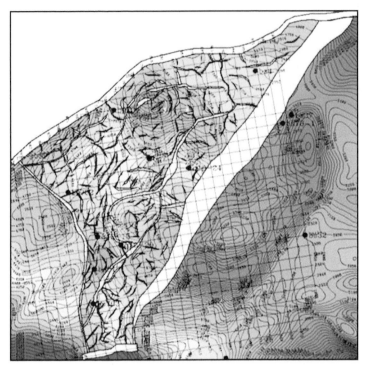

图 9-13　油藏断层构成的第二类边界条件示意图

式（9-6a）$q_{o,nwp}$ 为第 nwp 口生产井的实际原油产量，右端项是该井所有射孔层的模拟产油量之和。N_{PF} 为直井或斜井总射孔层数。水、气产量也有类似的表达式，在数值模拟计算过程中它们与 $q_{o,nwp}$ 一同计算出来，但相关数学表达式不是独立的，其结果是否与实际产量吻合还需要通过历史拟合来确定。

对于注水井，其内边界条件可以写作：

$$q_{w,nwi} = \sum_{np=1}^{N_{PF}} \left[\frac{2\pi K K_{rw} h \Delta p}{\mu_w (\ln r_e / r_w + S - 0.75)} \right] \bigg|_{nwi,np} \tag{9-6b}$$

式（9-6b）$q_{w,nwi}$ 为第 nwi 口注水井的实际注水量，右端项为该井所有射孔层模拟计算的注入量之和。

除了定产量内边界条件外，还有定压生产的内边界条件，即：

$$p|_{r=r_w} = p_{wf} \tag{9-6c}$$

定压边界条件对油水井都适用，只是它们所用井底压力值不同而已，这里不再细分。实际油藏数值模拟过程中，在历史拟合阶段，通常定产量内边界条件起作用。当油井（注入井）的生产压差达到一定界限时，由定产量转为定压生产。需要说明的是，定产量并不等同于稳产，而是指一个时间段内按某个指定的产量生产或注水量注入。

4. 初始条件

油藏初始条件是指油层不同位置的原始地层压力、温度和饱和度分布等情况。不同埋深、流体组成及地质条件的复杂性，其初始条件也不同。其表达形式如下：

$$p(x,y,z)|_{t=0} = p_i(x,y,z) \qquad (9\text{-}7a)$$

$$S_w(x,y,z)|_{t=0} = S_{wi}(x,y,z) \qquad (9\text{-}7b)$$

至此，由式（9-1）至式（9-3）油气水连续性方程、饱和度关系式（9-4）、外边界和内边界条件以及初始条件构成了多相流体渗流数学模型。

二、油水两相渗流连续性方程离散化

连续性式（9-1）至式（9-3）是一组偏微分方程，无法得到解析解，因此，通常的做法是用差分代替微分，对这些方程离散化，从而得到数值模拟模型，并借助计算机和计算程序，对各种复杂问题进行求解计算和应用研究。

离散化方法，首先要把求解区域按一定的网格系统进行剖分。油藏数值模拟常用的网格系统有直角正交网格和角点网格系统，其他网格系统则因为其相应的离散产生的线性代数方程组的系数矩阵非零元素结构复杂，导致计算量大、速度慢，从而没有得到广泛应用。

直角正交网格系统由六面体网格块结构组成，地质建模方法以井资料、地震资料为基础，根据油藏的地质特征按层状或块状建立地质模型，断层作为一种属性不影响地质建模过程中地质模型数据体生成，断层轨迹、断距等数据信息与地质模型数据体一起构成油藏模拟模型数据体。断层在正交直角网格系统中，通常采用"之"字形的线段来描述，如图9-14所示，与油藏的实际情况存在一定偏差，而且断层的定义、检查检验相对复杂。因此，大斜度倾斜断层一直是传统的直角正交网格地质建模和数值模拟中的一个难点，没有得到真正有效的解决。

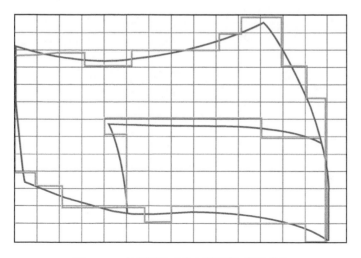

图 9-14　直角网格系统与断层关系平面图

角点网格系统将断层作为地质建模过程中的一项重要内容，构造模型、地层模型和断层模型一起构建更为精确的格架模型。角点网格系统建模方法由于充分利用了断层的信息，断层信息影响构造模型，因此，所由断层信息约束的地质模型更加精确。与传统的直角正交网格不同，角点网格不局限于六面体，在平面上不局限于长方形六面体，还可以在断层复杂的区域，平面上以不规则四边形或三角形等网格结构出现，这类网格在空间上可以认为是不规则的特殊六面体，如图 9-15 所示。各油层的网格步长根据控制区域的长度和宽度灵活调整，因此，角点网格系统更加灵活，在油藏边界和断层附近的网格线与实际油藏边界及断层的走向重合。

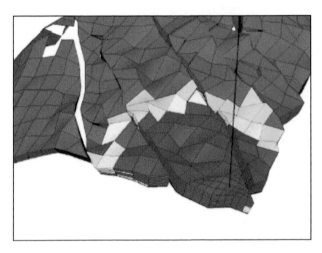

图 9-15　角点网格系统与断层关系平面图

我国注水开发油田对压力保持水平有严格规定，主力油田和油层开发过程中地层压力，甚至是生产井井底流压高于饱和压力，地层中以油水两相渗流为主。为了简化方程离散化描述，结合注水开发油田的特点，这里主要介绍油水两相渗流连续性方程离散化。在连续性式（9-1）离散化过程中，对于任一指定油层在 x 方向对于任一网格节点 (i, j)，令：

$$TX^o_{i-1/2,j} = \left(\frac{\Delta y \Delta z}{\Delta x} \right)_{i-1/2,j} (K)_{i-1/2,j} \left(\frac{K_{ro}\rho_o}{\mu_o} \right) \Bigg|_{(i-1/2,j)\text{upstream}} \quad (9\text{-}8a)$$

$$TX^o_{i+1/2,j} = \left(\frac{\Delta y \Delta z}{\Delta x} \right)_{i+1/2,j} (K)_{i+1/2,j} \left(\frac{K_{ro}\rho_o}{\mu_o} \right) \Bigg|_{(i+1/2,j)\text{upstream}} \quad (9\text{-}8b)$$

在 y 方向，令：

$$TY^o_{i,j-1/2} = \left(\frac{\Delta x \Delta z}{\Delta y} \right)_{i,j-1/2} (K)_{i,j-1/2} \left(\frac{K_{ro}\rho_o}{\mu_o} \right) \Bigg|_{(i,j-1/2)\text{upstream}} \quad (9\text{-}8c)$$

$$TY^o_{i,j+1/2} = \left(\frac{\Delta x \Delta z}{\Delta y} \right)_{i,j+1/2} (K)_{i,j+1/2} \left(\frac{K_{ro}\rho_o}{\mu_o} \right) \Bigg|_{(i,j+1/2)\text{upstream}} \quad (9\text{-}8d)$$

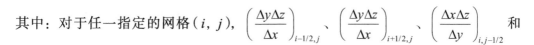

其中：对于任一指定的网格(i,j)，$\left(\dfrac{\Delta y\Delta z}{\Delta x}\right)_{i-1/2,j}$、$\left(\dfrac{\Delta y\Delta z}{\Delta x}\right)_{i+1/2,j}$、$\left(\dfrac{\Delta x\Delta z}{\Delta y}\right)_{i,j-1/2}$ 和 $\left(\dfrac{\Delta x\Delta z}{\Delta y}\right)_{i,j+1/2}$ 只与网格的几何尺寸有关，不随时间而改变，即为常数。$(K)_{i-1/2,j}$、$(K)_{i+1/2,j}$、$(K)_{i,j-1/2}$ 和 $(K)_{i,j+1/2}$ 取相邻网格的调和平均值，即：

$$(K)_{i-1/2,j} = \frac{K_{i-1,j}K_{i,j}}{\left(K_{i-1,j}\Delta x_i + K_{i,j}\Delta x_{i-1}\right)/\left(\Delta x_{i-1} + \Delta x_i\right)} \tag{9-9a}$$

$$(K)_{i+1/2,j} = \frac{K_{i+1,j}K_{i,j}}{\left(K_{i+1,j}\Delta x_i + K_{i,j}\Delta x_{i+1}\right)/\left(\Delta x_{i+1} + \Delta x_i\right)} \tag{9-9b}$$

$$(K)_{i,j-1/2} = \frac{K_{i,j-1}K_{i,j}}{\left(K_{i,j-1}\Delta y_i + K_{i,j}\Delta y_{j-1}\right)/\left(\Delta y_{j-1} + \Delta y_j\right)} \tag{9-9c}$$

$$(K)_{i,j+1/2} = \frac{K_{i,j+1}K_{i,j}}{\left(K_{i,j+1}\Delta y_i + K_{i,j}\Delta y_{j+1}\right)/\left(\Delta y_{j+1} + \Delta y_j\right)} \tag{9-9d}$$

式（9-8）中的 $\left(\dfrac{K_{ro}\rho_o}{\mu_o}\right)$ 和 $\left(\dfrac{K_{rw}\rho_w}{\mu_w}\right)$ 根据本点和邻点压力的大小取上游权，即 x 方向的取值见式（9-10a）和式（9-10b），y 方向也类似。

$$\left.\left(\frac{K_{ro}\rho_o}{\mu_o}\right)\right|_{(i-1/2,j)\text{upstream}} = \left\{ \begin{array}{l} \left.\left(\dfrac{K_{ro}\rho_o}{\mu_o}\right)\right|_{(i,j)}, p(i,j)\geqslant p(i-1,j) \\[3mm] \left.\left(\dfrac{K_{ro}\rho_o}{\mu_o}\right)\right|_{(i-1,j)}, p(i-1,j)>p(i,j) \end{array} \right\} \tag{9-10a}$$

$$\left.\left(\frac{K_{rw}\rho_w}{\mu_w}\right)\right|_{(i+1/2,j)\text{upstream}} = \left\{ \begin{array}{l} \left.\left(\dfrac{K_{rw}\rho_w}{\mu_w}\right)\right|_{(i,j)}, p(i,j)\geqslant p(i+1,j) \\[3mm] \left.\left(\dfrac{K_{rw}\rho_w}{\mu_w}\right)\right|_{(i+1,j)}, p(i+1,j)>p(i,j) \end{array} \right\} \tag{9-10b}$$

对于任一网格，油水密度和黏度随时间变化很小，可以忽略不计，因此，采用显式方法处理即可。注水过程中一些网格在一定时间段油、水饱和度变化较为明显，此时油水相对渗透率可以采取隐式方法处理。有了式（9-8）至式（9-10）这些表达式，并对 $\left(\dfrac{K_{ro}\rho_o}{\mu_o}\right)$ 采用显式处理方式，则油相连续性方程从第 n 时步到第 $(n+1)$ 时步的离散形式就可以写成：

$$TX^o_{i+1/2,j}\left(p^{n+1}_{i+1,j}-p^{n+1}_{i,j}\right)+TX^o_{i-1/2}\left(p^{n+1}_{i-1,j}-p^{n+1}_{i,j}\right)+TY^o_{i,j+1/2}\left(p^{n+1}_{i,j+1}-p^{n+1}_{i,j}\right)$$

$$+TY^o_{i,j-1/2}\left(p^{n+1}_{i,j-1}-p^{n+1}_{i,j}\right)-q^{n+1}_{o,nw|(x_{mw},y_{mw})\in\Omega(i,j)}=\frac{V_{ij}}{\Delta t}\left[\left(\phi\rho_o S_o\right)^{n+1}-\left(\phi\rho_o S_o\right)^n\right]\Big|_{(i,j)} \qquad (9-11)$$

设模拟计算 n 时步已经完成，则该时步的压力和饱和度场是已知的，因此，任一节点（$n+1$）时步的压力与 n 时步的压力之间存在以下关系：

$$p^{n+1}_{i-1,j}=p^{n(l-1)}_{i-1,j}-\Delta p^{(l)}_{i-1,j}$$

$$p^{n+1}_{i,j}=p^{n(l-1)}_{i,j}-\Delta p^{(l)}_{i,j}$$

$$\cdots\cdots$$

式中：l 是非线性方程组求解从第 n 时步到第（$n+1$）时步的离散步数，$l=1,2,\cdots$。当 $l=1$ 时，$p^{n(0)}_{i,j}=p^n_{i,j}$；当 $l>1$ 时，$p^{n(l-1)}_{i,j}=p^{n(l-2)}_{i,j}+\Delta p^{(l-1)}_{i,j}$。而 $\Delta p^{(l)}_{i-1,j}$，$\Delta p^{(l)}_{i,j}$，$\Delta p^{(l)}_{i+1,j}$，$\cdots$ 则是非线性方程离散化迭代步需要求解的未知变量之一。式（9-11）的左端项如果对 K_{ro} 进一步采用隐式处理，并用 T^o_e 代表上面 x 和 y 方向式（9-8）油相方程中 TX 和 TY 的 4 个表达式，$T1^o_e$ 是 T^o_e 剔除 K_{ro} 的表达式，于是有：

$$左端流动项=\sum_e T^o_e\left(p^{n(l-1)}_e-p^{n(l-1)}_{i,j}\right)+\sum_e T^o_e\left(\Delta p^{(l)}_e-\Delta p^{(l)}_{i,j}\right)$$

$$+\sum_e T1^o_e\left(\frac{\partial K_{ro}}{\partial S_w}\right)^{n(l-1)}_e H\left(p^{n(l-1)}_e-p^{n(l-1)}_{i,j}\right)\left(\Delta S_w\right)^{(l)}_e \qquad (9-12)$$

$$+\sum_e T1^o_e\left(\frac{\partial K_{ro}}{\partial S_w}\right)^{n(l-1)}_{i,j} H\left(p^{n(l-1)}_{i,j}-p^{n(l-1)}_e\right)\left(\Delta S_w\right)^{(l)}_{i,j}$$

式（9-12）中 H 为单位阶跃函数，且 $H(t)$ 具有以下属性：当 $t>0$ 时，$H(t)=1$；当 $t<0$ 时，$H(t)=0$。式（9-12）最后两项根据流动方向（本点与邻点压力高低）选择上游权项。式（9-11）的右端项可以通过求导并忽略二阶以上偏导数项，于是有：

$$右端项=\frac{V_{ij}}{\Delta t}\left[\left(\phi\rho_o S_o\right)^{n+1}-\left(\phi\rho_o S_o\right)^n\right]\Big|_{(i,j)}$$

$$=\frac{V_{ij}}{\Delta t}\left[\left(\rho_o S_o\right)^n\left(\frac{\partial\phi}{\partial p}\right)+\left(\phi S_o\right)^n\left(\frac{\partial\rho_o}{\partial p}\right)\right]\left(p^{n(l-1)}_{i,j}-p^n_{i,j}+\Delta p^{(l)}_{i,j}\right)$$

$$+\frac{V_{ij}}{\Delta t}\left[\left(\rho_o\phi\right)^n\left(\frac{\partial S_o}{\partial S_w}\right)\left(S^{n(l-1)}_w-S^n_w+\Delta S^{(l)}_w\right)_{i,j}\right] \qquad (9-13)$$

$$=\frac{V_{ij}}{\Delta t}\left(\rho_o\phi S_o\right)^n\left(c_p+c_o\right)\left(p^{n(l-1)}_{i,j}-p^n_{i,j}+\Delta p^{(l)}_{i,j}\right)-\frac{V_{ij}}{\Delta t}\left(\rho_o\phi\right)^n\left(S^{n(l-1)}_w-S^n_w+\Delta S^{(l)}_w\right)_{i,j}$$

式（9-13）中 c_p，c_o 分别是岩石孔隙压缩系数和原油压缩系数，$\Delta V_{i,j}=(\Delta x\Delta y\Delta z)_{i,j}$。式（9-12）和式（9-13）只有本点和邻点的压力增量和含水饱和度增量 $\Delta p^{(l)}_{i,j}$，$\Delta p^{(l)}_e$，$\left(\Delta S_w\right)^{(l)}_{i,j}$ 和 $\left(\Delta S_w\right)^{(l)}_e$ 是未知变量，于是，整理上述两式，并考虑开发井射孔网格节点产量关系式，可得离散化的油相连续性方程：

$$\sum_e T_e^o \left(\Delta p_e^{(l)} - \Delta p_{i,j}^{(l)} \right) - \frac{V_{ij}}{\Delta t} \left(\rho_o \phi S_o \right)^n \left(c_p + c_o \right) \Delta p_{i,j}^{(l)} + \frac{V_{ij}}{\Delta t} \left(\rho_o \phi \right)^n \left(\Delta S_w \right)_{i,j}^{(l)}$$

$$+ \sum_e T1_e^o \left(\frac{\partial K_{ro}}{\partial S_w} \right)_e^{n(l-1)} H \left(p_e^{n(l-1)} - p_{i,j}^{n(l-1)} \right) \left(\Delta S_w \right)_e^{(l)}$$

$$+ \sum_e T1_e^o \left(\frac{\partial K_{ro}}{\partial S_w} \right)_{i,j}^{n(l-1)} H \left(p_{i,j}^{n(l-1)} - p_e^{n(l-1)} \right) \left(\Delta S_w \right)_{i,j}^{(l)}$$

$$- \sum_{nw=1}^{nw\max} \sum_{np=1}^{N_{PF}} \left[\frac{2\pi K K_{ro} \Delta h \left(\Delta p_{i,j}^{(l)} - \Delta p_{wf,nw}^{(l)} \right) \big|_{(x_{mw},y_{mw}) \in \Omega(i,j)}}{\mu_o \ln \left(r_e / r_w - 0.75 + S \right)} \right] \qquad (9\text{-}14)$$

$$- \sum_{nw=1}^{nw\max} \sum_{np=1}^{N_{PF}} \left[\frac{2\pi K \Delta h \left(p_{i,j}^{n(l-1)} - p_{wf,nw}^{n(l-1)} - \rho_l g Z \right) \big|_{(x_{mw},y_{mw}) \in \Omega(i,j)}}{\mu_o \ln(r_e / r_w - 0.75 + S)} \right] \left(\frac{\partial K_{ro}}{\partial S_w} \right)_{i,j}^{n(l-1)} \left(\Delta S_w \right)_{i,j}^{(l)}$$

$$= - \sum_e T_e^o \left(p_e^{n(l-1)} - p_{i,j}^{n(l-1)} \right) + \sum_{nw=1}^{nw\max} \sum_{np=1}^{N_{PF}} \left[\frac{2\pi K K_{ro} \Delta h \left(p_{i,j}^{n(l-1)} - p_{wf,nw}^{n(l-1)} - \rho_l g Z \right) \big|_{(x_{mw},y_{mw}) \in \Omega(i,j)}}{\mu_o \ln \left(r_e / r_w - 0.75 + S \right)} \right]$$

$$+ \frac{V_{ij}}{\Delta t} \left(\rho_o \phi S_o \right)^n \left(c_p + c_o \right) \left(p_{i,j}^{n(l-1)} - p_{i,j}^n \right) - \frac{V_{ij}}{\Delta t} \left(\rho_o \phi \right)^n \left[\left(S_w \right)_{i,j}^{n(l-1)} - \left(S_w \right)_{i,j}^n \right]$$

油相离散化连续性方程（9-14）左端项是本点和邻点的压力增量和含水饱和度增量的线性表达式，右端项是根据已知参数和压力、饱和度场可以计算的已知项。每一个网格节点，都可以得到一个这样形式相同的多元线性代数方程。

同理，对水的连续性方程离散化，可以得到水相离散化连续性方程（9-15）。

$$\sum_e T_e^w \left[\Delta p_e^{(l)} - \left(\frac{\partial p_{cow,e}}{\partial S_w} \right) \left(\Delta S_w \right)_e^{(l)} - \Delta p_{i,j}^{(l)} + \left(\frac{\partial p_{cow}}{\partial S_w} \right)_{i,j} \left(\Delta S_w \right)_{i,j}^{(l)} \right] - \frac{V_{ij}}{\Delta t} \left(\rho_w \phi S_w \right)^n \left(c_p + c_w \right) \Delta p_{i,j}^{(l)}$$

$$+ \sum_e T1_e^w \left(\frac{\partial K_{rw}}{\partial S_w} \right)_e^{n(l-1)} H \left[p_e^{n(l-1)} - p_{cow,e}^{n(l-1)} - p_{i,j}^{n(l-1)} + \left(p_{cow}^{n(l-1)} \right)_{i,j} \right] \left(\Delta S_w \right)_e^{(l)}$$

$$+ \sum_e T1_e^w \left(\frac{\partial K_{rw}}{\partial S_w} \right)_{i,j}^{n(l-1)} H \left[p_{i,j}^{n(l-1)} - \left(p_{cow}^{n(l-1)} \right)_{i,j} - p_e^{n(l-1)} + p_{cow,e}^{n(l-1)} \right] \left(\Delta S_w \right)_{i,j}^{(l)} - \frac{V_{ij}}{\Delta t} \left(\rho_o \phi \right)^n \left(\Delta S_w^{(l)} \right)_{i,j}$$

$$- \sum_{nw=1}^{nw\max} \sum_{np=1}^{N_{PF}} \left[\frac{2\pi K K_{rw} \Delta h \left(\Delta p_{i,j}^{(l)} - \Delta p_{wf,nw}^{(l)} \right) \big|_{(x_{mw},y_{mw}) \in \Omega(i,j)}}{\mu_w \ln \left(r_e / r_w - 0.75 + S \right)} \right]$$

$$- \sum_{nw=1}^{nw\max} \sum_{np=1}^{N_{PF}} \frac{2\pi K \Delta h \left[p_{i,j}^{n(l-1)} - \left(p_{cow}^{n(l-1)} \right)_{i,j} - p_{wf,nw}^{n(l-1)} - \rho_l g Z \right] \big|_{(x_{mw},y_{mw}) \in \Omega(i,j)}}{\mu_w \ln \left(r_e / r_w - 0.75 + S \right)} \left(\frac{\partial K_{rw}}{\partial S_w} \right)_{i,j}^{n(l-1)} \left(\Delta S_w \right)_{i,j}^{(l)}$$

$$= - \sum_e T_e^w \left[p_e^{n(l-1)} - p_{cow,e}^{n(l-1)} - p_{i,j}^{n(l-1)} + \left(p_{cow}^{n(l-1)} \right)_{i,j} \right]$$

$$+ \sum_{nw=1}^{nw\max} \sum_{np=1}^{N_{PF}} \left[\frac{2\pi K K_{rw} \Delta h \left[p_{i,j}^{n(l-1)} - \left(p_{cow}^{n(l-1)} \right)_{i,j} - p_{wf,nw}^{n(l-1)} - \rho_l g Z \right] \big|_{(x_{mw},y_{mw}) \in \Omega(i,j)}}{\mu_w \ln \left(r_e / r_w - 0.75 + S \right)} \right]$$

$$+ \frac{V_{ij}}{\Delta t} \left(\rho_w \phi S_w \right)^n \left(c_p + c_w \right) \left[p_{i,j}^{n(l-1)} - \left(p_{cow}^{n(l-1)} \right)_{i,j} - p_{i,j}^n \right] + \frac{V_{ij}}{\Delta t} \left(\rho_o \phi \right)^n \left(S_w^{n(l-1)} - S_w^n \right)_{i,j}$$

$$(9\text{-}15)$$

式（9-14）和式（9-15）构成了油水两相离散化连续性方程组，每个节点都有两个离散化方程组成的方程组，本点和邻点都有两个未知变量：压力增量和含水饱和度增量。联立所有节点的方程组，就形成了一个大型稀疏线性代数方程组。至此，已经完成了油水两相渗流连续性方程离散化。对于油气水三相流体渗流的情形，油、水两相渗流离散化连续性方程组式（9-14）和式（9-15）仍然保持不变，只需再补充气相渗流离散化连续性方程即可。

本节前面在介绍多相流体渗流模型时总结过，除了多相流体渗流连续性方程外，决定油藏开发定解条件的还有外边界条件、内边界条件和初始条件。初始条件实际上已经直接体现在了离散化的连续性方程中了，即：式（9-14）和式（9-15）右端项中 $n=0$ 时的初始迭代中的压力、含水饱和度 $p_{i,j}^{n=0}$，$p_e^{n=0}$，$(S_w)_{i,j}^{n=0}$ 和 $(S_w)_e^{n=0}$。外边界条件，例如断层和封闭边界，通过修改断层两边网格的连通关系，融入了离散化连续性方程组中。至此，仅剩下内边界条件尚未发挥应用作用，而根据内边界条件式（9-6a）和式（9-6b），其从第 n 时步到第（$n+1$）时步的迭代公式可以写作：

$$\sum_{np=1}^{N_{PF}}\left\{\frac{2\pi\rho_o K\Delta h\left[K_{ro}\left(\Delta p_{np}^{(l)}-\Delta p_{wf}^{(l)}\right)+\left(p_{np}^{n(l-1)}-p_{wf}^{n(l-1)}-\rho_1 gZ\right)\frac{\partial K_o}{\partial S_w}\left(\Delta S_w\right)_{np}^{(l)}\right]}{\mu_o\left(\ln r_e/r_w+S-0.75\right)}\right\}\Bigg|_{nwp,np}$$ （9-16a）

$$=q_{o,nwp}-\sum_{np=1}^{N_{PF}}\left\{\frac{2\pi\rho_o K\Delta h\left[K_{ro}\left(p_{np}^{n(l-1)}-p_{wf}^{n(l-1)}-\rho_1 gZ\right)\right]}{\mu_o\left(\ln r_e/r_w+S-0.75\right)}\right\}\Bigg|_{nwp,np}$$

$$\sum_{np=1}^{N_{PF}}\left\{\frac{2\pi\rho_w K\Delta h\left[K_{rw}\left(\Delta p_{wf}^{n(l)}-\Delta p_{np}^{n(l)}\right)+\frac{\partial K_w}{\partial S_w}\left(p_{wf}^{n(l-1)}-p_{np}^{n(l-1)}-\rho_1 gZ\right)\left(\Delta S_w\right)_{np}^{(l)}\right]}{\mu_w\left(\ln r_e/r_w+S-0.75\right)}\right\}\Bigg|_{nwi,np}$$ （9-16b）

$$=q_{w,nwi}-\left\{\sum_{np=1}^{N_{PF}}\left[\frac{2\pi\rho_w KK_{rw}\Delta h\left(p_{wf}^{n(l-1)}-p_{np}^{n(l-1)}+\left(p_{cow}\right)_{i,j}^{n(l-1)}+\rho_1 gZ\right)}{\mu_w\left(\ln r_e/r_w+S-0.75\right)}\right]\right\}\Bigg|_{nwi,np}$$

一般水驱开发油田，油井含水率会随开发过程逐步升高。在方案设计指标预测时，油井见水或进入中高含水期之后，以单井产油量作为预测条件就会引起越来越大的偏差，此时，需要引入单井产液量作为内边界更为可靠。将式（9-16a）和式（9-16b）相加，即可以得到单井产液量作为内边界条件的关系式，具体关系式这里不再书写。

式（9-16a）和式（9-16b）有众多未知变量，包括井底流压、射孔段所在网格节点的压力和含水饱和度等，每一口井 1 个内边界条件方程面对这么多未知变量，显然自身无法给出答案，需要与离散化连续性方程组式（9-14）和式（9-15）联立求解，这样联立后的方程组维数与未知变量的个数是相同的，线性代数方程数组有唯一解。

三、多相流体渗流油藏数值模拟求解计算流程

总的来说，多相流体渗流数学模型求解过程十分复杂，对于网格节点较大的研究对

象，大型稀疏线性代数方程组需要迭代求解，渗流模型从 n 时步到（$n+1$）时步需要多次离散迭代求解，直至满足收敛条件。油藏数值模拟计算需要研制相应的软件，软件研制又是一项复杂而又繁重的工作，需要综合多方面的人才、知识和经验。多相流体渗流油藏数值模拟模型求解流程如图 9-16 所示。

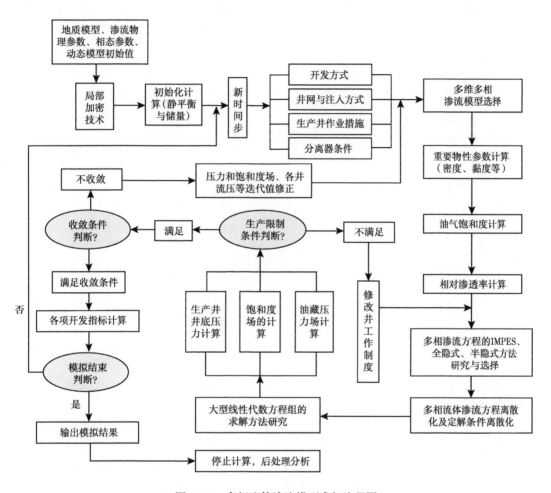

图 9-16　多相流体渗流模型求解流程图

四、大型稀疏方程组的求解方法

注水开发油藏两相渗流离散化式（9-14）、式（9-15）和开发井内边界条件式（9-16a）、式（9-16b）构成了大型稀疏线性代数方程组，人们习惯于将线性代数方程组的形式写成：

$$A\Delta \bar{X}^l = \bar{\gamma}^{n(l-1)} \tag{9-17a}$$

数学上，线性代数方程组一般简写为

$$\boldsymbol{AX=B} \tag{9-17b}$$

式（9-17a）中的 $\Delta \bar{X}^l$ 是涵盖了各节点压力、含水饱和度及井底流压在内的所有未知量，系数矩阵 A 则包含了井底流压在内的所有未知量的系数矩阵，$\bar{\gamma}^{n(l-1)}$ 则是从 n 时步到 $(n+1)$ 时步渗流方程第 $(l-1)$ 迭代步的残差。图 9-17 给出了数值模拟离散化方程及其矩阵结构的示意图。在规则排列的情况下，对于平面二维问题，矩阵 A 的非零元素主要分布在对角元子阵（隐式方法 2×2 子阵）、4 条带状非零子阵，以及油井射孔的网格在井底压力子矩阵中，代数方程的结构形式是式（9-17）的细化表达方式。

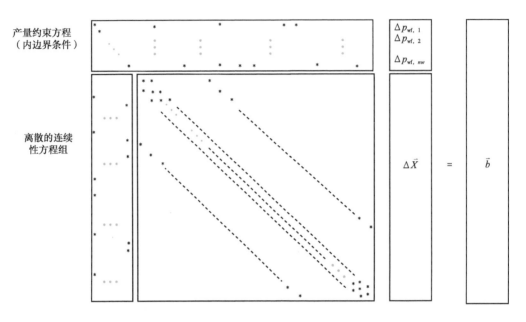

图 9-17　多层平面二维问题离散化方程组非零元素（子阵）结构示意图

线性代数方程组的求解方法可以分成两类——直接解法和迭代解法。直接解法实际上就是初等数学中的高斯消元法或 LU 分解算法，直接解法得到的解是精确的，不足之处是随方程组维数的增加计算速度成倍下降。迭代解法是一种近似解法，它首先要估计所求变量的初值，然后经过有限次迭代得到满足误差要求的近似解，即认为此解就是该代数方程组的解。迭代解法的种类有很多，主要有松弛迭代法和预处理共轭梯度迭代算法。目前，许多大型商用软件主要采用迭代算法，对于大型数值模拟计算问题，优先采用预处理共轭梯度迭代算法，以达到快速、精确的目的。下面简要介绍 ORTHOMIN 迭代和 GMRES 算法两种方法。

1.ORTHOMIN 迭代

在 20 世纪 70—80 年代，一种以共轭梯度方法为基础发展起来的预处理共轭梯度解法技术（ORTHOMIN 迭代）得到了有效的开发应用，求解步骤由不完全 LU 分解和 ORTHOMIN 迭代两部分组成。

1）不完全 LU 分解

根据充填阶数的不同要求，矩阵 A 可以分解成相应近似的 LDU 形式，此时的残差方程就可以近似写成：

$$LDU\delta X^n = r^{n-1} \qquad\qquad (9\text{-}18)$$

由于不完全 LU 分解的矩阵 **L**、**D**、**U** 是近似的，因此，方程组的解也是近似的，需要通过迭代得到精确解。不同的迭代方法计算速度存在很大差异，下面的 ORTHOMIN 迭代方法是一种计算速度比较快的方法。

2）ORTHOMIN 迭代

设在第 n 次迭代时，由不完全 LDU 求逆得到一个摄动向量 δX^n。根据前面的迭代还可以得到一组向量：δX^{n-1}、δX^{n-2}，$\cdots$，δX^1，假设这组向量能够构成一组正交向量，Aq^{n-1}，$Aq^{n-2}, \cdots, Aq^1$，利用新的向量 δX^n，就可以得到一个新的向量 q^n，使 Aq^n 对前面 Aq^k（$k=1$，2，$\cdots$，$n-1$）是正交的，且：

$$Aq^n = A\delta X^n = \sum a_i Aq^i \tag{9-19}$$

式中：a_i 是正交系数。根据正交性：

$$(Aq^n,\ Aq^i) = 0 \tag{9-20}$$

易得正交系数 a_i 的计算公式：

$$a_i = (A\delta X^n,\ Aq^i)\ /\ (Aq^i,\ Aq^i) \tag{9-21}$$

q^n 是第 n 次迭代的共轭方向，沿此方向能找到一最优步长 ω，使线性代数方程组的残差平方和 $\|r^{n-1} - \omega Aq^n\|^2$ 达到极小，于是：

$$\omega = (Aq^n,\ r^{n-1})\ /\ (Aq^n,\ Aq^n) \tag{9-22}$$

新的残差为 $r^n = r^{n-1} - \omega Aq^n$。

2.GMRES 迭代算法

1）GMRES 迭代算法

GMRES 算法是以 Galerkin 原理为基础的一种算法。对于式（9-17b），GMRES 算法的迭代过程如下 [12]。

（1）给定线性系统式（9-17b）解的初始猜值 δX_0，然后计算：

$$r_0 = B - AX_0 \tag{9-23}$$

$$r_1 = M_{\mathrm{L}}^{-1} B \tag{9-24}$$

$$v_1 = \frac{r_1}{\|r_1\|} \tag{9-25}$$

（2）令 $m=1$，2，$\cdots$，k，迭代：

$$w = M_{\mathrm{L}}^{-1} \cdot A \cdot M_{\mathrm{R}}^{-1} \cdot v_m \tag{9-26}$$

$$h_{l,m} = (w, v_l),\quad l = 1, 2, \cdots, m \tag{9-27}$$

$$\tilde{v}_{m+1} = w - \sum_{l=1}^{m} h_{l,m+1} v_l \tag{9-28}$$

$$h_{m+1,m} = \|\tilde{\boldsymbol{v}}_{m+1}\| \quad\quad (9-29)$$

$$\boldsymbol{v}_{m+1} = \frac{\tilde{\boldsymbol{v}}_{m+1}}{h_{m+1,m}} \quad\quad (9-30)$$

如果 $\min_y \|\beta \cdot \boldsymbol{e}_1 - \overline{\boldsymbol{H}}_m \boldsymbol{y}\| / \beta \leqslant \delta$，则结束迭代。

（3）求方程（9-17b）的近似解：

$$\boldsymbol{X}_k = \boldsymbol{M}_{\mathrm{R}}^{-1}(\boldsymbol{X}_0 + V_k \boldsymbol{y}_k) \quad\quad (9-31)$$

$\boldsymbol{y}_k$ 为以下函数的极小值：

$$J(\boldsymbol{y}) = \|\beta \boldsymbol{e}_1 - \overline{\boldsymbol{H}}_k \boldsymbol{y}\| \quad\quad (9-32)$$

GMRES 算法式（9-23）至式（9-32）中，$\boldsymbol{r}_0$、$\boldsymbol{r}_1$、$\boldsymbol{w}$ 和 $\boldsymbol{v}_m$（$m=1$，…，k）是 $4N$ 阶向量。$\|\cdot\|$ 为向量的 L-2 的模，$(\boldsymbol{v}_1, \boldsymbol{v}_2)$ 为向量的内积。式（9-31）中 V_k 是由列向量 $\boldsymbol{v}_m$（$m=1,2,\cdots,k$）构成的 $k \times 4N$ 阶矩阵。在式（9-32）中，$\boldsymbol{e}_1$ 为 $(k+1) \times (k+1)$ 单位矩阵的第一列，即 [1，0，0，…，0，0]^{T}；$\overline{\boldsymbol{H}}_k$ 为一个上 Hessenberg 矩阵加一行向量，此行向量唯一的非零元素为 $h_{k+1,k}$，位于 $(k+1, k)$；$\boldsymbol{y}$ 为 k 阶向量；β 为初始残差的 L-2 模且 $\beta \equiv \|\boldsymbol{r}_0\|$。$\boldsymbol{M}_{\mathrm{L}}$ 和 $\boldsymbol{M}_{\mathrm{R}}$ 分别为左、右预处理矩阵，后面将详细介绍预处理矩阵及具体的求解方法。

注意到在第二步的迭代过程中就需要求解函数 $J(\boldsymbol{y})$ 的极小值来判定是否结束迭代，所以在实际应用中并不等于迭代完成后再求解函数 $J(\boldsymbol{y})$ 的极小值，而是在迭代的过程中求解。在实际应用中，式（9-17b）解向量的初始猜值可以取为 0 向量。

2）预处理

对形如式（9-17b）的系统，如果左右端系数矩阵条件数较大，方程组是病态的，则 GMRES 算法将没有高速收敛的特性。要有高效率，必须对方程组采用适当的预处理方法。预处理是为了改善方程组系数矩阵的条件数，使预处理后的系数矩阵的特征值更接近于 1。

如果采用左预处理，设预处理矩阵为 $\boldsymbol{M}_{\mathrm{L}}$，在式（9-17b）系统的左右两端分别乘以预处理矩阵的逆矩阵 $\boldsymbol{M}_{\mathrm{L}}^{-1}$，成为：

$$\boldsymbol{M}_{\mathrm{L}}^{-1}\boldsymbol{A}\boldsymbol{X} = \boldsymbol{M}_{\mathrm{L}}^{-1}\boldsymbol{B} \Leftrightarrow \tilde{\boldsymbol{A}}\boldsymbol{X} = \tilde{\boldsymbol{B}} \quad\quad (9-33)$$

求解式（9-17b）系统现在改为求解左预处理后的式（9-33）系统。这里，GMRES 计算过程式（9-23）至式（9-31）中的左预处理矩阵 $\boldsymbol{M}_{\mathrm{R}}$ 相应地取为单位矩阵。

如果采用右预处理，设预处理矩阵为 $\boldsymbol{M}_{\mathrm{R}}$，可以将式（9-17b）系统改写为：

$$(\boldsymbol{A}\boldsymbol{M}_{\mathrm{R}}^{-1})(\boldsymbol{M}_{\mathrm{R}}\boldsymbol{X}) = \boldsymbol{B} \Leftrightarrow \tilde{\boldsymbol{A}}\tilde{\boldsymbol{X}} = \boldsymbol{B} \qu\quad (9-34)$$

求解式（9-17b）系统现在改为求解右预处理后的系统（9-34）。这里，GMRES 计算过程式（9-23）至式（9-31）中的左预处理矩阵 $\boldsymbol{M}_{\mathrm{L}}$ 相应地取为单位矩阵。

最简单的预处理矩阵是单位矩阵，它对式（9-17b）系统没有任何作用。最复杂的预处理矩阵是 A，这里采用左预处理后的式（9-33）系统的右端向量即为解向量，而采用右预处理后的式（9-34）系统与式（9-17b）系统相同，所以没有实际意义。可以用的预处理矩阵介于单位矩阵和系数矩阵 A 之间。在实际应用中，M^1 并不直接求解。这是因为即使预处理矩阵 M 是稀疏矩阵，它的逆一般也不是稀疏矩阵，这就需要很大的存储空间；另外，如果 M 是病态的，则在计算它的逆时会引入很大的误差。实际上，M^1 和一个向量 l 的乘积与求解如下方程组：

$$M\tilde{l} = l \qquad\qquad (9\text{-}35)$$

是等价的。由此可见，对于 GMRES 计算过程中预处理矩阵参与计算的步骤，都可以将问题转化为形如式（9-35）的方程组进行求解。如果预处理矩阵 M 对改善式（9-15）系统的性态有较大作用，并且方程组（9-35）的可解性较好，则此预处理就有可能使用在 GMRES 算法中，大大提高 GMRES 算法的效率。

左预处理与右预处理在本质上是相同的，但在配合 GMRES 算法的实际应用中却有一些差别。对于式（9-26），如果采用左预处理，则先计算矩阵—向量的乘积，然后再计算式中左端的向量。在用式（9-33）计算矩阵—向量乘积之前，需要用式（9-34）求出小扰动量 ε 的大小，其中又需要向量 v_m 中元素的均方根值。因为在式（9-26）之前向量 v_m 已被归一化，所以，其均方根值实际上为 $\bar{v}_m = 1/\sqrt{4\times N}$，其中 N 为控制单元的个数。这样就避免了实际求解向量 v_m 的均方根。而对于右预处理，因为首先要采用式（9-35）计算 $M_R^{-1}\cdot v_m$，然后在计算矩阵—向量乘积时向量不再是归一化的，必须实际求解向量的均方根。对于每个时间步上的迭代过程，右预处理比左预处理增加了 k 次向量归一化的计算量，k 为迭代次数。在数值实验中，也证实了因为这个原因右预处理比左预处理在收敛速度上要稍慢一些。这里只对左、右预处理的判别进行概括性的分析，不再详细讨论。在下面的分析中，都采用了左预处理。

（1）LUSGS 预处理。

将矩阵分解为 $\tilde{M} = L + D + U$，其中 L 为不包含主对角元素的下三角阵；D 为对角阵；U 为不包含主对角元素的上三角阵。然后对矩行进行如下因子化：

$$M = (L + D)D^{-1}(D + U) \qquad\qquad (9\text{-}36)$$

将它作为预处理矩阵，则方程组（9-35）的求解可由两步完成：

$$(L + D)\tilde{l}^* = l \qquad\qquad (9\text{-}37)$$

$$(D + U)\cdot\hat{l} = D\cdot\tilde{l}^* \qquad\qquad (9\text{-}38)$$

因为 $(L+D)$ 和 $(D+U)$ 分别为包含三条对角线的下三角阵和上三角阵，如果对应到计算域的控制单元上，则式（9-37）和式（9-38）可以分别按 (i, j) 增大和减小的方向推进求解，与 Jameson 提出的 LUSGS 方法的求解过程相同。

（2）ILU 预处理。

ILU（Incomplete Lower-Upper Decompsition）称为未完全 LU 分解，在对矩阵 $\tilde{M}$ 做不完全分解后，不会在矩阵中增加新的非零元素，这也被称为所谓的 ILU（0）方法。具体方法是将简化的左端系数矩阵 $\tilde{M}$ 分解为：

$$\tilde{M} = M + R \tag{9-39}$$

其中 M 为 $\tilde{M}$ 的不完全 Crout 分解，$M=LD^{-1}U$，L 为主对角元素不为零的下三角阵；D 为对角阵；U 为主对角元素不为零的上三角阵；R 为分解误差。矩阵 L、D 及 U 满足以下条件：

①矩阵 L 与矩阵 U 的主对角元素都等于 D 的相应元素；

② L 和 U 的非主对角元素等于对应的 $\tilde{M}$ 中的元素；

③ diag（$LD^{-1}U$）=diag（A）。

将矩阵 $M=LD^{-1}U$ 作为预处理矩阵，同样可以采用如式（9-37）和式（9-38）的两步方法来求解方程组（9-35）。

第五节　目标函数讨论

就系统科学而言，就是系统的组织管理、系统设计、系统的操作使用。应用系统科学的方法解决工程问题，需要有目标，需要明确控制对象和控制手段，建立系统优化模型。

系统科学追求的目标，通常用目标函数来描述。认识目标函数必须从控制量及优化变量开始，同时，控制量及优化变量（以下统称控制量）不是随意的，而是要受客观条件的约束，所以还需要重视控制量的约束关系式。控制量是掌握在人们手中，作为支配开发过程运行的手段。控制量与开发效果、经济效果、国家政策要求相关。控制量的选用，首先必须符合地质情况的要求。在"油田注水开发方案设计"中所使用的控制量有注水方式、注采井距、注水井井底压力、生产井井底压力、开发层系组合成员的选配等。

一、关于目标函数的讨论

目标函数的构成需要汇总多方面的要求，通常用一个实值函数表述。目标函数需要包含描述问题所要追求的目标，并能够定量地表征方案的优劣程度。目标函数的拟定通常依据开发方针、经济效益和开发效果，在客观环境的支撑条件下进行，例如经济收益（净现值）最大或采收率最高，成本最低等。虽然大家在这些基本观点上是一致的，但构建目标时所侧重的角度又有所不同。国外使用的目标函数常常侧重于依据当时的经济收益来拟定，可谓"单一追求的目标函数"。而我国更重于反映内部机制，使用的目标函数侧重于资源的利用。从数学角度看，还要考量优化（最大化或极小化）目标函数的可解性。掌握这些基础数学知识也是必须的。但是到了实际应用中，由于油田开发问题的复杂性以及影响因素的多元性，那种纯粹的单插值点的问题并不多见，与此相反，问题的方方面面互相牵制的情况反而很多。另外从办成、办好事情角度去看，好方案来自工程措施与地质（力学）环境相契合，由"合作共赢"的角度来看，一个触及内部机制、多方面相互适应、配合得当的理念，通常更为恰当。因此，有学者用"和谐程度"来评价"油田注水开发方案"

的建议，早在《剩余油分布和运动特点及挖潜措施间的最佳协同》[4]中就已经提出。此外，在1991年《油田开发总体设计最优控制法》[7]中初步建立了这种类型的目标函数，并获得了成功应用。本书在此基础上，进一步完善了"和谐程度"作为目标泛函，并配套表达出了来自"物理""事理""人理"多方面机制性的约束条件。

Chunhong等[8]在《在闭环油藏管理中的生产优化》中谈到，以净现值（NPV）为目标函数的生产优化问题，需要将各井支配生产的控制量进行调整，以求达到净现值目标泛函数极大化。Brouwer和Janson[9]，以及Sarma等[10-11]也定义了目标函数，遵从以上目标函数，笔者将注采井网不变条件下的开发过程效益最大化的目标函数表述如下：

$$\underset{U}{\text{Max}} J(U) = \sum_{n=1}^{NT} \left\{ \sum_{nw=1}^{N_{wp}} \left[\frac{(P_o - F_{CO})Q_{o,nw}^{(n)} - F_{CWP}Q_{wp,nw}^{(n)}}{(1+r)^n} \right] - \sum_{l=1}^{N_{wi}} \frac{F_{WI}Q_{WI,l}^{(n)}}{(1+r)^n} \right\} \Delta t(n) \quad （9-40）$$

式中：NT为离散时间步数的总和，根据需要可以月或者年为时间步；N_{wp}和N_{wi}分别为油井数和注水井的井数；P_o为油价；F_{CO}，F_{CWP}和F_{WI}分别为产油、采出水处理和注水的单位成本，具体内容下面还要介绍；Q_o，Q_{wp}和Q_{WI}分别为油井单位时间的产油量、产水量和注水井的注水量；r为年贴现率；$\Delta t(n)$为第n个时间步的时长。所有参数的单位在应用和计算中统一规定。如果要考虑采出气的收入，可以在式（9-40）中添加这一项内容即可，为了书写简化，这里就略去了。

目标函数式（9-40）没有考虑钻井费用和地面基础设施建设的投资等，所表达的构成与含义是显而易见的，其中：右端项中，$P_oQ_{o,nw}^{(n)}$是第n时间步产出原油的收入项，其他几项分别表示第n时间步产油、采出水处理和注水的生产费用。

目标函数式（9-40）是开发井网已经确定情况下的生产效益最大化问题，其中U是控制变量组成的向量，由油井的产油量$Q_{o,nw}$、产水量$Q_{wp,nw}$和注水量$Q_{WI,l}$等参数构成。这类目标函数结合多相流体渗流方程组及相关约束条件，就构成系统的最优控制问题。

需要指出的是，产油量、产水量及注水量是动态的，人们可以通过分析监测等找出有效的途径，通过控制（人为干预）达到最佳开发效果。而井网、井数等参数是静态的，即：一旦确定，相当长时间内与时间无关。对于这类问题，属于另一类最优化问题，数学上也称非线性规划问题，在实际方案设计时，通常通过不同方案比选和开发指标优化确定。

二、关于目标函数与控制量的关系

控制量与生产指标之间关系密切，上一章还介绍了控制量与注水开发效果的因果关系。此外，经过长期的基础性分专题研究，油田开发地质及油藏工程研究方面不断取得进步，注水开发过程中一系列相关决策科学支撑技术已经完整形成，包括：（1）依据总体上适应各单油层（由油砂体组合而成）的平面延伸程度不同，得到了选择注水方式和注采井距及其相互适应的规律性定量关系式；（2）在平面上延伸良好的油层，得到了注水方式和注采井距相互配合的指导原则；（3）获得了多种"功能性自组织性的新观察"，例如单油层纵向岩性非均质自组织规则和其相对应的见水后油层纵向油水分布、演化、滞留油段存在与否、见水段分级与组合规则等；（4）得到了对水驱油非活塞性新见解，区分了见水部位驱油段和注入水浸润段两种不同的力学特性，使得基础性认识更明晰、确定。

以上认识也可以通过本章介绍的油藏数值模拟方法加以研究，得出类似的结果。下面将对"控制量"与油田开发设计基本建设内容的关系做出论述。

1. 控制量与井网

最主要的考虑是在钻井、完井及井网完善方面。若开发层系总含油面积为 $\Omega \times 10^6 \text{m}^2$，基于完善井网的要求，喇萨杏这样的大型整装油田选择适宜的均匀注采井网是与油藏地质沉积及储层非均质性特征相适应的。合理控制量的选用，归根结底是在复杂适应规律中产生出来。其中适应规律中的等式约束包括以下关系式。

合理井网选择与井数关系式：

$$N_o(\varepsilon,d) = \Omega / \left\{ \left[\psi(\varepsilon)d^2 \right] \phi(\varepsilon) \right\} \tag{9-41}$$

$$N_w(\varepsilon,d) = \Omega / \left\{ \left[\psi(\varepsilon)d^2 \right] \phi(\varepsilon) \right\} \tag{9-42}$$

采注井数比：

$$\varepsilon = N_o(\varepsilon,d) / N_w(\varepsilon,d) \tag{9-43}$$

水驱控制程度与井网关系

$$K_r(\varepsilon,d,C_0) = 1 - \sqrt{\varepsilon}\,\text{EXP}\left\{ -0.635C_0 / \left[\psi(\varepsilon)d^2 \right] \right\} \tag{9-44}$$

此外，状态方程式、输出生产指标、输出指标的环境校正系数的选用等都是约束等式中的组成成员，与井网有关的参数选择详见表 8-1。

2. 钻井与地面基本建设投资

钻井投资（开发层系）与开发井井数有关，还与钻井成本有关。钻井成本与油藏深度有关，越深的油藏每米进尺的钻井成本越高，此外，固井、下套管 / 油管等费用也与深度正相关。对于一个地区指定的油藏，单井的平均钻井投资是一定的，设为 I_{DW}，则完钻设计的开发井网所需投资为：

$$I_{drill} = I_{DW}\left[N_o(\varepsilon,d) + N_w(\varepsilon,d) \right] \tag{9-45}$$

与生产规模配套的地面基本建设和扩建、增建花费，国内的经济评价一般将其与钻井投资的比值做估算。假设地面基本建设花费上钻井花费比例为 R_{SD}，则满足投产初期生产规模建设要求的地面建设投资和油田开发总投资分别为：

$$I_{sur} = I_{drill}R_{SD} \tag{9-46}$$

$$I_{total} = I_{drill}(1+R_{SD}) = I_{DW}\left[N_o(\varepsilon,d) + N_w(\varepsilon,d) \right](1+R_{SD}) \tag{9-47}$$

3. 油田开发生产操作费用

完成井网和地面建设之后，在油田开发（生产）过程中维持产量所开展的油水井措施、测试分析化验、工作制度优化等工作，以及人员工资奖金、税收等费用，统称为油田开发生产操作费用。这部分费用可以细分为两个部分：第一部分与开发井数有关，表示每口井

每年的维护费用 F_{CW}，第二部分劈分到原油产量和注水量上，即平均每采出 1t 原油和处理 $1m^3$ 采出水所要花费的成本分别为 F_{CO} 和 F_{CWP}，每注入 $1m^3$ 水需要的花费为 F_{WI}，包括水源费用、注水动力费用等。概括起来，对于注水开发油田，油田开发生产操作费用可以简写为：

$$F_{cost} = F_{CW}\left[N_o(\varepsilon,d) + N_w(\varepsilon,d) \right] + F_{CO}Q_o + F_{CWP}Q_{WP} + F_{WI}Q_{WI} \tag{9-48}$$

由式（9-45）至式（9-48）可知，油田开发的总投资和总费用与开发井井数有关，与井网或注采井数比有关，还与产油量、产水量及注水量有关。

三、控制论中其他不等式约束

在本章节所研究的问题中，方程中含有诸多不等式约束式，例如注水井井底压力 $p_{wf,inj}$ 要控制在地层破裂压力以下，生产井井底压力 p_{wf} 要控制在与采油方式相适应的最小井底压力值上，油层压力则应限制在油层饱和压力之上，等等。这些约束条件，可以用数学不等式表述，例如生产井井底压力约束不等式可以写作：

$$p_{wf}{}^n \geqslant p_{wf,min} \tag{9-49}$$

注水井井底流压约束不等式：

$$p_{wf,inj}{}^n \leqslant p_{frac} \tag{9-50}$$

地层压力限制条件：

$$p_{i,j}{}^n \geqslant p_b \tag{9-51}$$

以上不等式约束在最优控制问题的求解过程中，必须始终得到满足。事实上，油藏数值模拟技术已在具体油藏开发（调整）及措施优化研究中发挥着越来越广泛的作用，上述约束条件即使在油藏模拟这一单一技术的应用研究中也是必不可少的。

四、油田开发过程最优控制问题和开发设计最优化问题讨论

本章第四节介绍了多相流体渗流数学模型。对于大多数注水开发的油水两相渗流问题，得到了油水两相渗流离散化的连续性方程式（9-14）、式（9-15）和内边界条件式（9-16），这些方程是最优控制问题的状态方程或约束条件。

以式（9-40）作为目标函数，式（9-14）、式（9-15）和内边界条件式（9-16）作为状态方程，其他关系式式（9-49）至式（9-51）作为约束条件，构成了油田开发过程的最优控制模型。理论上，通过求解最优控制，并对油田开发过程实时干预控制，能够实现油田开发的最佳效果。

油田开发方案设计涉及内容很多，最重要的是开发层系划分、开发方式与井网井型优化、地层压力维持水平、开发工艺技术适应性等。这类工程问题由于层系、井网、井数等参数是静态的，即：一旦确定，相当长时间内与时间无关，在数学上可以归结为非线性规划问题，因此，在实际方案设计时，通常需要通过不同方案比选和开发指标优化

确定。

以"净现值最大"为追求目标的目标函数，有它的许多合理性。笔者面临的"油田注水开发方案设计课题"，也已经在开发层系划分与组合篇幅内论述。实际工作中选用最便于认识的部分，优先设计和投产，并从它们的钻井完成后取得的新资料作为依据，兼顾其他油层进一步做好方案优化设计。方案设计阶段的认识，只能是整体性的认识，不应超出油田开发阶段的认识局限性而提出不切实际的要求。因为认识程度分阶段进行，开发措施也必须分阶段施加，还必须遵从整体性措施与整体特性认识相适应的原则，这与"分井分管理"的任务不同。

开发方案设计阶段，考虑目标函数的着眼点在于追求开发效益或采收率最大化，或者成本最小化，这就需要多方面互相配合得当，对地质构造特征、储层物性、水驱油渗流规律等表征要达到较高认识水准。开发方案设计最优化和开发过程最优控制问题，既要求产油量高，又要求稳产时间长、经济效果好，但其中最核心的目标是多方面互相配合得当，即：开发措施与油层特性相匹配，油层的驱油特性要与措施选择相符合；开发过程中演变情况与所施加的工艺技术支撑得力，提高适应程度（也就是和谐程度），可更好满足多方面的目标追求。

本章小结

围绕着油田注水开发方案设计，本章论述了其中有关"物理""事理"和支撑技术问题。

（1）依据油田沉积环境和沉积砂体非均质自组织结构特征及其开发功能特征，提出了注水开发油田开发层系划分与组合的基本原则。

（2）通过地下流体运动方程的差分化及合理处理，建立了三维三相流体渗流模型，并结合水驱油特点、油水两相渗流方程及其内边界条件的离散化形式和求解方法。

（3）讨论了系统科学的最优化问题，建立了水驱开发过程中的最优控制模型，明确了控制变量，以及其他约束条件，为改善水驱开发建立了数学形式的理论基础。

（4）油田开发方案设计涉及内容很多，最重要的是开发层系划分、开发方式与井网井型优化、地层压力维持水平、开发工艺技术适应性等，这类工程问题在数学上可以归结为非线性规划问题，在实际方案设计时，通常需要通过不同方案比选和开发指标优化确定。

（5）目标函数（9-42）是开发井网已经确定情况下的生产效益最大化问题，这类目标函数结合多相流体渗流方程组及相关约束条件，构成系统的最优控制问题。人们可以通过求解最优控制模型，结合分析监测资料等工作，找出有效的途径，在油田开发过程中进行实时控制或人为干预，以达到油田开发的最佳效果。

参 考 文 献

[1] 克雷洛夫. 油田开发科学原理［M］. 北京石油学院采油教研室译. 北京：石油工业出版社, 1958.

[2] 王乃举. 中国油藏开发模式（总论）［M］. 北京：石油工业出版社, 1999.

[3] 许国志, 顾基发, 车宏安, 等. 系统科学［M］. 上海：上海科技工业出版社, 2000.

[4] 韩大匡. 油藏数值模拟基础［M］. 北京：石油工业出版社, 1993.

[5] 皮斯曼. 油藏数值模拟基础［M］. 孙长明, 刘青年译. 北京：石油工业出版社, 1982.

［6］陈月明.油藏数值模拟基础［M］.东营：石油大学出版社，1989.

［7］齐与峰，李力.油田开发总体设计最优控制法［J］.石油学报，1987，8（1）.

［8］Chunhong W，Gaoming Li，Albent C. R.，Production Optimization in Closed-loop Reservoir Management，SPE109805，SPE Annual Technical Conference and Exhidition，11-14 November 2007.

［9］Brouwer D. R. and Janson J. D.，Dynamic Optimization of Water Flooding with Smart Wells，Using Optimal Control Theory. 2004 SPEJ 9（4），391-402. SPE78278-PA.

［10］Sarma P.，Aziz K. and Durlofsky L. J.，Implementation of Adjoint Solution for Optimal Control of Smart Wells，SPE92864，Presented at the SPE Reservoir Simulation Symposium，The Woodlands，Texas，USA，31 January-2 February，2005.

［11］Sarma P. et al，Production Optimization with Adjoint Models under Nonlinear Control-State Path Inequality Constraints》，SPEREE11（2）：SPE9599950.

第十章 开发（调整）方案设计系统模型

砂岩油田注水开发方案设计工作中所依托的科学原理：基于物理基础和做好设计的行动事理基础，前面已经做了较详细的讨论，获取了很多知识。本章任务之一是把各个方面、各个环节上的知识，包括定性知识、半定量及全定量知识，有机地组织起来，探索方案设计功能系统模型。任务之二是寻找模型的求解方法，得到既能满足开发方针要求，又能减少花费、增加收入，并能追求得到更高水驱采收率等开发指标的设计方案。

苏联克雷洛夫曾于 1958 年出版专著《油田开发科学原理》[1]，属"整体论"。虽然运筹学和最优控制理论等学科日臻完善，至今，从"系统论"角度，油田开发科学原理的理论进展还比较有限。究其原因，是因为油田开发设计是一个集地质研究、油藏工程、采油工艺、钻井完井工程、地面工程和经济评价于一体的多学科综合性课题，各专业学科的理论技术在不断更新发展，将它们在数学上整合为一体化模型，系统十分庞大而复杂，也难以适应不同开发阶段遇到的各类复杂的开发问题。

尽管如此，系统论的方法在油田开发进程中还是深入人心，并在一些技术领域取得了长足进步，例如地质建模和油藏模拟一体化研究和软件研制方面，已取得长足进步。专业学科的理论技术日臻完善，已经为注水开发油田不同阶段改善水驱开发效果的方案设计和措施优化的系列优化模型的建立奠定了深厚的理论基础。前两章已经准备了相关知识，其中：有一部分属于用语言描述的规则性知识（定性知识），例如在合理划分与组合开发层系中，大量应用了依据地质条件和油气水运动的规则特性而提出的行为准则，为完成该项任务起到了关键性作用；还有一些属于用不等式表述的半定性半定量知识；但更多一部分则是包括油气水连续性方程在内用数学等式描述的知识。上述内容，对针对不同阶段面临的开发问题建立包括开发方案设计模型在内的优化模型来说，都是十分重要的。

本章将在前面介绍的内容的基础上，进一步进行继承综合工作，探讨油田开发的定产稳产模型、层系井网开发调整模型、生产过程水驱最优控制模型、措施优化模型及其求解方法等，试图以最低的投入，更有效地提高水驱采收率，获取更高的开发经济效益。

第一节 油田开发规划模型

油田产量预报是科学管理油田和制定经济计划的依据。20 世纪 70—80 年代，由于计算机容量与速度普遍处于较低水平，因此一般采用第三章介绍的自校正递阶预报方法及最优规划模型（应用最优控制理论的观点和方法），求得最经济的规划方案。以赵永胜和李泽农等为代表的《大庆油田注水开发规划经济数学模型研究》[2]，《油田开发规划优选模型研究》[3]，理论研究与应用都较为成功。齐与峰等多位学者在 20 世纪 80 年代和 90 年代，以《注水开发油田稳定规划自适应模型》[4] 为方向攻关多年，取得了一定进展。国外，有关油藏管理课题

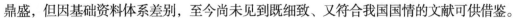

鼎盛，但因基础资料体系差别，至今尚未见到既细致、又符合我国国情的文献可供借鉴。

注水开发油田的实践证明，影响油田或油井产量变化的因素是多方面的，除了复杂的地质因素之外，还有流体性质及开发条件的影响。而现有的一些预测方法，例如概算法、数值模拟法和经验方法等，都是从注水开发油田的基本理论出发，对地质因素做了高度的抽象和简化，因此不能把影响产量变化的因素全部考虑进去，特别是对油田动态这样一个时变参数系统，更无法用固定参数的数学模型来描述。因而，无论是模拟开发历史还是预测未来状态，都会产生较大的误差。

一、油田最优规划模型

如果不采取任何增产措施，油田的产油量会自然递降，产水量会逐年递增。为保证原油产量在近期内稳定在一定的水平上，必须采取各种增产措施。油田规划的目的，就是在产油量和产水量的限制条件下，逐年确定今后几年的稳产措施工作量。

油田动态规划模型的建立以 $Q_o(k)$ 和 $Q_w(k)$ 为基础的，两者分别表示油田在第 k 月度（或季度）的产油量和产水量，称二维向量 $Q(k)=[Q_o(k),Q_w(k)]$ 为油田的状态向量，它是油田开发情况变化的主要特征。设 $u(k)$ 表示对油田采取的将在第（k+1）时步发生作用的各种增产措施井次组成的向量，它的维数是 M，M 随采用的增产措施的内容多少而有所不同。20 世纪 80 年代，油井经常用的增产措施主要包括七类：投产新井，压裂、堵水、放大油嘴、加密井、射孔补层、由喷转抽和换大泵等，而水井措施主要考虑四类，分别为调整吸水剖面（分层配注）作业量、注水量、加密注水井和注水井补层等，设 $u_i(k)$ 分别表述上述五项措施的措施量（井次），则向量 $u(k)$ 可以写成：

$$u(k)=\left[u_1(k),u_2(k),\cdots\cdots,u_{N_{CS}}(k)\right]^{\mathrm{T}}$$

N_{CS} 为考虑的措施类型的总数量。措施向量是时间的函数。分析油田的产量构成得知，第（k+1）年的状态（产油和产水）与第 k 年的状态有关，还和采取的措施井数有关，根据第三章介绍的内容，可以建立如下油田产量变化的状态方程：

$$Q(k+1)=A(k)Q(k)+B(k)u(k)$$

其中，$A(k)$ 称为状态转移阵，$A(k)=\begin{bmatrix} A_1(k) & 0 \\ 0 & A_2(k) \end{bmatrix}$ 是一个 2×2 的方阵，$A_1(k)$ 表示油田产油量的年递减余率，$A_2(k)$ 代表了油田产水量的递增系数。对于注水开发油田，根据注采平衡的要求，每一时步的注水量都可以根据产油量和产水量显式求得。

$B(k)$ 称为控制作用矩阵，可以写为：

$$B(k)=\begin{bmatrix} B_{11}(k) & B_{12}(k) & B_{13}(k) & B_{14}(k) & B_{15}(k) \\ B_{21}(k) & B_{22}(k) & B_{23}(k) & B_{24}(k) & B_{25}(k) \end{bmatrix}$$

$B(k)$ 为 2×5 的矩阵，其中第一行各元素分别代表五种增产措施井次增产的油量；第二行代表五种增产措施单井次增产的水量。

如果考虑注水井措施和注水量，则不难看出，状态方程的物理意义为：油田上第（k+1）年的产量（包括产油量和产水量）等于第 k 年的产量递减（或递增）后与措施增产量之和。依据油田产量的变化趋势和国家对原油产量的要求，可以提出希望的状态变化轨迹，如果年产油量不低于某一水平，记为 $\boldsymbol{Q}_{\mathrm{o}}^{\mathrm{obj}}$。

要求制定一个使油田状态向量尽可能按上述希望规律变化，并且要使经济效益尽可能好或投资成本尽可能少的油田开发规划，这样的问题可以采用最优控制理论通过建模和模型求解的方法来解决。在数学上可以建立以下井数和措施规划的优化模型。

（1）目标函数：

$$\underset{U}{\mathrm{Max}}\, J\left(\boldsymbol{Q},\boldsymbol{U}\right) = -\alpha\sum_{k=1}^{k_{\mathrm{f}}}\left[\boldsymbol{Q}_{\mathrm{o}}\left(k\right)-\boldsymbol{Q}_{\mathrm{o}}^{\mathrm{obj}}\right]^2 + \beta\sum_{k=1}^{k_{\mathrm{f}}}\left\{\left[\frac{\left(P_{\mathrm{o}}-F_{\mathrm{CO}}\right)\boldsymbol{Q}_{\mathrm{o}}^{(k)}-F_{\mathrm{CWP}}\boldsymbol{Q}_{\mathrm{wp}}^{(k)}}{\left(1+r\right)^n}-\sum_{l=1}^{N_{\mathrm{wi}}}\frac{F_{\mathrm{wI}}\boldsymbol{Q}_{\mathrm{WI},l}^{(n)}}{\left(1+r\right)^n}\right]\right\}$$
$$-\beta\sum_{k=1}^{k_{\mathrm{f}}}\frac{\left(\boldsymbol{I}_{\mathrm{C,Well}}\right)^{\mathrm{T}}\boldsymbol{U}\left(k\right)}{\left(1+r\right)^n}$$

（10-1）

式中：P_{o} 为油价；F_{CO}，F_{CWP}，F_{WI} 分别为原油处理成本、采出水处理成本和注水费用；$\boldsymbol{I}_{\mathrm{C,Well}}$ 为各类单井次措施费用组成的列向量，其元素与措施向量 $\boldsymbol{u}\left(k\right)$ 的元素一一对应；$\boldsymbol{Q}_{\mathrm{o}}^{k+1}$，$\boldsymbol{Q}_{\mathrm{wp}}^{k+1}$ 和 $\boldsymbol{Q}_{\mathrm{WI}}^{k+1}$ 是 $\boldsymbol{Q}_{\mathrm{o}}^{k}$，$\boldsymbol{Q}_{\mathrm{wp}}^{k}$，$\boldsymbol{Q}_{\mathrm{WI}}^{k}$ 和控制向量 $\boldsymbol{U}\left(k\right)$ 的函数；α 和 β 是两个权系数。

（2）油水产量递阶预报方程组成的约束方程：

$$\boldsymbol{Q}\left(k+1\right) = \boldsymbol{A}\left(k\right)\boldsymbol{Q}\left(k\right)+\boldsymbol{B}\left(k\right)\boldsymbol{U}\left(k\right)$$

（10-2）

（3）生产约束条件。

油水井的各类措施应该与现有设施和技术条件相适应，例如：每年的油井压裂井次、钻新井井数等的上限是可以确定的。设每一类措施不同时间段最大允许措施量为 $u_{i,\max}\left(k\right)$，这样，措施约束条件可以写作：

$$u_i\left(k\right) \leqslant u_{i,\max}\left(k\right),\quad i=1,2,\cdots,N_{\mathrm{CS}}$$

（10-3）

式（10-1）至式（10-3）构成了油田注水开发最优规划的数学模型，它不仅体现了生产过程中产油量、产水量和注水量与措施量的关系和应该遵循的统计规律，而且，还体现了外界因素通过对油气藏系统施加作用，促使系统内原油生产按照这种固有的规律发生变化，使之更有利于实现产量目标，并提高总体开发经济效益。这种外界因素的最优动态变化过程就是下面所要求解的最优控制。

二、油田注水开发规划最优控制必要条件及其求解方法

离散化最优控制原理是解决分布参数最优控制问题的有效方法。根据这一原理，首先将目标函数离散化，并用函数 $\underset{U}{\mathrm{Max}}\, J\left(\boldsymbol{Q}^{k+1},\boldsymbol{U}^{k+1}\right)$ 来表示。油水产量递阶预报方程本身就是离散化方程，可用向量函数 $\boldsymbol{F}^k$ 表示，即：

$$\boldsymbol{F}^k = \boldsymbol{Q}\left(k+1\right)-\boldsymbol{A}\left(k\right)\boldsymbol{Q}\left(k\right)-\boldsymbol{B}\left(k\right)\boldsymbol{U}\left(k\right)$$

再引入相应的拉格朗日乘子将约束方程纳入目标函数式中，构成以下增广函数 J_{A}：

$$J_{\mathrm{A}} = \sum_{k=0}^{k_{\mathrm{f}}-1}\psi^k$$

（10-4）

其中：$\psi^k = J\left(\boldsymbol{Q}^{k+1}, \boldsymbol{U}^{k+1}\right) + \left(\boldsymbol{\lambda}^{k+1}\right)^{\mathrm{T}} \boldsymbol{F}^k$，$\boldsymbol{Q}$ 是离散时间点未知变量组成的向量，$\boldsymbol{U}$ 是不同时间油井产量、注入井注入量和各类措施量组成的向量。根据最优控制原理，若要使目标函数 $J\left(\boldsymbol{Q}, \boldsymbol{U}\right)$ 达到极大，其增广函数的一阶变分 δJ_{A} 必须等于 0，由此可以导出最优控制问题的最优解所应满足的三个必要条件。

状态方程：由式（10-2）和注水量与产油量、产水量的显式关系方程。

协态方程（油水产量递阶预报方程的离散时间步相同）：

$$\frac{\partial \psi^{k-1}}{\partial Q^k} + \frac{\partial \psi^k}{\partial Q^k} = 0 \qquad (10\text{-}5)$$

$$\frac{\partial \psi^{k_{\mathrm{f}}-1}}{\partial Q^{k_{\mathrm{f}}}} = 0 \text{（横截条件）} \qquad (10\text{-}6)$$

控制方程：

$$\begin{cases} \text{当 } \dfrac{\partial \psi^k}{\partial u^{k+1}} \leqslant 0, \ u_i^{k+1} = u_i^{\min}, \text{最优解} \left(u_i^{k+1}\right)^* = u_i^{\min} \\[3mm] \text{当 } \dfrac{\partial \psi^k}{\partial u^{k+1}} \geqslant 0, \ u_i^{k+1} = u_i^{\max}, \text{最优解} \left(u_i^{k+1}\right)^* = u_i^{\max} \\[3mm] \text{当控制量} u_i \text{是控制域的内点时，} \dfrac{\partial \psi^k}{\partial u^{k+1}} = 0 \end{cases} \qquad (10\text{-}7)$$

状态方程、协态方程以及控制方程是相互联系、相互依存的。状态方程可以从已知的初始状态出发顺时求解，协态方程则须根据已知的末端条件作逆时求解，而且，这些方程是非线性的，所以实际上无法一次性得到最优控制问题的最优解，而只能通过逐次逼近的方法来实现。一般采用这样一种梯度法，即：先给定一组初始控制 $U^0(k)$，$k=1$，2，$\cdots$，k_{f}，再依次顺序求解状态方程，逆时求解协态方程和控制梯度 $\dfrac{\partial J_{\mathrm{A}}}{\partial U}\left(\dfrac{\partial \psi^k}{\partial u_i^{k+1}}\right)$，然后按式（10-8）修正控制量：

$$U^{\mathrm{new}} = U^{\mathrm{old}} + \omega \frac{\partial J_{\mathrm{A}}}{\partial U} \qquad (\omega \geqslant 0) \qquad (10\text{-}8)$$

用修正后的控制向量代替初始控制，再重复计算状态方程、协态方程和控制梯度，直至满足收敛条件 $\left\| J^{\mathrm{new}}\left(\boldsymbol{Q}, \boldsymbol{U}\right) - J^{\mathrm{old}}\left(\boldsymbol{Q}, \boldsymbol{U}\right) \right\|^2 \leqslant \varepsilon$，此时的控制向量就是最优决策。

三、规划模型在典型区块的应用

本章给出的最优规划方法曾在大庆油田两个地区试验性应用过。下面把应用情况做以下介绍。1988 年曾在大庆油田萨南地区应用过，取得了很好的效果。1990 年又在喇萨杏油田应用过，详细资料请见文献 [5]。

大庆油田采油二厂地区 1983—1984 年间，生产井数增加了许多，注水井未增加，油田产油量未见显著提高，含水率也很平稳。1985 年形势开始变化，油田产量增加幅度大，产液量稳而有降。这些历史上的变化采用"物理结构递阶分析组合法"，在动态描述方程中正确考虑措施作用后，计算结果与实际动态比较吻合。

1987 年 1 月之前，每月产油量随时间变化为观测值与计算值对比情况如图 10-1 所示，1987 年 1 月之后为预测计算值。计算用 Kalman 滤波法进行辨识，并对观测值滤波及当月观测量滤波后计算获得的结果进行分析。规划工作是利用每月产油量计算公式得到的，结果可靠，规划工作中核心内容是安排相关措施的用量，以及规划期间（五年）逐月产油量。图 10-2 是典型区月产水量随开发时间关系图。

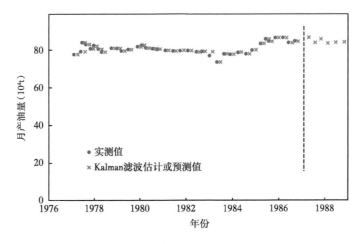

图 10-1　递阶分析组合法计算的原油产量

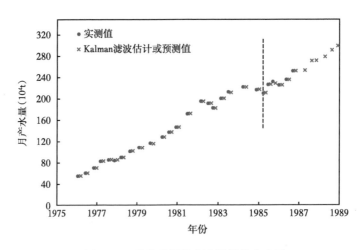

图 10-2　递阶分析组合法计算的产水量

规划模型的使用方法及相关理论问题上文都已交代清楚了，这里只做计算结果的说明。迭代法求解最优控制，图 10-3 表示迭代次数与目标函数总收益之间的关系，横坐标是迭代次数，纵坐标是总收益（收入减去支出）。

由图 10-3 可见到，随着迭代次数的增加，总收益逐步上升。前几次迭代收益上升幅度较大，随着迭代次数增加，总收益上升幅度越来越小，大约迭代 7 次以后就满足收敛条件。收入增加的原因，主要是注采井数增加和措施工作量优化提高了水驱控制程度和油层的动用程度，改善了水驱开发效果，特别是原油产量较好地维持了稳定，如图 10-4 所示，优化后的原油产量明显高于原规划的产量，稳产期可延长三年多。优化前后油水井井数对比关系如图 10-5 和图 10-6 所示。

　　总之，根据"七五"规划后两年数据，1988 年和 1989 年平均压裂井层数分别为 51.2 井层 / 月及 54.6 井层 / 月；加密油井数分别为 84 口 / 月及 56 口 / 月；"三换措施"平均为 114 口 / 月及 67 口 / 月，对比原"八五"规划方案，经过优化之后，1991—1995 年期间压裂次数增加到 82~99 井层 / 月；加密油井数从 56~84 口 / 月增加到 78~92 口 / 月，水井措施用量也相应显著提高；注水井调整吸水剖面，从"七五"末期的 247~267 井次 / 月增加到"八五"期间的 327 井次 / 月；注水量从（2284~2417）×10^4t/ 月增加到（2814~3098）×10^4t/ 月；加密注水井，从 24~43 口 / 月，增加到 40~70 口 / 月。以原规划作基础，应用本文的模型计算，所得结果看来大体是正确的。优化之后，典型区块产水量降低，突显了降低采注井数比所发挥的作用，这是以往更多追求增加采油井而忽视相应增加注水井而达不到的。

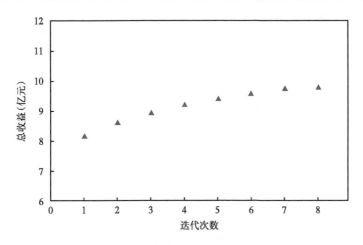

图 10-3　规划模型迭代次数与净收益关系

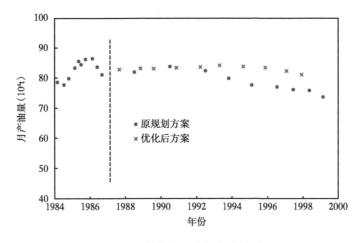

图 10-4　优化前后的月产油量对比

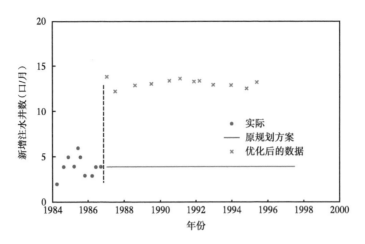

图 10-5　优化前后的新增注水井对比

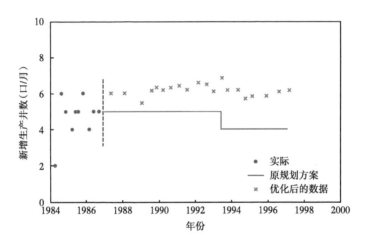

图 10-6　优化前后的新增生产井对比

20 世纪 80 年代的研究表明：对于一些油砂体面积小、平面连通不够好，且单层渗透率较低的油层，采注井数比降低到 1 : 6。通过增加新井数和补孔等措施，改善注采对应关系，低渗透油层可以得到更有效动用，减缓了含水上升速度。

对于一些平面连通好的主力油层，则不需要如此，相反见水后应当注意合理安排注采井位，适当放大注水井间的距离，特别是对于河道沉积油层，提倡"河沟"注"下切线"处及相邻河沟处下切不深，甚至底面抬高之处采油。非河道沉积油层，见水带内注水……。20 世纪 90 年代以后对储层内部结构和剩余油分布特征的认识越来越深入，因此，开发对策也越来越细化，这里不做更深入介绍。

经过"七五"采油二厂规划优化和喇萨杏地区规划优化之后，前后连贯起来，对不同开发阶段，挖潜措施的使用可形成一些看法，在这些看法当中许多意见同原规划意见是一致的。笔者深感到在许多方面原规划制定的与优化生产过程所指出的指引方向没有原则性区别，总有些数量间的差别，优化方案的好处不仅为本次规划中找到好方案，而且还为下一个五年计划的制定打下了基础。

扼要地说，"八五"的规划执行完结之后未被井网控制的地质储量已为数不多了，井网经过一次加密，甚至二次加密后，再成批加密的余地也不大了，工艺措施使用的余地也是有限的。今后的工作重点应转向以下两点。

（1）进一步核实单油层开发特征分类曲线轨迹，在科学分类指标参数指导下进行分类研究，提出冲刷效果可行性定量评价等级清单。笔者提出的曲线簇线及指标参数定量数据，在曲线簇指导下分清可继续冲刷下去的油层（单层），尽快加强平面调整工作的油层，及早转为三次采油的油层，这是一项指导性很强的基础性综合研究工作。以往强调地质研究定量表征、精细描述等先行工作，这里则强调的是精细动态特征描述"分类定坤"。

（2）见水层平面调整研究，平面调整理论体系似乎尚未形成，把平面调整研究寄托于求解平面参数确定的生产历史拟合方法上，脱离了对单油层平面及纵向维持性结构，寻找"反求宏观参数变化"的立足点应该改变，以纵向分类与平面分类相结合与沉积生成环境相结合的"五类油层类别"是有道理的。作为初步工作回答了河道沉积体内平面是否纵向非均质这个问题，它对做好同类生产油层注水开发调整提出了许多具体建议，每类油层都有它生产条件带来的组织结构，它的结构决定了它内部油水运动和分布与发展的乾坤，提议沿这个方向增加研究工作。

四、喇萨杏油田整体规划应用研究

大庆油田在"七五"期间的总任务是在年产油 $5000 \times 10^4 t$ 水平上实现稳产，作为主力油田的喇萨杏油田，在实现稳产中担负主要的责任。为了实现稳产任务，喇萨杏油田在"七五"规划期间开发调整的方针原则是：完善自喷井转抽和基本完善一次加密井网，并且通过两个完善实现三个调整，即调整注采压力系统；调整油层的分层动用状况和调整油田各开发区的采油速度。油田的这些调整方针已在规划模型的参数及约束条件中得到具体化。

作为主要的约束条件还有：要求每年油井压裂 1000 口，增产 $100 \times 10^4 t$；每年钻新井1000 口左右，最多不超过 1200 口；三年内全面完成电泵转抽，四年内完成抽油机转抽；每年老井下电泵、老井下抽油机最大允许工作量各为 400 口；规划期内总的转抽工作时间为 2660d，抽油机械的换型 700 口等。

实现油田的稳产可以采用不同的途径，大庆油田从喇萨杏油田的实际问题出发，提出了三种类型的规划对比方案（表 10-1）。

表 10-1　三种规划对比方案

方案	主要措施对策
方案 I	依靠打加密调整井实现"七五"期间的稳产，而自喷井的转抽工作，推迟到"七五"规划之后再完成
方案 II	集中完善自喷井转抽和抽油机、电泵的换型，提高老井的产液量，尽量延缓递减，不打加密调整井
方案 III	考虑措施工作量的平衡与协调，钻调整井，完善自喷井转抽，压裂等措施并用，以实现稳产

对上述三种类型方案，李泽农[3]对各类约束条件加以了具体化，然后把每种类型方案都先后用数学模型的优选功能来加以优选，表 10-2 列出了三个对比方案的措施工作量，年产油量和"七五"末期的生产含水率指标如图 10-7 和图 10-8 所示。

表 10-2　喇萨杏油田不同规划方案的措施工作量情况表

方案编号	老井措施（口）			新井	
	老井转抽	电泵抽油机换型	压裂	钻井数（口）	建成能力（10^4t）
方案 I	0	0	5000	9555	2539
方案 II	2660	3000	5000	—	179
方案 III	2660	700	5000	4967	1585

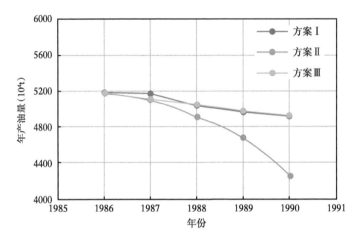

图 10-7　三个方案的年产油量对比图

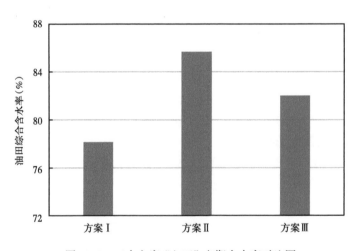

图 10-8　三个方案 "七五" 末期含水率对比图

以上三个对比方案各有优缺点，见表 10-3。综合上述三个方案的优缺点，按照稳产、开发方针原则、开发效果、经济效果、工作量安排的协调、"七五" 与 "八五" 规划的衔接关系等六个方面进行综合衡量，方案 III 是最好的，因此将方案 III 作为推荐方案。应该说明，方案 III 本身也是从本类型的众多方案中经过规划模型的基本功能优选出来的，是在该种约束条件下的最优化方案，规划期打加密调整井 4967 口，有利于发挥中低渗透层潜力，五年含水率上升 8%，平均年综合递减率 6.7%，年产液量平均增长率 8.3%。方案 III 的详细措施工作量和主要开发指标见表10-4。

表 10-3　三个规划方案优缺点对比

方案	优点	缺点
方案 I	（1）通过打加密井，满足稳产要求； （2）有利于挖掘中低渗透层潜力； （3）增加可采储量最多，约 3.1×10^8 t； （4）"七五"末含水率最低	（1）把自喷井转抽推迟，压力系统难以调整； （2）平均每年钻井 2000 口，超出建设能力； （3）投资大和成本高
方案 II	（1）集中自喷井转抽调整压力系统； （2）投资和成本低，收入高	（1）难以维持稳产，难以确保完成原油生产任务； （2）老井产液量上升和含水率上升过猛
方案 III	（1）综合应用各项措施实现了稳产； （2）各项措施工作量与油田实际能力相协调，包括自喷井转抽、一次井网加密完善等； （3）开发指标比较好，增加可采储量 2.5×10^8 t，五年含水率上升 8%，平均年综合递减率 6.7%	（1）经济效果不如方案 II，但优于方案 I； （2）含水率高于方案 I； （3）增加可采储量略低于方案 I

表 10-4　推荐方案 III 的措施工作量和主要开发指标汇总表

年份	老井措施（口）						新井		年产油量 （10^4t）	综合含水率 （%）
	下电泵	下抽油机	电泵换型	抽油机换电泵	抽油机换电泵	压裂	钻井（口）	建成产能（10^4t）		
1986	370	400		30		1000	918	289	5186	76.4
1987	400	401				1000	829	318	5113	78.4
1988	290	400	53	77	67	1000	942	299	5050	80.0
1989		399	60	88	74	1000	1163	355	4980	81.1
1990			67	105	79	1000	1115	324	4922	82.0
五年小计	1060	1600	180	300	220	5000	4967	1585	25251	

第二节　基于数值模拟的油田定产稳产模型

我国主力水驱开发油田的开发过程，始终在追求高产和稳产的科学统一。站在宏观决策者的高度上，提出"高产和稳产"的指导方针，是必须贯彻下去的首要方针，通常还会明确更具体的年产油量和稳产期目标。

一、单井产能分析

1. 单井试油试采产量分析

油田单井产量一般通过评价井和早期开发井的试油、试采资料确定。

2. 油藏（区块）平均单井产量分析

以喇嘛甸典型区为例，1973 年到 1976 年是上产阶段，1976 年以后的生产目标是稳产在 1200t/d。早期的基础井网初试产量高，平均单井产量 86.8m³/d，初始生产含水率低。一次加密调整井平均单井产油量就降到了 26.8m³/d，初始含水率约 35%。二次加密井平均单井产油量就降到了 8.7m³/d，而初始生产含水率约 56%。典型区不同开发阶段新井的初始产量及含水率情况见表 10-5 和图 10-9。通过分析区块或油藏不同时期的平均单井产量动态，为下一步稳产可行性和稳产年限研究提供了有效的基础数据。

表 10-5　喇嘛甸北东典型区不同开发阶段油水井数量

井网		日产油（m³）	初含水（%）	射开层位
基础井	两套/38口	86.82	2.36	均射 S-G（顶：10排为 S I，8、9排为 S II。底：最多到 G II）；但二套井避射 P I 1+2；个别井仅射 P I 或 P II
一次加密（调整井）	5字号/10口	44.88	56.91	P I 1+2
	6字号/7口	23.72	48.92	顶：P I 5+6 或 P II 1-3。底：G I 或 G II
	7字号/29口	20.49	46.15	顶：P I 5+6。底：G I 5
	8字号/31口	27.68	14.04	顶：G I 6+10。底：G III 1
二次加密井	1字号/35口	9.05	49.48	顶：G I 6+10。底：G III 1
	2字号/34口	8.32	61.88	顶：S I，S II 或 S III。底：G I 5，且避射 P I 2

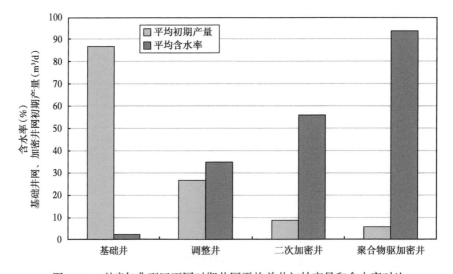

图 10-9　喇嘛甸典型区不同时期井网平均单井初始产量和含水率对比

二、油田（区块）稳产模型及其约束条件

上一章已经讨论了三维多相流体渗流的连续性方程、外边界条件、内边界条件和初始条件。在此基础上，通过差分代替微分，推导了注水开发油田油水两相渗流离散化的连续性方程及其求解方法和流程。联立求解离散化连续性方程组方程（9-14）和方程（9-15）、内边界条件关系式（9-16），结合地质模型和油藏初始条件，就可以计算预测油田注水开发（调整）方案的动态指标，包括：（1）油井的日产油量、含水率、气油比、累计油/气/水产量、地层压力及流压随时间的动态变化数据；（2）注水井的日注水量、累计注水量、注入压力和关井压力（地层压力），以及分层注水量等随时间变化预测数据；（3）油田或研究工区总的日产油量、含水率、气油比、累计产油量、采油速度、采出程度等开发指标随时间的变化曲线；（4）油田或研究工区总的日注水量、累计注水量及注采比等随时间的变化情况。

1. 稳产模型及其求解方法

油田开发方案设计一般会依据储层特征、岩石物性及流体物性等，确定合理的井网井距。一旦井网确定，结合单井产能评价结果，就可以确定油田采油速度、产量目标和稳产期。设某中高渗透油藏开发井网的油井数为 N_{wp}，注入井数为 N_{wi}，油田目标产量为 Q_{tot}^{obj}，注采比 R 保持在 1 左右，油田注水量为 $Q_{WI, tot}(t)$，NT 为投产至方案设计期末离散时间的总和（一般按月给出预测数据），油田总产量为各生产井的产量之和，应尽可能逼近油田目标产量，于是：

$$Q_{o, tot}(n) = \sum_{nw=1}^{N_{wp}} q_{o, nw}^{(n)} \Rightarrow Q_{o, tot}^{obj}, \ n = 0, 1, 2, \cdots, NT \tag{10-9}$$

式中：$q_{o, nw}^{(n)}$ 为时间步 n 井号（序号）为 nw 的生产井的产量，是时间的函数。油井单井产量可以根据生产及测试资料确定，并在方案设计指标预测过程中通过数值模拟计算得到。当油井具备继续放大生产压差，或通过改变举升工艺增加生产压差条件时，则该油井就具有稳产甚至提高产量的条件。当油井在某种开采方式下（自喷、机抽或气举等），井底压力降低到最小井底压力，理论上此时的油井已发挥最大生产能力，不再具备提产条件。随着开发井含水率的升高，油井产量在相对稳定一段时间，产油量也必然会进入递减期。综上所述，在井网井数不变的情况下，要使油田或油藏的总产量能够达到目标产量，则现有开发井的部分油井必须具有提高单井产量的条件。能够提产的井数越多，提产能力越强，则实现目标产量越容易，并能维持更长的高峰产量稳产期。

由式（10-9）直接确定稳产的条件存在诸多困难，比如，在生产井初始产量条件下，如何达到产量目标？如何在生产过程中尽可能保持稳产等？幸运的是，油藏数值模拟方法和最速下降法提供了解决这一问题的钥匙。首先，已知 $q_{o, nw}^{(n)}$ 为 n 时间步井号（序号）为 nw 的生产井的产量，满足式（10-9）的稳产条件，如果（$n+1$）时间步的单井产量 $q_{o, nw}^{(n+1)}$ 不再满足式（10-9），则可以建立一个目标函数，它是结合上一章油井内边界条件式（9-16a）和式（10-9）得到的，可以写作式（10-10）：

$$\begin{aligned}
\underset{\bar{p}_{wf}}{\text{Min}} J(\bar{p}_{wf}) &= \left(Q_{o, tot}^{obj} - \sum_{nw=1}^{N_{wp}} q_{o, nw}^{(n+1)} \right)^2 \\
&= \left\{ Q_{o, tot}^{obj} - \sum_{nw=1}^{N_{wp}} \left[\frac{2\pi\rho_o K \Delta h K_{ro} \left(p_{np}^{n+1} - p_{wf}^{n+1} - \rho_l g Z \right)}{\mu_o \left(\ln r_e / r_w + S - 0.75 \right)} \right] \Big|_{nw, np} \right\}^2 \Rightarrow 0
\end{aligned} \tag{10-10}$$

第二步，目标函数 J 对任意一口井的井底压力求偏导数，由式（10-10）得：

$$\begin{aligned}
\frac{\partial J}{\partial p_{wf}} \Big|_{nw} &= 2 \left\{ Q_{o, tot}^{obj} - \sum_{nw=1}^{N_{wp}} \sum_{np=1}^{N_{PF}} \left[\frac{2\pi\rho_o K \Delta h K_{ro} \left(p_{np}^{n+1} - p_{wf}^{n+1} - \rho_l g Z \right)}{\mu_o \left(\ln r_e / r_w + S - 0.75 \right)} \right] \Big|_{nw, np} \right\} \\
&\quad \cdot \left(\sum_{np=1}^{N_{PF}} \frac{2\pi\rho_o K \Delta h K_{ro}}{\mu_o \left(\ln r_e / r_w + S - 0.75 \right)} \right) \Big|_{nw, np}
\end{aligned} \tag{10-11}$$

第三步，沿最速下降方向搜索，找到最优搜索步长 α 和新的井底流压：

$$p_{\mathrm{wf}}^{\mathrm{new}}\Big|_{nw} = p_{\mathrm{wf}}\Big|_{nw} - \alpha\left(\frac{\partial J}{\partial p_{\mathrm{wf}}}\bigg|_{nw}\right) \qquad (10\text{-}12)$$

使得新的井底流压满足目标函数式（10-10）达到极小，即油田产量满足目标产量，同时，要使生产井井底流压满足约束不等式（10-13）：

$$p_{\mathrm{wf}}^{\mathrm{new}}\Big|_{nw} \geqslant p_{\mathrm{wf,min}} \qquad (10\text{-}13)$$

稳产模型求解过程是以数值模拟模型和方法为基础的，与通常的模拟方法相比，稳产模型把遵循目标产量误差函数最小化作为必须遵循的原则，而各生产井的日产油量则需要根据其产能方程进行优化计算。

2. 稳产模型的注水量计算

对于我国大部分陆相沉积的砂岩油藏，油田开发采用早期注水保持地层压力的方法开发，因此，在油田注水开发过程中要求地下条件下的注采比为1。对于油井而言，由于实现产量目标要求的各井的油水产量和井底流压等，通过结合式（10-9）至式（10-13）的数值模拟求解已经得到。设（$n+1$）时步井号标号为 nw 的井，其地层条件下采出油和水的产量分别为 $q_{\mathrm{ores},nw}^{(n+1)}$ 和 $q_{\mathrm{wres},nw}^{(n+1)}$，则地下条件下产出液的总产量 $Q_{\mathrm{L,res}}^{(n+1)}$ 为：

$$Q_{\mathrm{L,res}}^{(n+1)} = \sum_{nw=1}^{N_{\mathrm{wp}}} q_{\mathrm{ores},nw}^{(n+1)} + q_{\mathrm{wres},nw}^{(n+1)} \qquad (10\text{-}14)$$

设 $q_{\mathrm{WI},l}^{(n)}$ 为 n 时间步井号（序号）为 nwi 的注水井的注水量，结合第九章注水井内边界条件式（9-16b），可以得到油田地下条件下的总注水量 $Q_{\mathrm{WI,res}}^{(n+1)}$：

$$Q_{\mathrm{WI,res}}^{(n+1)} = \sum_{nwi=1}^{N_{\mathrm{WI}}} q_{\mathrm{WI},l}^{(n+1)} = \sum_{nwi=1}^{N_{\mathrm{WI}}} \sum_{np=1}^{N_{\mathrm{PF}}} \left[\frac{2\pi K K_{\mathrm{rw}} \Delta h\left(p_{\mathrm{wf}}^{n(l-1)} - p_{np}^{n(l-1)} + \left(p_{\mathrm{cow}}\right)_{i,j}^{n(l-1)} + \rho_1 gZ\right)}{\mu_{\mathrm{w}} B_{\mathrm{w}}\left(\ln r_{\mathrm{e}}/r_{\mathrm{w}} + S - 0.75\right)} \right]\Bigg|_{nwi,np} \qquad (10\text{-}15)$$

根据地下条件下注采比等于1的要求，则要求关系式 $Q_{\mathrm{L,res}}^{(n+1)} = Q_{\mathrm{WI,res}}^{(n+1)}$ 成立。为了在模拟计算过程中使这一关系式成立，利用式（10-14）和式（10-15），可以建立注水井满足注采比等于1的目标函数式，即：

$$\underset{\bar{p}_{\mathrm{wf}}}{\mathrm{Min}}\, J\left(\bar{p}_{\mathrm{wf}}\right) = \left\{ Q_{\mathrm{L,res}}^{(n+1)} - \sum_{nwi=1}^{N_{\mathrm{WI}}} \sum_{np=1}^{N_{\mathrm{PF}}} \left[\frac{2\pi K K_{\mathrm{rw}} \Delta h\left(p_{\mathrm{wf}}^{n(l-1)} - p_{np}^{n(l-1)} + \left(p_{\mathrm{cow}}\right)_{i,j}^{n(l-1)} + \rho_1 gZ\right)}{\mu_{\mathrm{w}} B_{\mathrm{w}}\left(\ln r_{\mathrm{e}}/r_{\mathrm{w}} + S - 0.75\right)} \right]\Bigg|_{nwi,np} \right\}^2 \Rightarrow 0 \qquad (10\text{-}16)$$

求解式（10-16）与求解式（10-10）的方法类似，首先要求解目标函数对注入井井底压力组成的未知向量的梯度。由式（10-16）目标函数 J 对任意一口井的井底压力求偏导数为：

$$\left.\frac{\partial J}{\partial p_{wf}}\right|_{nw} = 2\left\{Q_{L,res}^{(n+1)} - \sum_{nwi=1}^{N_{WI}}\sum_{np=1}^{N_{PF}}\left[\frac{2\pi KK_{rw}\Delta h\left(p_{wf}^{n(l-1)} - p_{np}^{n(l-1)} + \left(p_{cow}\right)_{i,j}^{n(l-1)} + \rho_{l}gZ\right)}{\mu_{w}B_{w}\left(\ln r_{e}/r_{w} + S - 0.75\right)}\right]\Bigg|_{nwi,np}\right\}.$$
$$\left.\left(\sum_{np=1}^{N_{PF}}\frac{2\pi KK_{rw}\Delta h}{\mu_{w}B_{w}\left(\ln r_{e}/r_{w} + S - 0.75\right)}\right)\right|_{nw,np}$$

（10-17）

然后按最速下降法（沿负梯度方向）进行一维搜索，找到最优搜索步长 β：

$$p_{wf}^{new}\big|_{nwi} = p_{wf}\big|_{nwi} - \beta\left(\frac{\partial J}{\partial p_{wf}}\Bigg|_{nwi}\right)$$

（10-18）

通过以上步骤，求解计算得到了新的注入井井底压力，使目标函数式（10-16）达到极小，即：地下注采比近似等于1。计算过程中，根据实际注入条件，还需要满足注入压力不能突破上限的约束条件，如破裂压裂等，可以用不等式（10-19）表示：

$$p_{wf}^{new}\big|_{nwi} \leqslant p_{wf,max}$$

（10-19）

至此，稳产模型及其求解方法、注水过程中保持地下注采平衡的注水量计算方法已经讨论完毕。补充说明一点，读者如果要引入部分油井产液量约束条件等，理论上也是没有问题的，其具体求解不会增加新的难度和大的计算量。

3. 计算实例

以某油藏水平井注采井网开发为例，该油藏油柱高度42.6m，原始地层压力31.7MPa，平均单井初始产量高，约200t/d，稳产能力强。井网部署完成后，若开发方式采用注水开发，根据流体物性及饱和压力分布特征，构造高部位的油井最小井底压力控制在17.5MPa，构造翼部及低部位的油井，地层压力控制在13.8MPa左右，按油田定产稳产模型预测，稳产期能维持15年左右，如图10-10所示。之后，由于注入水逐步突破到生产井井底，生产含水不断升高，如图10-11所示，油田开发进入递减阶段。进一步维持稳产或控制递减，需要开展针对性的开发调整。

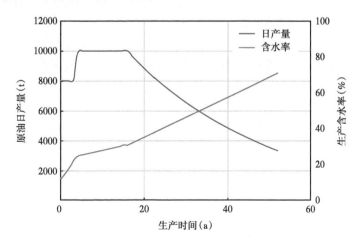

图 10-10　稳产模型计算的产量和含水率变化趋势

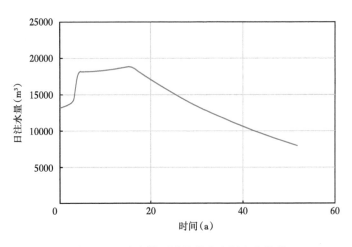

图 10-11　稳产模型计算的注水量变化趋势

第三节　特高含水期层系井网调整方法

上一章讨论了注采井网不变条件下的开发过程效益最大化的目标函数表述形式，还讨论了目标函数及优化控制变量的关系，以及油田开发生产控制问题中的其他不等式约束条件等。上一节讨论了给定井网条件下的定产稳产模型，没有考虑经济因素，是技术层面的模型和求解问题。事实上，油田开发方案设计的核心是开发层系、开发方式及注采井网、压力维持水平等，因为这些要素对油田产量规模、高峰期产量的稳产年限、最终采收率以及经济效益会产生更为重大的影响，因此，讨论层系井网调整效益最大化的目标函数、数学模型及求解方法很有必要。

一、层系井网（调整）模型及求解方法讨论

注采井网系统部署是涉及技术和经济多方面综合性很强的课题，合理的注采井网系统要通过对油层适应性的分析、不同技术经济指标综合评价后才能确定。对于一套设计的注采井网系统，包括钻井和地面建设的总投资可以用式（9-47）表示，油田开发生产过程中的各种操作费用可以用式（9-48）表示，其中：与油、水产量和注水量有关的费用在式（9-40）也有表述。综合这些关系式，为了使注采井网系统部署方案实现经济效益最大化，其目标函数式可以书写如下：

$$
\begin{aligned}
\underset{U}{\text{Max}}\, J(U) = \sum_{n=1}^{NT} &\left\{ \sum_{nw=1}^{N_{wp}} \left[\frac{(P_o - F_{CO})Q_{o,nw}^{(n)} - F_{CWP}Q_{wp,nw}^{(n)}}{(1+r)^n} \right] - \sum_{l=1}^{N_{wi}} \frac{F_{wi}Q_{WI,l}^{(n)}}{(1+r)^n} \right\} \Delta t(n) - \\
&I_{DW}\left[N_o(\varepsilon,d) + N_w(\varepsilon,d) \right](1+R_{SD}) - \sum_{n=1}^{NT} F_{CW}\left[N_o(\varepsilon,d) + N_w(\varepsilon,d) \right]
\end{aligned}
\tag{10-20}
$$

目标函数式（10-20）代表的是井网一次部署的关系式，如果方案设计要求开发井网分年度分步实施，则只需要将油井井数和注水井井数分解到年度即可。由目标函数式（10-20）

可以看出，不管是一次井网部署一次实施，还是一次部署分步实施，对于某一个设计方案而言，注采井网和井数是确定的，不随时间而改变。如果将井网井数作为未知变量，采用式（10-20）作为目标函数，多相流体渗流方程和生产工作制度等作为约束条件，可建立层系井网（调整）优化的数学模型。而离散化的多相流体渗流方程、油井产量方程和注水井注入量关系方程可以简写为：

$$\begin{bmatrix} A_{GG} & A_{GW} \\ A_{WG} & A_{WW} \end{bmatrix} \begin{bmatrix} X_G \\ X_W \end{bmatrix} = \begin{bmatrix} B_G \\ B_W \end{bmatrix} \tag{10-21}$$

式中：X_G 为所有网格节点的未知量组成的向量；X_W 为生产井井底压力和注水井注入井底压力组成的向量；A_{GG} 和 A_{GW} 分别为离散化的油水连续性方程关于网格节点未知向量和井底压力未知向量的系数子矩阵，而 A_{WG} 和 A_{WW} 分别为离散化的油井产量方程和注水井注入量关系方程关于网格节点未知向量和井底压力未知向量的系数子矩阵；B_G 为离散化的油水连续性方程的常向量；B_W 为离散化的产量 / 注入量方程的常向量。

此外，还有生产井的井底压力限制条件：

$$p_{wf}{}^{n} \geqslant p_{wf,min} \tag{10-22}$$

注入井的井底压力限制条件：

$$p_{wf,inj}{}^{n} \leqslant p_{frac} \tag{10-23}$$

目标函数式（10-20）和约束方程（10-21）、开发井限制条件式（10-22）和式（10-23）构成了层系井网（调整）优化的数学模型。理论上，求解这类大系统模型是可能的，但是，由于这个系统太过庞大而复杂，现有软硬件基础尚不具备，所以通过求解这个模型来完成开发方案设计任务的时机尚不成熟。这里讨论目标函数式（10-20）及层系井网（调整）模型，主要是阐述系统论与油田注水开发方案设计之间存在的关系，用数学模型的方法将注采井网系统、注采过程以及各类措施集于一体，也可以用上面介绍的最优控制理论求解计算。需要指出的是，方案设计考虑的指标是多样的，除了经济效益外，还有采收率等，因此，目标函数也具有多样性。多目标问题往往难以满足不同目标同时最优，因此，需要具体问题具体分析。

由于油藏动静态资料的不确定性很多，包括厚油层内部结构及其平面展布规律、低渗透层油砂体分布及储层物性、油层吸水动用状况及剩余油描述精度等，因此，重点工作还是应该在做好这些研究工作基础上，再探寻高含水后期，甚至是特高含水期的开发对策。

国内外石油企业在开展油田开发（调整）设计方案研究时，都是在研究不同井网井距适应油层地质条件的基础上，进行开发指标预测、系统经济评价和方案优选，既可以深化各专业的技术研究，也避免了复杂求解技术难题。接下来简要介绍一下高含水后期层系井网调整的这类研究做法与实施效果。

二、井网密度与水驱采收率

油田进入高含水后期以后，是否能进行经济有效的层系井网调整，需要开展剩余油潜力分析、井网加密提高采收率潜力等多方面的评估。为了解决这个难题，这里引出了经济界限加密井网密度和技术加密井网密度的概念。

在介绍经济界限加密井网密度之前，首先介绍一下如何计算加密井极限单井累计产量，以及加密井井网密度与采收率的关系，其步骤如下：（1）油田开发到高含水期，甚至是高含水后期，油田的自然递减和综合递减规律已经显现，根据递减率和加密井初始产量可以计算出加密井的平均单井的累计产油量；（2）加密井的钻井投资及其配套的地面建设投资是已知的，技术经济条件下按步骤（1）的递减率，并试算加密井初始产量，使加密井产出原油的收入与投资成本之间达到盈亏平衡，此时的油井初始产量称为加密井的极限初始产量，相应的累计产量称为加密井的极限累计产量，注水开发油田、注水井的投资及注水费用等，要按注采井数比折算到油井的投资成本中去；（3）加密井极限累计产量乘于油井数则是井网加密增加的可采储量界限，由此，可以进一步得到加密井井网密度经济界限与采收率的关系，喇嘛甸某典型区萨尔图油组计算结果如图 10-12 所示；（4）为了判断油藏是否适合井网加密，还需要模拟现井网条件下的方案（简称基础方案）和不同加密井数的方案的开发效果，依据加密方案相对于基础方案的累计增油量，计算得到不同加密井网密度与采收率的关系，如图 10-12 所示。与加密井井网密度经济界限与采收率关系不同，模拟计算得到的加密井井网密度与采收率对应关系考虑了井网加密引起的井间干扰，即：加密井对基础井网开发效果的影响。

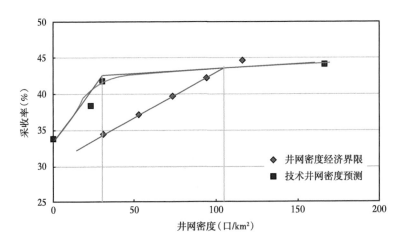

图 10-12　典型区萨尔图油组加密井网密度与采收率关系曲线

由图 10-12 可见，两条曲线的交点对应的井网密度为典型区加密井网密度经济界限，约为 105 口 /km²。如果加密井井网密度经济界限与采收率关系曲线分布在两条曲线的右侧，这说明理论上存在加密的潜力；反之，如果该曲线在左侧，则说明不具备加密的潜力。

从图 10-12 模拟方案得出的加密井网密度与采收率的关系看，适当增加加密井数，采收率能够得到有效提高，但是，进一步增加加密井数缩小井距，则采收率提高幅度就变得很有限，由此曲线可以得出合理加密井网密度小于 30 口 /km²。为了验证结果的有效性，可以采用增量法进一步对优选方案进行经济评价验证。

如果考虑细分层系，将萨尔图厚油层（S Ⅲ 4-7）单独加密，则采用以上方法和步骤可得图 10-13 的关系曲线，两条曲线更为靠近，说明细分层系的厚油层有效加密潜力降低了。

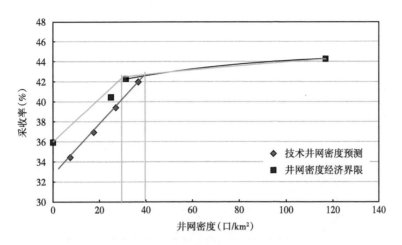

图 10-13　典型区细分层系加密井网密度与采收率关系曲线

三、厚油层层系细分重组实例

喇嘛甸油田以厚油层发育为主，萨尔图油层以二类油层为主。二类油层大多属于大型砂质辫状河沉积，整个河床由多条单一河道构成，在单一河道顺流前积、充填的同时，摆动迁移，互相侵蚀，砂体多叠合在一起，成为泛连通体。因此，砂体内部夹层比较发育。

高含水后期开发阶段，通过深化研究河道砂体内部建筑结构，由沉积单元细分到结构单元，为厚油层层内挖潜奠定了坚实基础，如图 10-14 所示。在原井网条件下（注采井距 300m），沉积单元水驱控制程度为 95% 以上，但层内结构单元水驱控制程度偏低。由于结构单元控制程度较低、层内非均质性严重，二类油层内还有三分之一的厚度属于低水淹、未水淹。通过井网加密，结构单元的水驱控制程度得到明显提高，如图 10-15 所示。当井距缩小到 150m 左右时，结构单元的水驱控制程度达到 90% 以上，是水驱提高采收率的潜力所在。

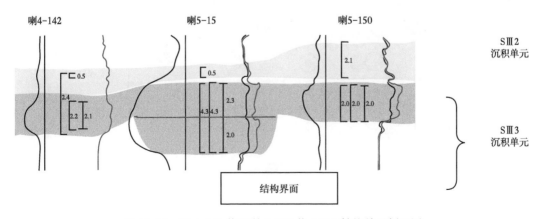

图 10-14　喇 4-142 井至喇 5-150 井 S Ⅲ 3 结构单元剖面图

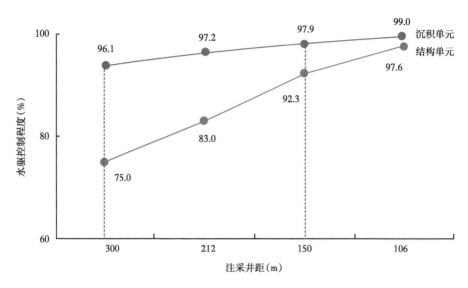

图 10-15　典型区 S Ⅲ 4-10 油层水驱控制程度与注采井距关系

典型区厚油层基础井网为井距 300m 的反九点井网，2007 年对厚油层细分层系开发，加密井网采用五点法，井距 150m，如图 10-16 所示。采油井初期平均单井日产液 24t，日产油 3.5t，含水率 85.4%，综合含水率比相邻区块低 9.6 个百分点，细分层系井网加密提高水驱采收率 5 个百分点左右，如图 10-17 所示。

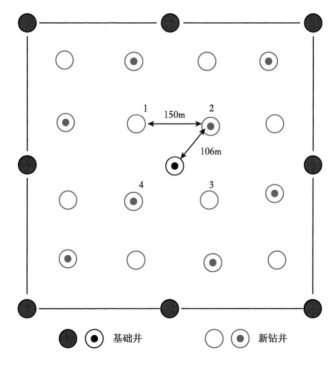

图 10-16　典型区加密井网示意图

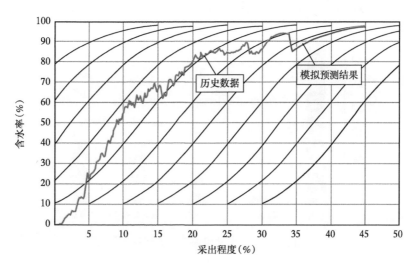

图 10-17　典型区含水率与采出程度的关系曲线

四、薄差油层层系细分调整实例

1. 未水洗剩余油分布模式

大庆杏北地区以油层为主，根据检查井资料统计分析，三类储层平均单井未水洗有效厚度 3.37m，未水洗厚度在三类储层总有效厚度中所占的比例为 27.3%。从未洗段在不同级别有效厚度的分布情况来看，大部分剩余油潜力集中在有效厚度小于 1m 的砂层单元中，其未水洗段厚度为 3.13m，达到了总未水洗厚度 92.8%，其中：有效厚度处于 0.5~1m 这一级别的砂层单元未水洗厚度 1.5m，有效厚度小于 0.5m 的单元内砂层未水洗厚度 1.63m。

三类储层平均层内未水洗厚度为 2.45m，占总未水洗厚度的 72.6%；而层间剩余油平均厚度约为 0.93m，占总未水洗厚度的 27.4%，可见，三类储层的剩余油潜力以层内剩余油为主，但是层间剩余油也占有相当的比例，如图 10-18 和图 10-19 所示。

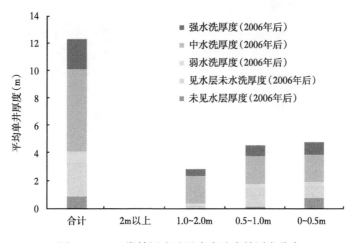

图 10-18　三类储层水洗及未水洗有效厚度分布

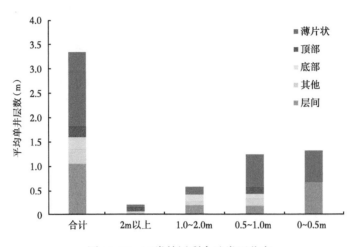

图 10-19　三类储层剩余油类型分布

在三类储层层内未水洗剩余油中，薄片状剩余油（连续未水洗厚度小于 0.2m）占 50.7%（1.23m），而具有一定规模（连续未水洗厚度大于 0.2m）的剩余油占 49.3%（1.67m），其中顶部剩余油占 14.4%（0.36m），底部剩余油占 12.3%（0.31m），其他类型的剩余油占 22.6%（0.56m）。具有一定连续厚度的未水洗段主要集中在有效厚度介于 0.5~1m 的砂层中。

三类储层中还有因低渗透而未达到计算有效厚度标准的油层，称为表外储层，其中：渗透率大于（等于）20 mD 的低渗透砂岩油层称为一类表外，约占低渗透储层的 40%，小于 20 mD 的低渗透砂岩油层称为二类表外，约占低渗透储层的 60%。统计分析得到的结果表明：（1）一类表外平均未水洗砂岩厚度 2.23m，大部分集中在厚度介于 0.2~0.5m 的砂层中，其未水洗段厚度为 1.77m，达到了总未水洗厚度 79.4%；（2）从剩余油分布模式看，一类独立表外层间剩余油平均单井厚度为 1.6m，约占总未水洗厚度的 72%，主要分布在砂岩厚度介于 0.2~0.5m 的砂层中，如图 10-20 所示。

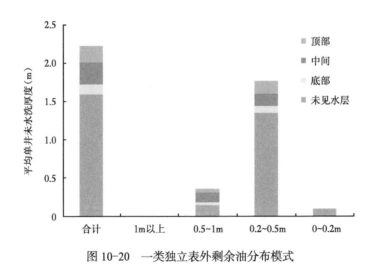

图 10-20　一类独立表外剩余油分布模式

二类独立表外未水洗厚度 11.7m，占二类表外厚度的 72%，其中：未水洗厚度 9.1m 分布在厚度介于 0.2~1m 的砂层中，占总未水洗厚度 77.7%；未水洗厚度 4.1m 分布在

0.5~1m 这一级别的砂层单元内。从剩余油类型来看，二类独立表外层间未水洗厚度约为 9.03m，占未水洗砂岩总厚度的 77.3%，因此，二类独立表外储层的剩余油以层间剩余油为主，主要分布在砂岩厚度介于 0.2~1m 的砂层单元中，如图 10-21 所示。

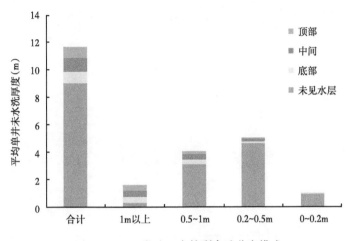

图 10-21　二类独立表外剩余油分布模式

　　平面上，砂体连通关系、渗透率级差和注采对应关系对平面水驱波及系数及剩余油分布影响大。对于未水洗薄差油层，注采不对应或注采井网不完善的低渗透储层，呈现未水洗剩余油层的比例高，如图 10-22 和图 10-23 所示。

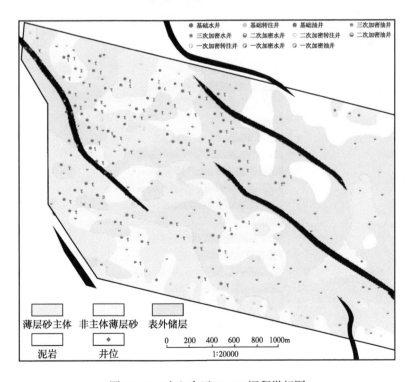

图 10-22　杏六中区 S2-13 沉积微相图

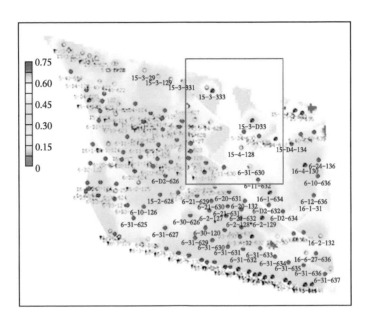

图 10-23　杏六中区 S2-13 剩余油饱和度分布图

2. 薄差油层加密调整实例

低渗透油层具有压裂增产的潜力，据统计资料，杏六中高含水后期不吸水油层有 15 个，适合开展压裂改造，这些油层以薄层、表外储层为主（图 10-24）。数值模拟预测油井压裂厚度占投产厚度比例介于 16%~40% 时，可提高采收率 0.2~0.5 个百分点。已实施 5 口井压裂，平均单井日增油量 4.1t（表 10-6）。

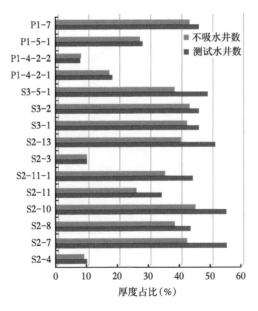

图 10-24　动用差的油层图

表 10-6　低渗透油层压裂井提液增油效果

井号	措施前后指标变化		
	日增液 （t）	日增油 （t）	含水率 （%）
X5-4-CZS27	21.1	4.1	-5.0
X6-21-726	12.0	5.8	-26.5
X6-11-734	17.6	4.0	-1.5
X5-34-730	10.2	3.1	-3.1
X5-40-732	18.6	3.5	-1.2
合计	15.9	4.1	-7.5

以单砂体刻画为依据，以三类油层中的薄差油层为调整对象，设计了杏六中三次加密井网重组方案，并优化射孔未水淹的薄差油层。应用渗流力学理论方法确定了低渗透储层的技术极限井距，通过计算，在注采压差为 13MPa 时，克服 10mD 低渗透储层的启动压力梯度，极限注采井距需要在 323m 以内（图 10-25a）。通过压裂，单井产量达到 2t/d 以上井距应缩小到 150m 左右（图 10-25b）。薄差油层三次加密实施情况表明，初期日产油量小于 1t 的井占 38%，不利于表外剩余油的开采。通过计算，提出了低渗透储层独立开发有效动用条件：（1）注采井距缩小到 150m 左右；（2）多层压裂。

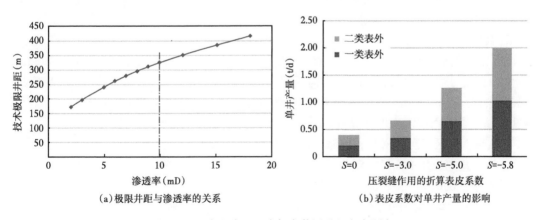

（a）极限井距与渗透率的关系　　　　（b）表皮系数对单井产量的影响

图 10-25　杏六中区三次加密井网重组方案研究

2011 年开始实施。根据取心井资料分析结果，平均射开砂岩厚度 8.5m，射开未水淹薄层有效厚度 1.0m 左右，加密井平均单井产量 2.1t/d，区块日产量由 189t 上升到 400t，三次加密前后开发动态对比曲线如图 10-26 所示。

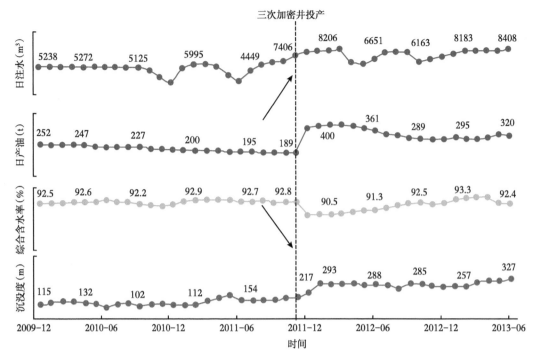

图 10-26　杏六中区三次加密前后开发动态对比曲线

总结大庆杏六中区三次井网加密研究与应用情况，主要有以下认识和进展。

（1）建立了三类油层单砂体构型模式，即：5 大类 14 小类砂体叠置模式，提出单期分流河道内夹层近水平垂积分布模式。开展了表外储层分类评价，平面上分席状连片型、带状连续型、镶边型和坨状孤立型等四种模式，前两种是水驱主要挖潜对象。

（2）发展完善了剩余油分布定量化描述综合应用技术，定量表征了杏六中区不同类型沉积砂体剩余油潜力，明确了水驱开发调整对象。三类油层表内厚度平均未水洗厚度 3.4m，其中：层间剩余油 0.9m，分布在 0.2~0.4m 薄层中，其他未水洗厚度分布在有效厚度 0.5m 以上的油层层内。一类表外和二类表外未水洗层间砂岩厚度分别为 3.9m、10.5m。

（3）建立了特高含水油田注采结构精细调控技术方法，论证了杏北地区针对薄差油层开展三次井网加密的可行性，明确了表外储层独立开发单井产能达到 2t/d 以上的有效动用条件，提出了杏六中区表外独立开发及缩小层段细分层系开发试验的技术方案。

（4）杏六中区三次加密及表外储层独立开发方案自 2011 年 12 月分步实施后，已完钻新井 264 口，其中油井 146 口，新井平均初始产量 2.3t/d，目前 1.6t/d，其中：表外独立开发目前新井产量 3.0t/d，含水率 86.3%。区块产量由调整前的 181t/d 上升到 392t/d，预计水驱采收率提高 2%~3%，增加可采储量 81.88×10⁴t，获得良好的经济效益和社会效益。

本章小结

（1）对注水开发油田中后期稳产规划自适应模型理论、方法研究及应用状况进行了介绍。与原方案相比，理论方法计算的喇萨杏地区"八五"规划优化后净收益得到提高，稳产期延长三年。

（2）将机理研究、观测数据应用、系统辨识和最优控制模型等结合起来，包括分析地下形势、预测中长期生产动态、措施效果以及编制最优规划方案等，建立了油田开发方案设计优化方法。

参 考 文 献

[1] 克雷洛夫 . 油田开发科学原理［M］. 北京石油学院采油教研室译 . 北京：石油工业出版社，1956.

[2] 赵永胜，梁慧文，李泽农，等 . 大庆油田开发规划经济数学模型研究∥油气田开发系统工程方法专辑（二）［M］. 北京：石油工业出版社，1991.

[3] 李泽农 . 油田开发规划优选模型研究∥油气田开发系统工程方法专辑（二）［M］. 北京：石油工业出版社，1991.

[4] 齐与峰，朱国金 . 油田注水开发油田稳产规划自适应模型∥油气田开发系统工程方法专辑（二）［M］. 北京：石油工业出版社，1991.

[5] 齐与峰，朱国金，赵永胜，等 . 砂岩油田注水开发稳产规划自适应模型理论和应用研究［C］. 石油勘探开发科学研究院开发所，1991 年 4 月 .